生态建设与改革发展

2017 林业重大问题

调查研究报告

Reform and Development:
Research Reports on China's Major Forestry Issues

张建龙 主编

中国林业出版社

图书在版编目(CIP)数据

生态建设与改革发展:2017 林业重大问题调查研究报告 / 张建龙主编 . —北京:中国林业出版社,2018.12

ISBN 978-7-5038-9915-7

Ⅰ.①生… Ⅱ.①张… Ⅲ.①林业 – 生态环境建设 – 调查报告 – 中国 – 2017 Ⅳ.①S718.5

中国版本图书馆 CIP 数据核字(2018)第 285741 号

策划编辑 徐小英
责任编辑 何 鹏 梁翔云
封面设计 赵 芳
版式设计 骐 骥

出版 中国林业出版社(100009 北京西城区刘海胡同 7 号)
E-mail forestbook@163.com **电话** (010)83143543
网址 http://lycb.forestry.gov.cn
发行 中国林业出版社
印刷 北京中科印刷有限公司
版次 2018 年 12 月第 1 版
印次 2018 年 12 月第 1 次
开本 889mm×1194mm 1/16
印张 16
字数 331 千字
印数 1~3000 册
定价 128.00 元

2017 年林业重大问题调查研究报告

编辑委员会

领导小组

组　　长：张建龙

副组长：张永利

成　　员：刘东生　彭有冬　李树铭　李春良　谭光明

　　　　　张鸿文　胡章翠

编委会成员

李金华　赵良平　徐济德　李伟方　王志高　孙国吉　吴志民

杨　超　刘　拓　程　红　王海忠　闫　振　郝育军　孟宪林

潘世学　王连志　金　旻　周鸿升　丁立新　王永海　李　冰

编委会办公室

主　　任：王永海　李　冰

副主任：王月华　菅宁红

成　　员：张志涛　蒋　立　张欣晔　张　宁　王建浩

序

　　调查研究是党的优良传统和作风，是谋划工作、科学决策的重要依据，是谋事之基，成事之道。调查研究必须坚持问题导向，围绕突出问题，务求实效。针对林业和草原改革发展和生态建设中的全局性、战略性重大问题加强调查研究，是推动林业和草原现代化建设的重要基础工作。

　　林业重大问题调查研究工作自 2006 年启动以来，始终受到历届局党组高度重视，作为推动林业现代化发展的一项基础性工作来落实。地方林业部门也主动作为，积极开展调研，科研院所等社会力量参与调研，调研成果直接服务林业相关决策，推动了一系列林业改革发展相关政策完善出台，为林业在服务国家气候外交、粮食安全、生态安全等发展大局中发挥了重要作用。2017 年，林业重大问题调研工作深入贯彻落实习近平总书记关于生态文明建设和林业改革发展的重大战略思想，紧紧围绕中央部署的涉及林业改革任务和国家重大发展战略，针对林业改革发展中的重大理论和热点问题展开。调研报告主题涵盖了生态文明体制改革、林业现代化建设、林业改革、林业与国家发展战略等领域，调研报告内容详尽、分析透彻、建议针对性较强，为服务科学决策提供了有力的支撑和保障。

　　党的十九大报告指出，我国社会主要矛盾已经转化为人民日益增长的美好生活需要和不平衡不充分的发展之间的矛盾。现代化是人与自然和谐共生的现代化，也要提供更多优质生态产品以满足人民日益增长的优美生态环境需要。2018 年中央决定组建国家林业和草原局，赋了了林草部门监督管理森林、草原、湿地、荒漠和陆生野生动植物资源开发利用和保护，组织生态保护和修复，草原监督管理和各类自然保护地管理的职责。党中央的一系列重大决策部署为林业和草原改革发展指明了方向，林业和草原发展面临着前所未有的历史性机遇和挑战。

　　实施乡村振兴战略，全面建成小康社会，打赢脱贫攻坚战等重大战略部署为林业和草原改革发展提出了具体要求。加快生态文明体制改革，理顺林业和草原管理体制机制，加快实施山水林田湖草系统治理，完善林业和草原生态保护修复政策，林业和草原改革的任务更加繁重。面对这些新形势、新任务，各级林业和草原部门要以习近平新时代中国特色社会主义思想为指导，深入贯彻落实习近平生态文明思想，坚持以人民为中心的发展理念，牢固树立和践行绿水青山就是金山银山理念。各级林草部门要坚持问题导向，围绕林业和草原发展面临的主要矛盾，研究当前和今后一个时期林业和草原改革的重大问题，开展前瞻性、战略性研究。要继续坚持开展调查研究，深入基层、深入群众，剖析存在问题，挖掘总结典型经验，不断开拓创新，为建设生态文明和美丽中国作出更大贡献。

2018 年 11 月

目　　录

湿地总量管控制度研究报告

【摘　要】第二次全国湿地资源调查结果显示，当前，我国湿地退化和丧失的速度依然较快，过去 60 多年，我国滨海湿地累计丧失 119 万公顷，占全国滨海湿地总面积的 50%；湿地不合理利用屡禁不止，保护与开发的矛盾还十分突出，湿地保护修复面临的形势依然严峻。2016 年国务院办公厅印发《湿地保护修复制度方案》（国办发〔2016〕89 号），提出了湿地总量管控目标，即到 2020 年，全国湿地面积不低于 8 亿亩。为确保实现湿地总量管控目标，需尽早完善相关制度，管住侵占和破坏湿地的行为。为此，国家林业局开展了湿地管控制度专题研究，并以江苏、福建和黑龙江省为案例点，进行了实地调研。研究发现，因社会经济发展基础条件不同，当地政府关于湿地保护的理念不同，各地湿地保护管理工作基础差别很大，湿地总量严加管控存在很多问题。建议尽快将湿地资源数据落到实地，完善湿地保护相关法规，明确各级政府保护湿地的责任。

一、导　　言

湿地，是指常年或者季节性积水地带、水域和低潮时水深不超过 6 米的海域，包括沼泽湿地、湖泊湿地、河流湿地、滨海湿地等自然湿地，以及重点保护野生动物栖息地或者重点保护野生植物的原生地等人工湿地。与森林、海洋一样，湿地是地球上非常重要的生态系统，为人类经济社会发展提供了大量的物质资源；同时，湿地具有独特的生物物种多样性与遗传基因多样性，与人类的生存、繁衍、发展息息相关。保护湿地，事关我国的生态安全；确保全国湿地总面积不减少，是建设生态文明和美丽中国的基础和根本保障。

2016 年 11 月 30 日，国务院办公厅印发《湿地保护修复制度方案》（国办发〔2016〕89 号），提出了湿地总量管控目标，即"到 2020 年，全国湿地面积不低于 8 亿亩，其中，自然湿地面积不低于 7 亿亩，新增湿地面积 300 万亩，湿地保护率提高到 50% 以上"。为确保实现湿地总量管控目标，需尽早完善相关制度，管住侵占和破坏湿地的行为。这也是本研究的目的和目标。

二、我国湿地总量概况

2009～2013 年，我国完成了第二次全国湿地资源调查，对面积为 8 公顷（含）以上的近海与海岸湿地、湖泊湿地、沼泽湿地、人工湿地以及宽度 10 米以上、长度 5 千米以上的河流湿地，开展了湿地类型、面积、分布、植被和保护状况调查，对国际重要湿地、国家重要湿地、自然保护区、自然保护小区和湿地公园内的湿地，以及其他特有、分布有濒危物种和红树林等具有特殊保护价值的湿地开展了重点调查，主要包括生物多样性、生态状况、利用和受威胁状况等。通过此次调查，准确掌握了我国湿地资源及其生态变化情况，为有针对性地加强湿地保护和完善湿地保护政策提供了可靠的依据。

（一）湿地总量

全国湿地总面积 5360.26 万公顷[①]，湿地面积占国土总面积的比率（即湿地率）为 5.58%。中国湿地总面积在加拿大、美国、俄罗斯之后位列第四，在亚洲居第一位。

根据《湿地公约》[②]分类体系，结合中国国情，我国将湿地划分为 5 类 34 型，包括近海与海岸湿地、河流湿地、湖泊湿地、沼泽湿地和人工湿地，前四类为自然湿地（表 1）。结果显示：全国调查范围内[③]湿地面积 5342.06 万公顷[④]，其中，近海与海岸湿地 579.59 万公顷，河流湿地 1055.21 万公顷，湖泊湿地 859.38 万公顷，沼泽湿地 2173.29 万公顷，自然湿地面积合计 4667.47 万公顷，占 87.37%；人工湿地面积 674.59 万公顷，占 12.63%。

表 1　各类、各型湿地面积统计表　　　　单位：公顷

湿地类	湿地型	湿地面积
近海与海岸湿地	浅海水域	3432007.88
	潮下水生层	1152.58
	珊瑚礁	6117.60
	岩石海岸	45461.92
	沙石海滩	187669.65
	淤泥质海滩	948981.56

① 香港、澳门、台湾的湿地面积为资料数据，另有水稻田面积 3005.70 万公顷未计入。
② 全称《国际重要湿地特别是水禽栖息地公约》，是 1971 年 2 月 2 日在伊朗的拉姆萨尔签署的第一个具有国际性的保护湿地及重要鸟类（主要是迁徙鸟类）栖息地的法规性文件；我国于 1992 年以无附加条款方式加入《湿地公约》。
③ 调查范围不含香港、澳门和台湾地区。
④ 以下全国湿地数据均指调查范围内。

（续）

湿地类	湿地型	湿地面积
近海与海岸湿地	潮间盐水沼泽	101823.44
	红树林	34472.14
	河口水域	875452.84
	三角洲/沙洲/沙岛	127614.71
	海岸性咸水湖	27427.88
	海岸性淡水湖	7774.48
河流湿地	永久性河流	7109157.31
	季节性或间歇性河流	1112371.06
	洪泛平原湿地	2330405.71
	喀斯特溶洞湿地	120.60
湖泊湿地	永久性淡水湖	3967533.47
	永久性咸水湖	4176708.08
	季节性淡水湖	149992.53
	季节性咸水湖	299576.72
沼泽湿地	藓类沼泽	2126.22
	草本沼泽	6487851.31
	灌丛沼泽	876775.57
	森林沼泽	1721543.10
	内陆盐沼	3362721.97
	季节性咸水沼泽	2355239.36
	沼泽化草甸	6919372.35
	地热湿地	6782.40
	淡水泉/绿洲湿地	499.12
人工湿地	库塘湿地	3091263.12
	运河/输水河	892154.87
	水产养殖场	2195720.36
	盐田	566725.44

调查范围内湿地按权属划分，国有 4503.15 万公顷（84.30%），集体 838.91 万公顷（15.70%）。自然湿地面积中，国有 4124.88 万公顷（88.38%），集体 542.59 万公顷（11.62%）。人工湿地面积中，国有 378.27 万公顷（56.07%），集体 296.32 万公顷（43.93%）。

国际重要湿地中，国有 222.09 万公顷，集体 12.54 万公顷。目前，我国已有 49 块湿地列入《国际重要湿地名录》，总面积 41.12 万公顷。

（二）湿地的区域分布

我国湿地在区域间分布不均，青海、西藏、内蒙古、黑龙江和新疆等5省（自治区）的湿地面积排前5位（表2）。

表2   全国各省（自治区、直辖市）湿地面积　　　　　　　　单位：万公顷

省（自治区、直辖市）	湿地面积	省（自治区、直辖市）	湿地面积
北　京	4.81	湖　北	144.50
天　津	29.56	湖　南	101.97
河　北	94.19	广　东	175.34
山　西	15.19	广　西	75.43
内蒙古	601.06	海　南	32.00
辽　宁	139.48	重　庆	20.72
吉　林	99.76	四　川	174.78
黑龙江	514.33	贵　州	20.97
上　海	46.46	云　南	56.35
江　苏	282.28	西　藏	652.90
浙　江	111.01	陕　西	30.85
安　徽	104.18	甘　肃	169.39
福　建	87.10	青　海	814.36
江　西	91.01	宁　夏	20.72
山　东	173.75	新　疆	394.82
河　南	62.79	合　计	5342.06

（三）湿地面积减少情况

与第一次调查同口径比较[①]，近十年来我国湿地面积减少了339.63万公顷，减少率为8.82%。其中，自然湿地面积减少了337.62万公顷，减少率为9.33%。河流与湖泊湿地沼泽化、河流湿地转为人工库塘、填海与围湖造地等情况非常严重。

（四）湿地生态与受威胁状况

当前，我国湿地退化和丧失的速度依然较快，湿地不合理利用屡禁不止，保护与开发的矛盾还十分突出，湿地保护修复面临的形势依然严峻。

1. 湿地严重萎缩

过去60多年，我国滨海湿地累计丧失119万公顷，占全国滨海湿地总面积的50%。全国围垦湖泊面积达130万公顷以上，湖泊消失了1000多个，减少蓄水350亿立方米。

---

① 1995～2013年，我国开展第一次全国湿地资源调查，调查对象为单块面积100公顷以上的湿地；为与国际接轨，此次调整为单块面积8公顷。

新中国成立以来，湖北省面积在 100 公顷以上的湖泊减少了 477 个，武汉市湖泊由 127 个减少到目前的 38 个；洞庭湖面积从 4350 多平方千米减少到现在的 2650 平方千米。黑龙江三江平原的自然湿地由新中国成立初的 500 万公顷减少到 91 万公顷，减少了约 82%。全国水利普查公报显示，全国流域面积在 100 平方千米以上的河流由 20 世纪 90 年代的 5 万多条减少到现在的约 2.3 万条，减少了一半以上。北京市的永定河，已经断流 30 多年，早就失去了饮用水源地的功能，目前每年还要人工补充 1.3 亿立方米水，让北京段恢复流水。北京的湿地从 20 世纪 50 年代的 2500 多平方千米，退化到目前的 481 平方千米。河北省 95% 以上的河流出现断流，号称"华北之肾"的著名湿地白洋淀，从 20 世纪 60 年代的近 1000 平方千米，萎缩到目前的约 300 平方千米。

2. 湿地严重破碎化

大规模的无序开发建设，造成湿地破碎化，许多湿地成为生态"孤岛"，影响了整体功能的发挥，湿地的自我修复、自我调节能力明显下降。长江中下游原有面积大于 10 平方千米的通江湖泊 110 多个，现在只剩下洞庭湖、鄱阳湖 2 个，导致河流、湖泊的防洪蓄洪能力大大降低，洪涝灾害发生的频次和强度显著增加，给人民生命财产造成重大损失。四川和甘肃交界的若尔盖湿地是黄河重要的补水区，黄河在枯水期流经该区域后，流量增加近 40%。自 20 世纪 60 年代起，为扩大草场面积，当地对泥炭沼泽进行了大规模开沟排水，仅若尔盖县就有约 10 万公顷的沼泽地被排干，造成湿地碎片化，直至现在部分草原严重沙化，降低了湿地涵养水源的功能，成为黄河水量减少的一个重要因素。

3. 湿地功能严重退化

根据《2015 中国生态环境状况公报》全国 967 个地表水国控断面（点位）开展的水质监测，I~III 类、IV~V 类和劣 V 类水质断面分别占 64.5%、26.7% 和 8.8%，我国十大流域中，海河、淮河、辽河和黄河等流域水质受污染比较严重，劣 V 类水质断面比例仍然较高。调查显示，黑龙江兴凯湖国际重要湿地，每年约有 7000 吨化肥通过地表径流入湖，湖泊不断富营养化，近年来水质由 II 类以上降至 IV 类，生态功能严重退化。在我国东南沿海，红树林湿地面积由新中国成立初期的 6 万公顷减少到现在的 2.2 万公顷，红树林湿地生态系统已处于濒危状态。

4. 湿地物种减少

由于湿地破碎化和严重污染，生物多样性受到威胁。无论是三江平原、松嫩平原、江汉湖群等湿地集中连片分布的区域，还是小型河流和湖泊分布区域，随着湿地的不断消失和退化，湿地生物多样性也不断下降。两次全国湿地资源调查结果对比表明，仅从湿地鸟类资源变化情况看，全国记录到的鸟类种类由 271 种减少到 231 种，有超过一半的鸟类种群数量明显减少。分布于长江的白鳍豚已处于功能性灭绝状态。洪湖湿地鱼类由 20 世纪 50 年代的 100 多种减少到 50 多种。

5. 湿地受威胁压力增大

根据第二次全国湿地资源调查结果，污染、过度捕捞和采集、围垦、外来物种入侵和基建占用成为威胁湿地生态状况的主要因素。其中，"污染"主要集中在长江中下游，"过度捕捞和采集"主要集中在长江中下游和一些沿海省份，"围垦"主要集中在长江中下游和黄河中下游，"外来物种入侵"集中在黄河中下游和西南区域，"基建占用"集中在长江中下游和西北地区。影响频次和面积呈增长态势。

针对上述问题，如果不能对湿地进行全面从严保护，在当前我国经济社会发展对自然资源日益增长的需求压力之下，威胁湿地的因素还会增多，中央确定的 2020 年湿地保护目标很难实现，湿地生态系统将受到毁灭性破坏，经济社会可持续发展的基础不保。

三、我国湿地保护相关政策和法规

作为《湿地公约》缔约国，我国政府日益重视保护湿地资源及其生态系统，广泛开展湿地保护宣传、教育工作，并先后制定了一系列与生态环境建设、湿地资源保护、生物多样性保护、可持续发展有关的国家纲要、议程、计划、规划等政策性文件，提出了关于加强湿地保护及其相关法律建设的政策性内容。

（一）湿地保护相关政策性文件

1994 年 3 月 25 日，国务院批准了《中国 21 世纪议程》，明确提出：对现有湿地资源严禁盲目围垦；对确需使用的，应当全面规划、充分论证、合理布局，严格履行审批手续；加强重要湿地区域的保护区建设，建立相应管理机构，制定法律法规，确保湿地保护有法可依；开展湿地资源科学研究，调查湿地资源数量、分布，评价湿地资源质量，研究湿地保护与利用合理模式。此外，该《议程》还将"按照资源有偿使用原则，研究制定自然资源开发利用补偿收费政策"确定为"可持续发展战略与重大行动方案"中的一项行动内容；将保护湿地、珊瑚礁、红树林、河口、湖泊等特殊生态系统和候鸟等迁徙性动物的生境，协调自然保护区管理与当地居民生计性开发之间矛盾，以及对有代表性的退化生态系统实施恢复，确定为《生物多样性保护行动方案》的行动目标。

1994 年 3 月 31 日，国家环保总局印发了《关于加强湿地生态保护工作的通知》（环然〔1994〕184 号），强调"保护湿地资源，维持湿地基本生态过程，是改善我国生态环境和保障经济社会持续发展的需要"；提出"凡涉及湿地开发利用的项目，都应符合湿地保护与利用规划的要求，河流源头和上游区、泄洪区、水土流失严重区、干旱区、珍稀动植物栖息分布区以及对区域生态和气候具有重要影响的湿地严禁开发""要把开发利用的强度限制在湿地生态系统可承受的限度之内"。

2000 年 9 月，国家林业局、国家环保总局、农业部、水利部、国土部等 17 个部门联合编制完成了《中国湿地保护行动计划》，明确将"维护湿地生态系统的生态特征和基本功能，保持和最大限度发挥湿地生态功能和效益，保证湿地资源可持续利用"作为"行动计划"的总体目标，将"制定湿地保护及可持续利用的全国性专门法律法规""鼓励地方立法机构建立并完善地方湿地保护法规规章""明确湿地保护与合理利用管理的部门职责，建立、规范部门间湿地保护管理协作机制""建立对天然湿地开发以及用途变更的生态影响评估、审批管理程序""加强水资源开发对湿地生态及生物多样性影响的预测、监测""开展退化湿地恢复、重建示范建设""建立天然湿地补水及鱼类保护保障机制和补救措施""开展湿地野外动植物种群及其栖息地的长期监测""实行天然湿地开发利用许可制度""建立湿地环境影响评价及项目审批制度，实行湿地开发生态影响和环境效益的预评估""逐步建立、完善湿地开发利用有价补偿与生态恢复管理政策""建立湿地监测与信息共享机制""建立湿地保护公众参与机制"以及"建立湿地保护资金保障机制"等，列入我国湿地保护行动计划的优先行动。这些优先行动，为我国湿地保护法律制度的建立与完善提出了基本的框架。

2000 年 12 月 22 日，国家环保总局、国家林业局等部门制定了《全国生态环境保护纲要》，在规划未来全国生态环境保护工作时，将湿地保护列入全国生态环境保护工作的主要内容范畴，首次提出了"生态用水"及其用水平衡，以及自然资源开发履行生态环境影响评价程序的概念，为湿地生态用水概念的提出以及湿地资源开发、占用中实行生态环境影响评价，提供了政策支持。

2004 年 6 月 5 日，国务院办公厅发布了《关于加强湿地保护管理的通知》（以下简称《通知》）（国办发〔2004〕50 号），以"加快推进自然湿地抢救性保护"为目的，强调水资源利用与湿地保护要紧密结合，统筹协调区域或流域内水资源平衡，充分兼顾湿地保护等生态用水的需要；采取积极措施，在适宜地区抓紧建立湿地自然保护区；不适宜建保护区的，采取湿地保护小区、湿地公园或划定野生动植物栖息地等多种形式加强保护管理。《通知》提出了多种形式的湿地保护方式，也为基于湿地保护为目的的湿地公园、湿地保护小区等的湿地生态系统保护体系的建设提供了依据。

以上政策性文件的发布，不但说明我国政府对湿地保护工作的重视程度越来越高，以及对完善湿地保护法律制度的迫切要求，而且更重要的也为完善我国湿地保护立法或者进行湿地保护专门立法，构建湿地保护制度框架，提供了一定的依据。

（二）湿地保护立法

我国现行法律法规中，与湿地保护管理有关的大致可分作三种类型：一是直接将湿地或湿地生态系统作为管理对象，如各省出台的《湿地保护条例》；二是以湿地构成要素自然资源为管理对象，如《中华人民共和国水法》；三是在其他资源和生态系统保护管理法规中涉及了湿地资源，如《中华人民共和国环境保护法》。

1. 直接将"湿地"或其生态系统作管理对象的

1994 年《中国 21 世纪议程》发布以来，已有多部国家政策性文件提出制定湿地保护立法，但在全国人大、国务院或国务院有关行政主管部门颁布的法律法规中，直接将"湿地"或其生态系统作为管理对象的，到目前为止仅有《中华人民共和国农业法》（2002年）、《中华人民共和国海洋环境保护法》（1999年）、《自然保护区条例》（1994年）、《林业标准化管理办法》（2003年）、《城市规划编制办法》（2005年）、《海洋自然保护区管理办法》（1995年）。它们都是将"湿地"作为一类资源要素或者生态系统类型，结合对其他类型自然要素或生态系统的管理，不同程度地作出了相应的保护、利用及管理的规定。

2. 以构成湿地的单要素自然资源为管理对象

目前，我国绝大部分与湿地资源或其自然生态系统保护、利用、管理有关的法律规定，基本上都分散在与构成湿地自然综合体或生态系统的各单个资源要素有关的法律法规之中。或者说这些以单要素自然资源管理为主的法律法规，由于这些资源要素是构成湿地的重要组成，因此法律规定中所采取的制度、措施，也必然影响到湿地资源及其生态系统的保护与管理。但由于这些法律法规的立法初衷毕竟并非专门针对湿地的保护，所以其规定对湿地保护的意义也只会起到兼顾的作用，有些甚至还存在一定程度上的矛盾冲突。

我国现行立法当中能够涉及湿地单要素资源保护与利用管理的立法包括：土地资源管理立法、水资源管理立法、野生动植物资源管理立法、渔业资源管理立法、森林资源管理立法、草地资源管理立法。

3. 其他环境及生态系统保护管理相关法规

我国现行与湿地保护有关的立法除了涉及自然资源单要素保护与利用管理的立法之外，还有一部分法律法规涉及与湿地生态环境及生态功能有关的立法。例如，环境保护与污染防治管理立法、自然生态系统保护立法以及其他生态功能管理立法。

四、我国湿地总量管控面临的问题

2016年，国务院印发了《湿地保护修复制度方案》（国办发〔2016〕89号），各省明显加强了湿地保护的力度。但因社会经济发展基础条件不同，当地政府关于湿地保护的理念不同，各地湿地保护管理工作基础差别很大，湿地总量严加管控存在很多问题。

（一）湿地资源数据更新滞后

湿地面积、边界四至等基础性资源数据是红线划定的基础。我国湿地主管部门认可的最新湿地资源数据是第二次全国湿地资源调查（2009～2014）的数据。从目前红线划定对湿地资源数据的需求看，将二次资源清查数据应用于红线划定存在两个方面的问题，一是二次资源清查要求调查方法采用以遥感（RS）为主、地理信息系统（GIS）和全球定位系统（GPS）为辅的"3S"技术，即通过遥感解析获得湿地型、面积、分布、平均海拔、植被类型及面积、所属三级流域等信息。通过野外调查、现场访问和收集最新资料获取水源补给状况、主要优势树种、土地所有权、保护管理状况等数据。二调时一般使用的是分辨率20米的卫片，精度不高；另外，有些地方工作方式粗放，造成部分地区湿地资源数据偏差比较大。二是这几年中国的社会经济发展比较快，一些地方的湿地转化为其他类型的土地，湿地面积出现萎缩，跟二调时的数据对不上了。

（二）国家生态保护红线划定湿地部分不以湿地主管部门为主

根据2017年5月份环境保护部、国家发展改革委发布的《生态保护红线划定指南》，生态保护红线环境保护部、国家发展改革委会同有关部门开展国家生态保护红线顶层设计，提出各省（自治区、直辖市）生态保护红线空间格局和分布建议方案，明确需要保护的湿地、草原、森林等生态系统分布范围，指导各地生态保护红线划定。各省（自治区、直辖市）依据工作方案和技术方案组织开展划定工作，参照国家生态保护红线空间格局和分布建议方案，结合本地实际情况，形成本行政区生态保护红线划定初步方案（含文本、图件、登记表），征求相关部门和地方政府意见，开展专家论证。经修改完善报省（自治区、直辖市）人民政府审议同意后，形成生态保护红线划定方案（送审稿）。采取自上而下和自下而上相结合的方式划定全国和各省（自治区、直辖市）生态保护红线。在黑龙江哈尔滨调研时，调研组发现目前生态保护红线实际划定的方式是环保部规划部门在组织地方的生态红线划定，地方湿地管理部门只是以被征求意见的形式参与生态保护红线划定。鉴于保护区和湿地公园等湿地区域边界划定的复杂性，不仅涉及自然因素，也涉及社会的、历史的因素，湿地主管部门被动参与降低了工作效率，也不易化解划定过程中产生的矛盾。

（三）审批权层层下放的管理方式值得商榷

部分省厅（局）湿地管理部门管理湿地的想法是发布省内湿地名录，落到图册，以文件形式下发到各市县，湿地保护、审批权限也同时下放，省厅湿地管理机构只负责省域内湿地保护监督。层层下放审批权的方式将湿地保护的压力往基层压，基层政府及湿地管理机构一方面顶住压力保护好湿地，一旦出现问题面临追责；另一方面中国的行政管理体制的特点下级要服从上级，基层政府和湿地管理机构在应对社会发展引致的征占用需求时抗压能力不足，人为造成基层政府及湿地管理部门压力巨大的局面。

（四）部分地区湿地占补平衡难

保持湿地总量稳定的一个重要条件是湿地占用平衡、先补后占。按照湿地河流、湖泊、沼泽、濒海湿地、人工湿地等不同类型的特点，濒海湿地一旦被占用，很难补充。在现实中也出现了类似的情况，江苏省东台市自2010年以来，濒海湿地已经被占用大概5%的面积（与湿地第二次清查数据比较），福建也有部分濒海湿地被占用，面积比较大，无法采用其他方式补充。

（五）国家不同部门出台规划之间存在冲突

在调研中发现，林业部门在保护湿地，有些部门关注重点在经济发展，有些批复或者决定造成了湿地功能的丧失。这种情况在经济高速发展地区更为多见。在江苏盐城调研时发现，当地很多实体或单位实施了多项滩涂匡围开发工程，这些工程项目的建设导致多块自然湿地变化为人工湿地，有些区域已经演变调整为建设用地、农业用地等地类，失去了自然湿地的基本功能。其中有江苏省发展改革委根据《江苏沿海地区发展规划》批复的工程，也有国家海洋局为发展围垦养殖批复的工程规划。不同部门的决定、规划之间相互冲突，造成了一些政府部门不断呼吁保护，另外一些政府部门不断破坏的局面，不利于湿地面积和功能的稳定。

五、调研案例

针对拟研究内容，重点考虑湿地类型及湿地保护管理的代表性等因素，项目组在商国家林业局湿地办后确定江苏、福建和黑龙江为调研的案例点。到各省调研时，调研组先到省厅湿地管理中心座谈，然后考察省厅推荐的两个点，一个是湿地保护管理比较好的点，另外一个是湿地保护面临问题比较多的点。调研组在黑龙江省考察了哈尔滨市道外区和宾县的省级湿地保护区；在江苏省考察了苏州的湿地公园和盐城的湿地和湿地保护区；在福建考察了泉州湾河口省级湿地保护区和福建闽江河口国家级湿地自然保护区。

（一）黑龙江省湿地资源及保护管理状况

黑龙江是全国湿地资源最为丰富的省份之一，区内有黑龙江、松花江、乌苏里江、绥芬河等多条河流，低平的地势造就了广袤壮美的大面积湿地。黑龙江省是中国最东北的省份，经第二次全国湿地调查显示，全省自然湿地面积 556 万公顷，占全省国土面积的 11.8%，占全国自然湿地的八分之一（位列第四位，前三位分别为青海、西藏、内蒙古）。黑龙江省自然湿地包括河流湿地、湖泊湿地、沼泽湿地和人工湿地四种类型。其中沼泽湿地 427 万公顷，占全国沼泽湿地的五分之一，是黑龙江省最典型的湿地类型，在区域划分上，松嫩平原（黑龙江部分）有湿地 198 万公顷，三江平原有湿地 91 万公顷。全省有扎龙、洪河、三江、兴凯湖、七星河、南瓮河、珍宝岛和东方红 8 块国际重要湿地。截至目前，黑龙江省已建湿地自然保护区 138 处（其中国家级 27 处，省级 60 处，其余为市县级），有富锦等 77 处省级以上湿地公园和 11 处湿地保护小区。

2000 年，黑龙江省政府成立了湿地管理领导小组，由主管副省长任组长，省发展改革委员会、省财政厅等 11 个部门和单位为成员单位，领导小组办公室设在省林业厅；2012 年，成立了省湿地保护管理中心，湿地面积较大的佳木斯、黑河等市也都成立了湿地保护管理局或中心。1998 年，黑龙江省委、省政府出台了《关于加强湿地保护的决定》，《决定》全面禁止开发湿地转为全面保护；2003 年，在全国率先出台了《黑龙江省湿地保护条例》，2016 年重新制定并实施了新的《黑龙江省湿地保护条例》，新《条例》在明确职责、管理方式、合理利用、执法监督等方面进行了强化和创新，2006 年以后，兴凯湖、挠力河等保护区还先后制定实施了《保护区管理条例》。2014年，黑龙江省政府首次将湿地率纳入到全省县域经济社会发展综合评价指标体系，2016年12月份，省政府在全国率先公布了黑龙江省级湿地名录。

（二）江苏省湿地资源及保护管理状况

江苏地处我国东部沿海，位于长江、淮河两大流域下游，境内河渠纵横，湖泊众多，沿海滩涂辽阔。全省湿地面积达282.2万公顷，其中自然湿地194.6万公顷，人工湿地87.6万公顷。全省湿地特点鲜明独特，主要体现在：一是湿地资源丰富。湿地总量大，总面积居全国第六位；湿地类型多，是全国湿地资源最丰富的省份之一。二是湿地国际生态地位高。全省地处长江、淮河两大流域下游，太湖、洪泽湖、石白湖、高邮湖、盐城沿海湿地列入国家重要湿地名录。东部近海与海岸湿地为亚洲最大规模同类湿地，其中盐城沿海珍禽、大丰麋鹿国家级自然保护区于2002年列入《湿地公约》国际重要湿地名录。全省湿地支持了丰富的鸟类生物多样性，且国家重点保护或珍稀濒危鸟类多，是全球候鸟保护热点区域，有丹顶鹤等国家Ⅰ级保护鸟类9种，黑脸琵鹭等国家Ⅱ级保护鸟类65种。三是湿地之间关联程度高。全省地势平坦，湿地水体连通程度高，大量运河、人工沟渠及水利工程进一步加强了水体的联系，形成了江、河（渠）、湖（库、塘）、海等高度关联的湿地水网。全省已有国际重要湿地2处、国家重要湿地5处，建立各类湿地自然保护区27处、省级以上湿地公园63处、湿地保护小区273处，全省自然湿地保护率达46.2%。

2011年，江苏省委、省政府《关于推进生态文明建设工程的行动计划》提出"加大湿地建设和保护力度"，自然湿地保护率开始列入全省生态文明建设工程指标体系，作为省委、省政府考核各级地方党委、政府的重要社会发展指标。从2013年开始，每年将湿地恢复面积列入省委、省政府主要任务百项重点工作，明确各地湿地恢复目标任务。2013年，《江苏省生态红线区域保护规划》印发实施，湿地自然保护区、湿地公园、饮用水水源保护区、重要水源涵养区等重要湿地被列入生态红线区域予以严格保护。2015年江苏省委、省政府发布《关于加快推进生态文明建设的实施意见》，明确要求到2020年全省"湿地面积不低于282万公顷"，并印发《江苏省湿地保护规划（2015～2030年）》进一步落实目标任务。《江苏省湿地保护条例》于2017年1月1日正式实施。针对全省湿地保护管理实际，《条例》规定要实行湿地名录管理和分级保护制度、建立湿地生态红线制度、实施湿地生态补偿机制、制定湿地公园管理办法、编制湿地保护规划、建立以财政支持为主的资金投入机制等。2017年9月，《江苏省湿地保护修复制度实施方案》经省政府印发，明确提出到2020年维持全省湿地保有量282万公顷不降低，自然湿地保护率提升到50%，修复退化湿地20万亩。

（三）福建省湿地资源及保护管理状况

福建省位于中国大陆东南沿海，湿地面积为83.07万公顷（不含水田），占全省面积的 6.8%，其中天然湿地面积 76.32 万公顷。福建省天然湿地分为 4 大类 22 种类型。滨海湿地、河流湿地、湖泊湿地为福建的主要湿地类型，特别是浅海、河口、滩涂和红树林湿地是福建省重点湿地，占天然湿地总面积的 85% 以上。福建省的滨海湿地面积为 53.18 万公顷，占全省湿地总面积的 64%。福建省湿地内有维管束植物 500 余种（含变种），隶属于 124 科 325 属，浮游植物 299 种。国家 I 级保护植物有 2 种；国家 II 级重点保护植物有 4 种。沿海河口海湾地带有红树林间断性分布，红树植物共 9 科 11 属 15 种，主要种类是秋茄、桐花树、白骨壤、老鼠簕、木榄、苦郎树、黄槿等。

2015 年 11 月，福建省湿地保护管理中心成立，为正处级事业单位，核定编制 8 人，已到位 3 人。南平、厦门 2 市的湿地保护管理机构已经所在地编办批准成立。2016 年 9 月 30 日，福建省第十二届人大常委会第二十五次会议表决通过了《福建省湿地保护条例》，自 2017 年 1 月 1 日起实施，条例的出台对福建省依法保护管理湿地工作提供了重要的法律依据。根据《福建省人民政府办公厅关于印发福建省林业生态红线划定工作方案的通知》（闽政办〔2015〕88 号）要求，林业厅与省环保厅、海洋与渔业厅对沿海湿地生态红线划定情况，全省湿地保护红线划定工作正有序推进。湿地保护条例出台后，福建省湿地主管部门部署开展了全省重要湿地保护名录编制工作，启动了湿地保护专家库建立工作。

六、政策建议

（一）对目前湿地资源状况进行调研和快速摸底

湿地管理在不同阶段面临不同问题，2010 年前湿地保护管理更多是做改变人们观念、提升保护意识、重点区域保护和修复上做工作，现在湿地管理就是确立应用于实际的各项制度。湿地红线制度的确立的基础是对当下湿地资源状况的清楚了解。鉴于 2009 年开始的第二次全国湿地资源调查已经过去了 8 年，数据滞后，第三次湿地资源调查还没有在全国展开，因此建议湿地主管部门组织对全国湿地资源进行一次快速、粗线条摸底，为制定湿地红线政策提供支撑。

（二）研究、调整不合理的湿地保护形式

对不同保护形式湿地进行分级分类管理的前提是保护形式一定要设置合理。从调研情况看，有些保护区设置的比较草率。例如福建泉州河口湿地自然保护区范围涉及泉州丰泽区、洛江区、台商投资区等区域，边界划到了城市居民家边上，核心区有大量原住渔民，按照地理位置、历史沿革、基础设施建设等方面考虑，更应当设置成湿地公园，而不是自然保护区。即使加大投入、增加人员也很难使保护区在管理方面达到《中华人民共和国自然保护区条例》的要求。林业部门应当会同其他部门一起在十九大报告提出的"建立国家公园为主体的自然保护地体系"氛围下，协调、调整不合理湿地保护形式，提

高湿地红线管理效率。

（三）尽快出台《湿地保护条例》

目前，国家没有出台湿地保护条例，而各省湿地主管部门都在推动湿地保护管理条例出台，粗略估算有不到 20 个省份出台了湿地保护管理条例。这种情况下会产生两方面的问题，一是将来在国家出台《湿地保护条例》时，各省的湿地保护条例要做调整。《江苏省湿地保护条例》2017 年 1 月生效；而苏州市在 2012 年出台了《苏州市湿地保护条例》，对湿地保护的要求更严格。目前苏州市正在根据《江苏省湿地保护条例》对《苏州市湿地保护条例》做调整。二是在没有上位法指导的情况下，各省对湿地保护的管理规定差别较大，管理思路也差别较大。福建省在条例中提出省政府根据调查结果，将具体指标分解到市、县，实行考核制，确保湿地面积总量不减少。江苏省直接提出，经批准占用、征收湿地的，用地单位应当按照湿地保护与恢复方案恢复或者重建湿地。而有些省份对占用湿地只是提出程序上的规定。因此，有必要尽快出台全国的湿地保护条例，对全国湿地保护形式、审核程序、责任分工做出原则规定。

（四）制定出台《湿地占补平衡管理办法》

从调研情况看，以沼泽等为主要类型的省份有在面积上调节、补偿的余地，以滨海湿地为主要类型的省份在落实征占用平衡办法上有难度。目前不同省份的工作难度不在一个水平线上。对于共性的问题、政出多门引起的问题，国家湿地管理部门应当汇总，通过一定方式向中央汇报，然后会同其他部门确定解决办法，最后研究出台我国的《湿地占补平衡管理办法》。

（五）适当延长湿地保护红线划定过程

湿地保护管理是一件复杂的事情，面临的问题很多，像涉及多规合一、土地类型统计列入国土部门登记系统的问题不是湿地主管部门一家能够解决的。在历史遗留问题未解决之前，就划定湿地红线进行考核和追责显然不合理。湿地红线划定的时间过急、过快又会产生新的问题。因此，适当延长中间过程，存在一个从无体制、旧体制向新体制之间的过渡期、震荡期是合理的。有意识的复杂事情的办理过程，重点解决共性、突出矛盾，为今后的湿地红线管理打下良好基础。

调 研 单 位：国家林业局经济发展研究中心
课题组成员：王月华　谷振宾　李　杰　崔　岿

国有林场现代化建设研究报告

【摘　要】国有林场是我国林业建设的骨干力量。国有林场现代化建设是我国林业现代化建设的重要组成部分。《国有林场改革方案》的颁布和深入实施为国有林场现代化建设指明了方向，提供了制度保障。乡村振兴战略的实施要求加快推进国有林场现代化建设。本项研究深入分析了国有林场现代化建设的时代背景和有利条件，阐明了国有林场现代化的科学内涵，研究提出了国有林场现代化建设的总体思路、基本目标和初步评价指标体系和相关政策建议。

国有林场是我国林业建设的骨干力量，已经成为国家重要的生态屏障和后备森林资源基地。中共中央、国务院印发《国有林场改革方案》(中发〔2015〕)以来，全国国有林场改革工作取得了明显成效。党的十九大报告明确提出，要全面建设社会主义现代化国家，到2035年，基本实现社会主义现代化，到21世纪中叶，把我国建成富强民主文明和谐美丽的社会主义现代化强国。这就要求各地区各行业全面加快现代化建设步伐。国有林场改革方案实施后，如何推进现代化建设成为国有林场的核心任务和奋斗目标，是贯彻党的十九大精神，加快国有林场建设和发展，为社会提供更多优质生态产品、更好满足人民日益增长的美好生活需要的必然要求。国有林场现代化建设是一项艰巨复杂的战略任务，也是一项系统工程，需要进行顶层设计和战略谋划。国家林业局高度重视国有林场现代化建设发展战略问题，将其列入2017年重大问题调研计划。按照有关部署，国家林业局经济发展研究中心、国有林场和林木种苗工作总站和北京林业大学组成项目组，先后赴浙江、湖北、海南三省进行了专题调研，了解国有林场改革发展情况及存在问题，听取基层干部职工的意见和建议，共同探讨如何推进和科学评价国有林场现代化建设。在此基础上，项目组经过深入研究和系统思考，从时代背景、有利条件、总体思路、基本目标、评价指标体系等方面提出了国有林场现代化建设的总体框架和政策建议。

一、国有林场现代化建设的时代背景

加快推进国有林场现代化建设，必须深刻分析国有林场改革发展所处的时代背景，明确国有林场的地位作用、功能定位和历史使命，充分认识国有林场现代化建设的重大意义和有利条件，增强干部职工的自豪感和自信心。

(一)国有林场的地位和作用

随着我国经济社会的发展，国有林场不断发展壮大，其在国民经济和社会发展中的地位日益重要，作用也越来越突出。

1. 维护国家生态安全的重要屏障

国有林场生态区位重要，森林资源丰富，在保障国家生态安全发挥着不可替代的作用。一是维护淡水安全。国有林场多数分布在大江大河源头和水库库区。我国黄河流域森林面积的65%、长江流域的30%、辽河流域的38%、海河流域的26%，由国有林场建设和管理。有223个国有林场分布在大型水库周围。国有林场森林蓄水总量超过1800亿立方米，相当于4.6个三峡水库的总库容。二是维护国土安全。国有林场地处沙土流失区和风沙前沿。有1058个国有林场森林面积占"三北"防护林工程区总面积的71%；占长江防护林工程区总面积的32%，占沿海防护林工程区森林总面积的24%。在"京津风沙源"治理工程重点实施区域的河北省，60%以上的国有林场纳入了治理工程范围。全国国有林场森林年固土量18亿吨，年保肥量1亿吨。三是维护气候安全。国有林场的森林是巨大的碳储库。据第八次森林资源清查结果，国有林场森林蓄积达23.4亿立方米，吸收并存储了二氧化碳42.8亿吨，相当于全国森林固碳总量的17%。四是维护物种安全。国有林场经营区内拥有森林、草原、湿地和沙漠等多种自然生态系统，是陆生野生动植物的主要栖息地和分布区。仅在国有林场基础上建立的野生动植物类型自然保护区就有1300多处。

2. 发展兴林富民产业的重要阵地

国有林场逐步建立起以木材培育为主的种植业、以木材生产为主的采运业以及木质产品销售服务业为主导的林业产业体系。随着国有林场森林资源的增加，木材生产能力不断提高，年均木材产量从20世纪70年代的400万立方米上升到90年代的1000万立方米以上，累计生产木材3亿多立方米，为调整木材生产布局，缓解木材供需矛盾，减少林区资源消耗，支援国民经济建设，做出了重要贡献。随着以生态建设为主的林业发展战略的实施，非木林产品生产日益发展壮大，国有林场已成为林菌、林药、林果等绿色产品的重要生产基地。每年可向社会提供食用菌40多万吨、木本药材30多万吨、其他森林食品5万多吨。林业特色产业已经成为国有林场兴林富民的主要依托，促进了区域经济发展，增强了林场创收能力。在各项特色产业中，尤以森林旅游业的发展势头最为迅猛，在促进收入增长、带动区域经济发展方面发挥了巨大的作用。

3. 保障国家木材供应的储备基地

国有林场一直是我国重要的木材资源储备地和重要的木材供给基地。目前，我国的国有林场共有商品林地面积 2 亿多亩，建有商品用材林基地 120 多处，速生丰产林 8000 多万亩。近年来，为有效应对木材供给矛盾，我国先后实施了大径材培育、特殊林木培育、国家木材战略储备基地建设等多个项目。国有林场在其中发挥了骨干作用。在全国已经划定的 1500 万亩国家储备林中，国有林场占了 90%。

4. 传播生态文化的重要场所

多样的森林类型、丰富的物种资源和优美的生态环境，使国有林场不乏名山、秀水和美景，有的国有林场还蕴藏许多独具特色的人文历史遗迹，对社会公众具有极大的吸引力。近年来，依托国有林场资源优势，建立了许多具有生态文化传播和宣教功能的森林公园、湿地公园、风景名胜区以及各类自然科普教育基地、生态文化教育基地。国有林场已成为人们生活中休憩的驿站和认知奇趣自然、感悟绿色文化的生态课堂。

（二）新时代国有林场的新使命

当前，我国进入中国特色社会主义新时代，实施乡村振兴战略，决胜全面建成小康社会，建设社会主义现代化强国对各行各业的现代化建设都提出了新的更高要求，国有林场必须切实肩负起时代赋予的历史使命。

1. 实施乡村振兴战略赋予国有林场新使命

党的十九大提出，要按照产业兴旺、生态宜居、乡风文明、治理有效、生活富裕的总要求，实施乡村振兴战略。乡村振兴最大的优势在生态，最大的潜力在林业。国有林场的发展与乡村振兴高度相关。实施乡村振兴战略，要求国有林场在生态宜居方面发挥骨干作用，在产业兴旺方面发挥支撑作用，在治理有效方面发挥示范作用，在乡风文明方面发挥带头作用，在生活富裕方面发挥促进作用。这就要求国有林场以实施乡村振兴战略为契机，推动治理体系和治理能力现代化，积极培育和保护绿水青山，利用绿水青山打造金山银山，努力建设生态宜居的秀美林场、产业兴旺的富裕林场、文化先进的文明林场和安居乐业的和谐林场，全面增强国有林场的活力、实力和吸引力，为乡村振兴提供生态支撑，为城乡居民创造优美环境，为社会提供优质生态产品。

2. 决胜全面建成小康社会赋予国有林场新使命

党的十九大指出，从现在到 2020 年，是全面建成小康社会决胜期。关键在于打赢脱贫攻坚战，确保贫困人口和贫困地区全部脱贫。我国国有林场集中分布在山区林区沙区，有的自身就比较贫困，有的与贫困乡村相互交错。一方面，随着精准扶贫力度的不断加大，贫困地区会获得更多的支持；另一方面，也需要贫困地区培育内生动力，增强脱贫的意志和能力。这既要求加快推进国有林场现代化建设步伐，使贫困林场如期脱贫，也要求国有林场发挥带动作用，通过加强基础设施建设、加强森林管护和抚育、加快发展林下经济和森林旅游，为周边贫困群众创造就业机会、开辟增收渠道，推动林场建设与区域发展互利共赢。

3. 建设社会主义现代化强国赋予国有林场新使命

党的十九大明确提出，要把我国建成富强民主文明和谐美丽的社会主义现代化强国，我们要建设的现代化是人与自然和谐共生的现代化。全面建成社会主义现代化强国，美丽中国是主要标志，人与自然和谐共生是基本特征。国有林场承担着保护和发展森林资源、保护和修复湿地生态系统、保护和改善荒漠生态系统、保护生物多样性的重要使命。要在建设美丽中国和实现人与自然和谐共生方面发挥更大的作用，就必须紧跟国家现代化的步伐，进一步加大改革力度，采取更加有力的政策措施，全面推进现代化建设，不断提升现代化水平。

国有林场改革方案全面落实之后，国有林场向什么方向发展，如何科学发展，成为林业系统上下十分关心的重大问题。在实施乡村振兴战略的时代背景下，建设资源丰富、管护有力、治理有效、富裕文明的国有林场，迫切要求加快推进国有林场现代化建设。

二、国有林场现代化建设的有利条件

当前，国有林场现代化建设面临十分难得的历史机遇。我国社会主要矛盾已经转化为人民群众美好生活需要与发展不平衡不充分之间的矛盾。人民群众对优质生态产品的巨大需求将带动国有林场加快发展，国家也将采取更加有力的措施支持林业建设。乡村振兴战略的实施将有利于各类要素向林区林场聚集。决胜全面建成小康社会将促进林场生产生活条件的进一步改善。随着生态文明制度体系的逐步完善，国有林场开发、利用、保护行为更加规范，激励约束作用进一步显现，为国有林场持续健康发展创造良好的外部环境。特别是国有林场改革取得重大进展，为国有林场现代化建设创造了根本前提。

（一）改革取得决定性进展

中共中央、国务院印发《国有林场改革方案》以来，在党中央、国务院的统一部署下，国家发展改革委和国家林业局及各省（自治区、直辖市）人民政府高度重视，认真贯彻落实中发〔2015〕6号文件精神，全力推进国有林场改革，取得了积极进展。

1. 四分之三的国有林场基本完成改革

截至2017年年底，北京、天津、山西、辽宁、上海、江苏、安徽、浙江、福建、江西、河南、湖北、湖南、广西、海南、重庆、贵州、陕西、青海、宁夏、新疆等21个省（自治区、直辖市）完成了市县改革方案审批，占全国的68%，1702个县（市）已有80%完成市县级改革方案审批，3643个国有林场基本完成了改革任务，占全国4855个国有林场的75%。

2. 改革配套政策顺利出台并逐步落实

中央改革补助政策已落实，总额 160 亿元的补助资金已安排 133.8 亿元。中国银行业监督管理委员会、财政部、国家林业局出台了金融债务化解意见，总额约 116 亿元的金融债务有望化解。人力资源和社会保障部、国家林业局出台了国有林场岗位设置指导意见，优化了国有林场岗位结构设置。财政部、国家林业局出台了国有林场（苗圃）财务制度，规范了国有林场财务管理。交通运输部制定了《国有林场林区道路建设方案（征求意见稿）》（2018~2020 年），已完成征求各省交通厅和有关部委意见，拟与国家发展和改革委员会、财政部和国家林业局联合印发。国有林场管护点用房建设试点，已在内蒙古、江西和广西 3 省（自治区）展开，中央财政投入 1.8 亿元，这是推进国有林场基础设施建设的重大突破。

3. 改革专项督查持续开展

2017 年 3~5 月，国家林业局对吉林、福建、湖南、广东、广西、海南、贵州、云南 8 省（自治区）进行专项调研督导。6~8 月，国家林业局会同国家发展和改革委员会等改革工作小组成员单位组成联合督查组，先后对河北、黑龙江、云南、陕西、新疆 5 省（自治区）人民政府开展了督查，推动各省人民政府切实履行改革主体责任，加大改革推进力度。督查工作结束后，新疆改革进程明显加快，2017 年年底已完成市县方案审批工作。

（二）改革取得初步成效

通过国有林场改革，初步建立了保护培育森林资源、着力改善生态和民生、建立资源监管制度、增强林场发展活力的新体制。

1. 国有林场属性实现合理界定，为国有林场现代化建设指明了方向

在已完成改革的 3643 个林场中 96.1% 的被定为公益性事业单位。如湖北省 225 个国有林场都已完成定性，其中，151 个定为公益一类事业单位，占 67%；有 65 个定为公益二类事业单位，占 29%；有 9 个定为企业性质，占 4%。海南省改革后，定性为公益一类或二类事业单位林场 28 个，其中，公益一类 7 个，公益二类 21 个，占林场总数的 87.5%，使列入财政拨款的事业单位林场数从改革前的 1 个增加到 28 个，比例从改革前 2.8% 提高到改革后的 87.5%。浙江整合后的 100 个国有林场都明确了公益性质单位，其中，50 个定性为公益一类事业单位，49 个定性为公益二类事业单位，1 个定性为企业性质林场。

2. 攻坚克难解决编制，为国有林场现代化建设奠定人才和队伍基础

如海南省共核定事业编制 309 个，使列入财政拨款事业编制人员比改革前的 30 人增加了 279 人，是改革前的 10.3 倍。如浙江省科学核定 2850 个编制，采用定编不定人的灵活方法，通过自然减员逐步过渡到核定编制数，改革过程未出现新的下岗分流人员，改革后，国有林场事业经费均纳入混杂的财政预算管理，事业经费从改革的每年 0.41 亿元增加到了 2017 年年底的 1.84 亿元。

3. 基础设施明显改善，为国有林场现代化建设创造了物质条件

有 27 个省份国有林场的基础设施建设已经纳入同级政府建设计划。如湖北省国有林场安全饮水纳入《全省农村饮水安全巩固提升工程"十三五"规划》，林场与外部的供电连接线路纳入《全省农村"十三五"电网升级改造规划》。如浙江总计投入 8.38 亿元主要用于国有林场危旧管护房改造，道路建设、饮用水安全等基础设施建设，累计新修道路 614 千米，新（修）建管护用房 8.6 万平方米，实现了通场公路全部硬化，万亩以上林区公路通达，基本解决饮水安全问题。如海南省交通厅安排资金 4338.3 万元，建设林区通畅工程 141.8 千米，林区职工行路难问题有了较大改善；南方电网海南分公司投资 2600 万元，将林区用电纳入农网改造工程，实现了同网同价；海南省水务厅将林区林场列入农村饮水安全建设规划，省财政补助 1559 万元，解决了林区职工 2.13 万人的饮水难问题；海南全省林场实现广播电视场场通，职工驻地和重要区域实现了通讯网络全覆盖。

4. 职工生活明显改善，为国有林场现代化建设消除了后顾之忧

在民生保障方面，从全国来看，国有林场职工工资较改革前提高了 36.4%，91% 的富余职工得到了安置，社保保障水平有了较大改善。从参加养老保险情况看，100% 参加养老保险的省份增加了 7 个，参加养老保险人数较改革前增长 4.6%，其中，43.1% 的职工参加事业单位养老保险，较改革前提高了 16.29%；56.9% 的职工参加企业性质的养老保险，较改革前降低了 2.75%。改革后参加事业性质养老保险人数较改革前提高了 4.32 个百分点。从参加医疗保险的情况看，100% 参加医疗保险的省份较改革前增加了 7 个，提高了 8.76%；90% 以上国有林场职工参加城镇职工医疗保险，较改革前提高 10.65 个百分点；参加城镇居民医疗保险的职工较改革前下降 3.03 个百分点；参加新农合医疗保险的职工较改革前下降 7.63 个百分点。职工住房公积金和住房补贴基本落实，93% 以上省份建立了住房公积金制度，参加人数较改革前增长 32.3%，近 1/5 国有林场实行了住房补贴政策。职工住房条件有了较大改善，实施危旧房改造国有林场 3396 个，改造总面积 3073.22 万平方米，危旧房改造 450475 套，共投入资金 431.35 亿元，平均每套房 9.58 万元，平均每户 68.22 平方米。如海南全省林场职工全部实现入住新房的目标，彻底告别长期居住危旧房的历史。

5. 资源保护监管力度明显加大，为国有林场现代化建设夯实资源基础

全国国有林场全面停止了天然林商业性采伐，每年减少天然林消耗 556 万立方米，占国有林场年采伐量的 50%；一些省份通过强化国有林场管理机构建设、立法、林地落界确权、出台监管办法、建立森林资源管理制度等措施加强森林资源保护和监管，从全国情况看，国有林场经营范围和林地面积稳中有升。改革后 7 省新成立了省级林场专门管理机构，5 省新成立了市级林场专门管理机构，4 省新成立了县级林场管理机构。1/3 的省份新出台了加强森林资源保护的文件，90% 的省份建立了森林资源产权、保护、监督和考核制度，60%的省份建立了森林资源有偿使用制度，近70%的省份建立了森林资源场长离任审计制度，实施国有林场场长离任审计制度的国有林场1029个。如湖北省80%以上的国有林场林地林木都已确权发证，建立了以林权证为基础的国有林场森林资源产权制度。湖北省林业厅新成立了国有林场管理处，全面加强对全省国有林场的管理，部分市县新成立了国有林场管理站(处、中心)。湖北省林业厅组建了驻大别山区、驻秦巴山区、驻武陵山区3个森林资源监督员办事处。如海南省先后出台了《海南省国有林场森林资源监督管理办法(试行)》《海南省国有林场森林资源有偿使用管理办法》《海南省国有林场场长森林资源离任审计办法》等。

三、国有林场现代化建设的总体思路

推进国有林场现代化建设，必须在明晰国有林场现代化科学内涵、总结国有林场已有探索的基础上，明确国有林场现代化的总要求、基本原则，用以指导国有林场现代化建设实践。

(一)国有林场现代化的内涵和总要求

1. 国有林场现代化的内涵

国有林场现代化就是以现代林业理论为指导，综合运用现代人类的一切文明成果，充分运用现代科技手段和现代管理理念，全面提升国有林场建设水平，充分发挥国有林场的多种功能，更好地满足社会多样化需求的过程。国有林场现代化是一项长期而艰巨的任务，又是一个循序渐进的过程，应从实际出发，遵循客观规律，有重点、按步骤、分阶段地向前推进。

2. 国有林场现代化的总要求

国有林场现代化的总要求是：以现代发展理念为引领，以多目标经营为指导，以现代科学技术为支撑，以现代物质条件为基础，以现代信息技术为手段，以培育新型务林人为根本，构建布局科学、结构合理、功能协调、效益显著的生态体系，优质高效、充满活力的产业体系和内容丰富、贴近生活、富有感染力的文化体系，努力提高国有林场科学化、机械化和信息化水平，提高林地产出率、资源利用率和劳动生产率，提高发展的质量和效益。

(二)国有林场现代化建设的总体思路

客观分析我国国有林场发展现状，虽经多年建设有了较好基础，但无论是提供产品和服务的能力，还是发展的条件与手段，都不能充分适应经济社会可持续发展的要求。国有林场单位面积蓄积低，森林生长率低，林地综合产出率不高，森林经营水平与发达国家相比还有很大差距；林产品生产能力不强，产业体系不发达，市场竞争力较弱，对区域经济的贡献有限；林地潜力、市场潜力、就业潜力等还没有充分挖掘出来。弘扬生态文明、传播生态文化、促进人与自然和谐的相关设施和手段还较落后。国有林场的各种软硬件条件也不齐备，制约着各项功能的全面发挥。国有林场发展现状与国有林场现代化的要求不相适应，难以更好地满足人民群众美好生活的需要。

国有林场现代化建设的总体思路是全面贯彻党的十九大精神，以全面推进现代化建设为主题，以美丽中国建设为核心，以高质量发展为主线，以建设美丽中国为总目标，以实施乡村振兴战略为契机，全面深化改革，推进科教兴场和依法治场，强化经营管理，完善基础设施，构建现代生态体系、文化体系和产业体系，全面培育、科学经营和合理利用森林资源，努力建设资源丰富、生态良好、管护有力、治理有效、生活富裕、文明和谐的社会主义现代化林场，充分发挥林场的综合效益，更好地满足人民群众美好生活对国有林场的多样化需求，为推动乡村全面振兴、决胜全面建成小康社会、建设社会主义现代化强国做出更大贡献。

推进国有林场现代化建设，要按照 2018 年 1 月 4 日全国林业厅局长会议提出的要求，坚持把以人民为中心作为根本导向、把人与自然和谐共生作为不懈追求、把生态保护修复作为核心使命、把发展绿色产业作为重要内容、把改革创新作为动力源泉、把提升质量效益作为永恒主题，把夯实发展基础作为有力保障。要按照产业兴旺、生态宜居、场风文明、治理有效、职工富裕的总要求，加快推进国有林场治理体系和治理能力现代化，让林场成为有魅力的美丽家园，让职工成为有尊严的职业群体，奋力谱写新时代国有林场现代化建设新篇章。

（1）以美丽中国建设为核心。将提供生态产品和服务作为主攻方向，加强森林保护和培育，加快造林绿化进程，扩大森林面积，提高森林覆盖率，强化森林经营，增加森林蓄积，建设生态宜居的美丽家园。

（2）以高质量发展为主线。要坚持质量兴场、品牌强场。要以供给侧结构性改革为主线，突出绿色化、优质化、特色化、品牌化，优化结构调整，发展优势特色产业，促进一、二、三产业融合，实施创新驱动发展战略，不断提高国有林场创新力和竞争力。

（3）以美丽林场建设为载体。要标本兼治，推进基础设施和公共服务向林场延伸，推进国有林场人居环境整治和场容场貌建设，树立林场文明新风尚，走好林场善治之路，促进人才技术向林场流动，建设生态宜居美丽家园。

（4）以全面深化改革为动力。在理顺国有林场森林资源资产管理体制，强化人事劳动改革，在增强保障能力的基础上，进一步创新体制机制，增强国有林场发展活力。以保护森林资源、提升生态功能作为出发点，确保国有森林资源不破坏、国有资产不流失，促进林场可持续发展，释放绿色发展生产力。

（三）国有林场现代化建设的基本原则

在国有林场现代化建设过程中，应遵循以下基本原则：

1. 统筹规划、提质增效

坚持我国国有林场实际，统筹规划、协调推进，使国有林场现代化建设的目标、任务与国民经济和社会发展规划相衔接。精准提升森林质量，推进木材战略储备基地建设，加快森林休闲产业发展，满足社会对森林多功能的需求，为社会发展提供更好的生态服务。

2. 突出重点、引领示范

从国有林场实际出发，制定建设方案，量力而行，分批、分步推进国有林场现代化建设工作。加强基础设施建设，改善林场生产生活条件，增强森林防火、有害生物防控能力，提升林场森林资源管护水平、信息化水平和技术装备水平，发挥国有林场在珍贵树种造林、良种基地建设、生物多样性保护、森林旅游等方面引领示范作用。

3. 生态优先、兼顾效益

坚持提升森林质量、改善生态环境，优先考虑生态效益与生态服务功能。严格保护天然林、风景林、古树名木等现有绿化成果。在坚持生态优先的前提下，发展林场经济。

4. 政府主导、行业引导

各省（自治区、直辖市）、市（州）、县（市、区）人民政府应当承担国有林场现代化建设的主体责任，在政策和资金上给予支持，各级林业主管部门应当做好指导和服务工作，根据当地实际，制定本地区国有林场现代化建设规划。

四、国有林场现代化建设的基本目标

根据2003年中发9号文件、2015年中发6号文件和2018年中发1号文件的精神，结合国有林场改革发展实际，国有林场现代化建设的基本目标是建设资源丰富、生态良好、管护有力、治理有效、生活富裕、文明和谐的社会主义现代化林场。

（一）资源丰富、生态良好

增加森林资源、增强森林生态系统的整体功能是2003年中央9号文件明确规定的林业建设的基本任务，生态功能显著提升是《国有林场改革方案》确定的总体目标之一。生态宜居是实施乡村振兴战略的一项总要求。国有林场是维护国家生态安全的重要屏障，是生态修复和建设的重要力量。因此，国有林场现代化建设必须把资源丰富和生态良好作为首要目标，把培育发展优质、高效、多功能森林，丰富生物多样性，保护国有林场自然人文景观作为中心任务。

（二）管护有力、治理有效

2003年中央9号文件把"严格保护、积极发展、科学经营、持续利用森林资源"作为林业建设的一条重要方针，并把"严格保护"放在首位。2015年《国有林场改革方案》把严格保护作为提升生态功能的重要举措。2018年中央1号文件把治理有效作为实施乡村振兴战略的总要求。管护有力是国有林场现代化建设的基本前提，是国有林场发展的基本要求。资源监管是国有林场治理体系和治理能力建设的重要内容，对管护是否有力具有重要作用。因此，必须把管护有力和治理有效作为国有林场现代化建设的基本目标。建设现代化国有林场，必须推进各项基础设施建设和技术装备配备，提高决策科学化、生产机械化、管理信息化水平，为强化管护提供良好的物质条件。必须建立健全国有林场森林资源资产管理体制和运行机制，加强外部监督，激发内生动力，增强发展活力，实现国有资产保值增值和职工群众增收致富。

(三)生活富裕、文明和谐

增加林业职工和林农收入，与增加森林资源、增强森林生态系统整体功能、增加林产品供给一起，在 2003 年中央 9 号文件中被确定为林业建设的基本任务。切实改善职工的生活条件是 2015 年《国有林场改革方案》确定的总体目标的重要内容。乡风文明和生活富裕是实施乡村振兴战略的总要求。从国有林场自身实际来看，只有不断改善职工生活，才能为森林资源增长、森林生态系统功能增强、林产品供给增加提供内在动力，只有加强场容场貌场风建设，才能促进林区和谐，促进生产发展。因此，必须把生活富裕、文明和谐作为国有林场现代化建设的基本目标。要紧密结合全面建成小康社会、建设富强民主文明和谐美丽的社会主义现代化强国的要求，完善林场收入分配和社会福利制度，丰富职工物质文化生活，不断增加职工收入、提升职工思想素质和文明素养。

近期，要按照《国有林场改革方案》明确的总体目标要求，将达到：一是森林资源有增长。森林面积增加 1 亿亩以上，森林蓄积量增长 6 亿立方米以上。二是生态功能有增强。森林碳汇和应对气候变化能力有效增强。三是森林质量有提升。四是基础设施有投入。五是职工就业有着落。六是职工生活有保障。七是政府财政有投入。八是资源监管有效率。九是林场发展有后劲。九项指标作为到 2020 年推进国有林场现代化建设的阶段目标。

五、国有林场现代化评价指标体系构建

(一)指标体系构建原则

评价国有林场现代化状况，指标体系的建立是首要步骤。指标体系建立的合理与否直接关系到评价的科学与否。指标应当能够充分描述与反映国有林场现代化水平与状态，包括资源培育、生态保护、基础设施、管理水平、职工收入、文化生活、场容场貌等方面。具体应遵循以下几项原则。

1. 科学性原则

指标的选择、权重的确定、数据的选取等应建立在科学基础上，能代表国有林场现代化的构成要素，能反映国有林场现代化概况，能分析国有林场现代化趋势。

2. 可操作性原则

指标的选择应尽量简化，以增强可操作性。要考虑其数值的可获取性及准确性、权威性，要尽量利用现有数据、统计资料数据和各种规范标准。

3. 可比性原则

要求指标数据的选取与计算采取统一口径，确保评价指标横向可比。必要时可考虑选取一些能反映区域特色、能解决区域主要问题的指标。

4. 普遍性原则

为了达到普遍适用的目的，使不同区域在运用指标体系进行研究时具有可比性，在建立整个评价指标体系时，选择的评价指标覆盖面要广，可以适用于不同的区域。

(二)指标体系构建方案

在上述基础上，建立多目标、多层次结构的国有林场现代化指标体系，是进行综合评价的关键。本研究通过文献检索，结合赴浙江、湖北、海南的调研情况，进行了指标初选，构建国有林场现代化一级评价指标体系，并采用重要性咨询法筛选出最终评价指标，形成二级评价指标体系。

1. 指标初选基础

对评价指标筛选可采用频度分析法、理论分析法和专家咨询法等，三种方法从不同的角度对指标体系进行调整。本研究在"中国知网"中以"国有林场"（5660 条）、"国有林场 + 现代化"（23 条）、"林业现代化"（338 条）等为关键词进行检索后，对目前提出的有关国有林场现代化评价研究或相关研究指标体系进行频度统计，选取使用频率较高的指标；应用理论分析法对国有林场现代化的涵义、特征、组成要素、主要问题等进行相关分析、比较、综合，选择重要且针对性强的指标；应用专家咨询法在初步构建的评价指标基础上，征询有关专家的意见，对指标进一步进行调整。经过对国有林场评价指标体系、林业现代化评价指标体系相关文献的研究，发现国有林场现代化既有评价指标体系构建不够完整、指标不够精练，且实用性不强，难以全面客观反映国有林场现代化的整体水平。

根据 2003 年中发 9 号文件、2015 年中发 6 号文件和 2018 年中发 1 号文件的精神，结合国有林场改革发展实际，在以建设资源丰富、生态良好、管护有力、治理有效、生活富裕、文明和谐的社会主义现代化国有林场为目标的前提下，结合浙江、湖北、海南调研省份国有林场现代化状况的调研，进行国有林场现代化指标体系初步构建。

2. 初步建立指标

在广泛收集国内有关国有林场现代化与林业现代化评价指标、对典型国有林场进行实地调研基础上，我们根据评价指标的构建原则，针对国有林场的特点和现代化建设问题，征求了不同省份国有林场管理者意见，初步选取了 33 个指标，见表 1。

表 1　国有林场现代化评价指标初选一览表①

一级指标名称	二级指标名称	一级指标名称	二级指标名称
资源指标 （9 个指标）	森林覆盖率	管理指标 （5 个指标）	产权权属
	单位蓄积量		定性定编
	林地利用率		制度建设
	林龄、树种结构		队伍建设
	生物多样性		现代技术采用
	森林生态建设	经济指标 （7 个指标）	收入保障
	森林资源保护		资金投入
	资源增长		产业开发
	林业建设投入		文化生活
管护指标 （7 个指标）	经营方案		场容场貌
	现代装备		职工保障
	监测巡护		社会关系安定
	林业科技贡献率	其他指标 （5 个指标）	科研成果
	基础设施		示范引导
	智慧林场		特别成效
	资源保护		项目管理
			特殊人才

　　由于初选指标往往存在指标过多、指标间意义上有交叉、重复的问题，需要对指标进行选择或重组以排除相关密切的指标。通过对所选指标进行相关性分析，得到一个 33×33 的相关系数矩阵，从 Pearson 简单相关系数的取值范围看，各指标间相关系数 < 0.5，说明有超过 95% 的指标间仅有低度相关关系，保证了评价结果的科学性。

3. 指标重要性咨询

　　将预选指标制成咨询表（表2），征求不同国有林场管理者（省级层面、市级层面及直接管理者）、国有林场研究者、林业现代化研究专家的意见，按照指标所反映的问题范畴进行归类和优化。再邀请国有林场管理者（国家层面）与国有林场现代化项目专家对预选指标进行重要性判断，即依据专家对各个指标的重要程度判断，以"极重要5分、重要4分、一般3分、不重要2分、极不重要1分"做出选择，并提出修改意见和建议。

---

　　① 评价体系指标初选，重点参考《社会主义现代化国有林场建设标准及指标体系的参考提要》、浙江省《关于开展浙江省现代国有林场创建工作的通知》浙林造〔2016〕51 号文件及中国知网的部分文献，重点文献也是对浙江现代国有林场标准的研究。

表 2　国有林场现代化评价指标体系专家咨询表

指标名称	重要程度				
森林覆盖率	5	4	3	2	1
单位蓄积量	5	4	3	2	1
林地利用率	5	4	3	2	1
林龄、树种结构	5	4	3	2	1
生物多样性	5	4	3	2	1
森林生态建设	5	4	3	2	1
森林资源保护	5	4	3	2	1
资源增长	5	4	3	2	1
林业建设投入	5	4	3	2	1
经营方案	5	4	3	2	1
现代装备	5	4	3	2	1
监测巡护	5	4	3	2	1
林业科技贡献率	5	4	3	2	1
基础设施	5	4	3	2	1
智慧林场	5	4	3	2	1
资源保护	5	4	3	2	1
产权权属	5	4	3	2	1
定性定编	5	4	3	2	1
制度建设	5	4	3	2	1
队伍建设	5	4	3	2	1
现代技术采用	5	4	3	2	1
收入保障	5	4	3	2	1
资金投入	5	4	3	2	1
产业开发	5	4	3	2	1
文化生活	5	4	3	2	1
场容场貌	5	4	3	2	1
职工保障	5	4	3	2	1
社会关系安定	5	4	3	2	1
科研成果	5	4	3	2	1
示范引导	5	4	3	2	1
特别成效	5	4	3	2	1
项目管理	5	4	3	2	1
特殊人才	5	4	3	2	1

由于层次分析法对受访者的数目并无限制，且依赖专家的判断，必须通过一致性检验及一致性比率的配比来比较矩阵的一致性。研究采用群决策法，共发放咨询表 22 份，回收 22 份，其中有效表 20 份。Dalkey 认为，当人数至少有 10 位时，群体误差将降至最低，此时可信度最高①。对专家的选择情况进行统计后，经过讨论、论证形成由 22 个指标构成的国有林场现代化评价指标体系。

（三）评价指标体系框架

国有林场现代化评价指标包括资源指标、管护指标、管理指标、经济指标、其他指标 5 个一级指标，具体见表 3。

表 3　国有林场现代化评价指标体系②

一级指标	二级指标	数据来源	解释说明	指标性质
资源指标	森林覆盖率	《中国林业统计年鉴》	森林覆盖率亦称森林覆被率（forest coverage rate）指一个国家或地区森林面积占土地面积的百分比，是反映一个国家或地区森林面积占有情况或森林资源丰富程度及实现绿化程度的指标，又是确定森林经营和开发利用方针的重要依据之一。该指标可以具体反映森林生命力具体情况，也是反映地域特征的一个重要指标。森林覆盖率越高，森林资源状况越好	+
	单位面积蓄积	《中国统计年鉴》	活立木蓄积量（living wood growing stock）指一定范围内土地上全部树木蓄积的总量，包括森林蓄积、疏林蓄积、散生木蓄积和四旁树蓄积，或者说是包括散生木在内所有活立木的总蓄积量。单位面积活立木蓄积量是单位面积的林分中所有活树木蓄积的总量，是反映森林生产力方面的因子，较高活立木蓄积量的林分一般森林的生产力状况较好，森林资源状况越好	+
	林龄、树种结构	森林资源二类清查数据	森林类型（forestry form）森林群落的分类单位，简称林型。是按照群落的内部特性、外部特征及其动态规律所划分的同质森林地段。根据林木的叶形状可分为针叶林、阔叶林；根据林分的组成可分为纯林、混交林；根据林分的年龄可分为幼龄林、中龄林、成熟林和过熟林。该指标数值越大，说明森林类型越多样，森林资源状况越好	+
	生物多样性	森林资源清查数据	生物多样性一般由物种丰富度来表示。物种丰富度：指被评价区域内已记录的野生高等动植物物种数，用于比较物种的多样性。一般而言，该指标数值越大，说明物种越丰富，森林生态系统状况越好	+
	资源增长	森林资源二类清查数据	森林资源（Forest resources）包含狭义森林资源与广义森林资源。狭义森林资源是指林地及其所生长的森林有机体的总称。这里以林木资源为主，还包括林中和林下植物、野生动物、土壤微生物及其他自然环境因子等资源。林地包括乔木林地、疏林地、灌木林地、林中空地、采伐迹地、火烧迹地、苗圃地和国家规划宜林地。广义森林资源还包含森林生态效益。资源增长是指森林资源生长量大于利用量。森林资源增长越多，森林资源状况越好	+
管护指标	森林经营方案	国有林场森林经营方案	森林经营方案是指森林经营主体为了科学、合理、有序地经营森林，充分发挥森林的生态、经济和社会效益，根据国民经济和社会发展要求、林业法律法规政策、森林资源状况及其社会、经济、自然条件编制的森林资源培育、保护和利用的中长期规划，以及对生产顺序和经营利用措施的规划设计。森林经营方案是森林经营主体和林业主管部门经营管理森林的重要依据。编制和实施森林经营方案是一项法定性工作，森林经营主体要依据经营方案制定年度计划，组织经营活动，安排林业生产；林业主管部门要依据经营方案实施管理，监督检查森林经营活动。森林经营方案编制与执行情况越好，国有林场的管护也就越科学	+

① 北京林业大学 2009 年 3 月课题"自然保护区生态旅游及社区参与模式研究"

② 各类指标释义来自于中国知网的参考文献，并根据研究的需要进行了一定的扩展。

（续）

一级指标	二级指标	数据来源	解释说明	指标性质
管护指标	基础设施	国有林场统计资料	基础设施(Infrastructure)是指为国有林场林业生产与管理提供服务的物质工程设施，是用于保证国有林场正常进行的生产与管理的服务系统。它是国有林场赖以生存发展的一般物质条件，一般包括林区道路、通讯设施、水电设施、消防工程设施等。国有林场的基础设施条件越好，越有利于国有林场的日常管护，管护的效果也就越好	+
	监测巡护	国有林场资料或实地调研	监测巡护是指可以通过 GPS(PDA)，手机、电脑、平板电脑、网页等多种客户端实现护林员管理、巡检执法、森林巡护监管、监测动植物分布统计分析等。监测巡护覆盖范围越广，人员管理越科学，监测巡护的效果也就越好，管护的科学性也就越高	+
	现代装备	国有林场资料	现代装备是指国有林场在森林经营与管理领域使用的各种现代化的机械与机器和设备，包括相关林业活动的各种动力机械、加工作业机械、运输机械及其零配件等。现代林业装备是先进林业科学技术的具体体现和现代林业发展的必要保障。现代化装备配备越齐全，使用范围越广泛，越有利于提升国有立场的管护的科学性	+
	资源保护	国有林场统计资料	资源保护(conservation of forest resources)是指国有林场在促进森林数量的增加、质量的改善或物种繁衍，以及其他有利于提高森林功能、效益的保护性措施。资源保护的措施与方法越齐全，越有利于国有林场各类资源的保护工作，越有利于提升国有林场管护的科学性	+
管理指标	产权权属	国有林场资料	产权权属是指产权持有者对森林的一系列权力束，即持有者对森林经营利用的控制程度和享有该资源所产生经济利益的范围。产权权属越明确、清晰，产权纠纷也就越少，国有林场的管理也就越有效	+
	定性定编	国有林场改革方案	定性定编是指"三定"方案是否得到巩固情况，主要包括国有林场的公益性质定位明确，落实公益性单位政策；科学核定国有林场人员编制并保持稳定的；国有林场经费纳入当地财政预算管理并及时拨付到位的。企业性质的国有林场通过政府购买服务等方式予以支持的。国有林场的定性定编政策落实的越合理，越有利于国有林场的管理与后续的深化改革	+
	制度建设	国有林场各项制度文件	制度建设是指国有林场内部管理制度制定和落实情况，包含资源保护和资源档案、收入分配、项目资金、安全生产、应急管理等管理制度。国有林场制度建设越齐全，也就意味着国有林场的管理越规范，随着制度不断完善，侧面说明管理也就越先进	+
	队伍建设	国有林场人事资料	队伍建设是指领导班子配备、内部机构设置及人才队伍建设等情况。国有林场的班子配备、内部机构设置及人才队伍结构越合理，管理越有效，人员的晋升渠道越顺畅，国有林场的管理也就越先进	+
经济指标	收入保障	国有林场统计资料	收入保障是指落实职工工资、住房、养老、医疗保障等情况。按国家规定落实职工工资待遇，职工收入达到当地同类单位平均水平，职工的住房按照规定进行解决，养老保险与医疗保障纳入社保是职工收入保障的重要层面，职工的收入保障越好，代表国有林场社区越富裕，经济富裕指标也就越高	+
	资金投入	国有林场统计资料	资金投入是指国有林场管理运行、管护设施建设与维护、保护管理等费用能满足管理需求。资金投入越多，也就越能满足日常管理的需要，资金投入指标也就越高	+
	产业开发	国有林场统计资料	产业开发是指进行森林旅游、经济林、林木种苗等产业基地建设及特色林下经济等项目建设。其中森林旅游年游客量越高，经济林、林木种苗等产业基地建设与特色林下经济等项目等级越高，代表国有林场产业开发越充分，经济富裕指标也就越高	+
	文化生活	实地检查	文化生活是指通过设立森林生态文化展示厅、森林课堂，开辟森林体验活动场所，开展主题宣传动等弘扬森林生态文化情况。文化生活越丰富，越能代表国有林场的文化生活水平，国有林场的经济富裕指标也就越好	+
	场容场貌	实地检查	场容场貌是指国有林场建筑外观整洁有序，合理安排空间进行立面改造，场区林区环境整洁，洁化、绿化、美化效果是否明显，且是否能体现展示现代国有林场理念及特色文化。场容场貌越复合上述要求，国有林场的经济富裕指标越高	+

（续）

一级 指标	二级 指标	数据 来源	解释说明	指标 性质
其他指标	科研成果	国有林场资料	科研成果是指国有林场参与科研项目、良种繁育与发明专利获得等情况。有发明专利，参与科研项目等级越高，良种繁育认定等级越高，科研成果也就越高，其他效益也就越好	+
	示范引导	国有林场资料	引导示范是指在林区周边乡村林业生态保护、建设中起到示范、引领、带动的作用，通过场外造林、赎买、托管等方式扩大国有林场经营面积，起到示范作用。示范作用效果越好，其他效益也就越高	+
	获奖情况	国有林场资料	特别成效是指近三年获得国家级、省部级表彰奖励。获得奖励的等级越高代表特别成效也就越大，其他效益也就越好	+

资源指标是从森林生态系统自身的物质资源状况反映国有林场现代化程度，包括森林覆盖率、单位蓄积量、林龄、树种结构、生物多样性与资源增长等指标。森林生态系统资源状况越好，国有林场现代化程度越高。

管护指标是从国有林场对森林生态系统科学管理与保护的状况反映国有林场的现代化程度，包括森林经营方案、基础设施、监测巡护、现代装备、资源保护指标。森林经营方案越科学、基础设施越完备、监测巡护越及时、森林装备越完善、资源保护越好，国有林场的现代化程度越高。

管理指标是从国有林场自身建设状况反映国有林场现代化的程度，包括产权权属、定性定编、制度建设与队伍建设指标。产权越清晰、定性定编越巩固、制度建设越健全、队伍建设越合理，国有林场的现代化程度越高。

经济指标是从国有林场投入与职工保障状况反映国有林场现代化程度，包括收入保障、资金投入、产业开发、文化生活与场容场貌指标。收入越稳定、资金投入越充足、产业开发越科学、文化生活越丰富、场容场貌越好，国有林场的现代化程度越高。

其他指标主要是科研成果、示范引导与获奖情况指标。科研成果越多，示范引导作用越突出，所获奖励越多、获奖层次越高，国有林场的现代化程度越高。

（四）国有林场现代化评价指标量化方案选择

在国有林场现代化评价中，有一种重要信息需要考虑，即指标的相对重要性，其相对重要性的度量值称为权重或权系数。指标权重的确定在评价问题的求解过程中具有举足轻重的地位，如何科学、合理地确定指标的权重，直接关系到评价结果的可靠性与准确性。目前，确定指标权重的方法有十几种，大体上可分为主观赋权法和客观赋权法两大类。主观赋权法是基于决策者给出的主观偏好信息或决策者直接根据经验给出的属性权重。例如常见的有德尔菲法（Delphi）、最小平方法和层次分析法（AHP）等，其中层次分析法是在实际应用中使用较多的方法。客观赋权法是基于决策矩阵信息，通过建立一定的数学模型计算出权重系数的。例如主成分分析法、熵权法、因子分析法、多目标规划法等①。

根据研究对象的特点，"国有林场现代化评价指数"构建方法可采用层次分析法。首先，通过分析法将度量对象和目标进行细分，在此基础上采用综合法来确定具体统计指标；然后，通过专家评价法和理论分析法剔除冗余指标，按照相应指标体系框架把指标进行归并，最终得到了国有林场现代化评价指标体系。

在上述权重计算基础上，构建国有林场现代化建设评价量化指标，见表4。

表 4　国有林场现代化建设评价量化指标

指标类型	序　号	评价内容	权　重
资源指标	1	森林覆盖率	12
	2	单位蓄积量	5
	3	林龄、树种结构	6
	4	生物多样性	4
	5	资源增长	3
管护指标	6	经营方案	6
	7	基础设施	5
	8	监测巡护	4
	9	现代装备	3
	10	资源保护	3
管理指标	11	产权权属	7
	12	定性定编	5
	13	制度建设	4
	14	队伍建设	2
经济指标	15	收入保障	2
	16	资金投入	2
	17	产业开发	2
	18	文化生活	2
	19	场容场貌	2
其他指标	20	科研成果	7
	21	示范引导	9
	22	特别成效	5
总　分			100

（五）国有林场现代化评价指标量化设计

通过建立层次结构模型、构建判断矩阵、邀请专家判断并经过一致性检验，确定22

① 米锋，黄莉莉，孙丰军.北京鹫峰国家森林公园生态安全评价[J].林业科学，2010，46（11）：52-58.

项指标。

1. 资源指标量化

(1)森林覆盖率：是指森林覆盖率的水平，总分 12 分。现代国有林场森林覆盖率应显著高于全省(自治区、直辖市)平均水平，其中，山区县、平原县国有林场森林覆盖率分别达到 90%、80% 以上的得 12 分，达到 85%、75% 以上的得 8 分，达到 80%、70% 以上的得 5 分；低于 80%、70% 的得 1 分。

(2)单位面积蓄积：是指乔木林蓄积量水平，总分 5 分。现代国有林场乔木林蓄积量应显著高于全省(自治区、直辖市)平均水平，其中乔木林单位蓄积量达到 7 立方米/亩以上的得 5 分，达到 6.5 立方米/亩以上的得 3 分，达到 6 立方米/亩以上的得 1 分。

(3)林龄、树种结构：是指林龄和树种结构，总分为 6 分。现代国有林场的产业林的幼、中、成熟林面积占产业林的面积应该总体上保持一致，其中分别占比 23% 以上得 3 分；分别占比 15% 以上得 2 分；分别占比 10 以上得 1 分。林种结构是指混交林占林地总面积情况，其中占比 60% 以上的得 3 分；占比 50%~60% 的得 2 分；占比 30%~50% 的得 1 分。

(4)生物多样性：是指保护物种种群是否稳定，生态系统和功能是否稳定，总分为 4 分。现代国有林场中主要保护物种种群数量稳定或增加，关键生境面积稳定或增加且质量稳定或改善，主要保护对象状况稳定，得 4 分；主要保护物种种群数量基本稳定，关键生境面积和质量基本稳定，主要保护对象状况基本稳定，得 3 分；主要保护物种种群数量减少，关键生境面积减小、质量下降，主要保护对象被破坏，得 2 分；主要保护物种种群数量大幅减少，关键生境被严重破坏或退化，主要保护对象被严重破坏，得 1 分。

(5)资源增长：是指承担营林生产、森林质量提升等项目情况，且效果明显，总分 3 分。承担珍贵树种、优质大径级用材林培育或木材战略储备基地建设等森林质量提升项目，经验收合格的得 2 分；完成年度绿化造林、林相改造、森林培育或合理采伐利用商品林任务的得 1 分。

2. 管护指标量化

(6)经营方案：是指科学编制森林经营方案及执行情况，总分 6 分。科学编制森林经营方案的得 2 分；按照森林经营方案组织实施的得 4 分。

(7)基础设施：是指水、电、路、房等基础设施规划、建设情况，总分 5 分。道路、供电、用水和管护房等基础设施纳入当地相关建设规划，同等享受相应政策的得 1 分；通场道路全部硬化，达到四级公路技术标准，万亩以上林区道路全部通达的得 1 分；完成场部和万亩以上林区管护房提升改造，全面消除危房的，得 1 分；全面解决职工用电问题的得 1 分；解决职工安全饮水问题的得 1 分。

(8)监测巡护：是指建立国有林场管理、保护、监测系统与巡护情况，总分 4 分。场部及万亩以上林区实现网络、通讯全覆盖的得 1 分；建立考勤系统及护林员定位系统的得 1 分；建立森林资源动态监测体系，及时向上级主管部门报送森林资源更新数据的得 1 分；监测巡护效果良好的得 1 分。

（9）现代装备：是指林业现代装备配置情况，总分 3 分。配置无人机、管护巡逻车、消防车、病虫害防治机械等资源保护类林业现代装备的得 2 分；配置种苗培育、营造林机械、林木采伐和运输机械等营林生产类林业现代装备的得 1 分。

（10）资源保护：是指国有森林资源保护情况，总分 3 分。国有林场林地范围和用途长期稳定，无擅自将林地转为非林地现象的得 1 分；森林得到有效保护，无乱砍滥伐、滥占林地、无序建设等破坏国有森林资源行为的得 1 分；创建期内未出现林业有害生物成灾现象，并开展古树名木、珍稀濒危野生动植物等生物多样性保护的得 1 分。

3. 管理指标量化

（11）产权权属：是指权属、与周边关系等情况，总分 7 分。林场名称与权属一致，如涉及变更调整，则权属、法人财产等实行同步登记的得 4 分；与乡村组织、村民群众关系和谐，未发生因林场责任而引起纠纷的得 3 分。

（12）定性定编：是指国有林场改革方案是否得到巩固情况，总分 5 分。国有林场公益性质定位明确，落实公益性单位政策的得 2 分；科学核定国有林场人员编制并保持稳定的得 1 分；国有林场经费纳入当地财政预算管理并及时拨付到位的得 2 分。企业性质的国有林场通过政府购买服务等方式予以支持的得 5 分。

（13）制度建设：是指内部管理制度制定和落实情况，总分 4 分。建立健全并落实资源保护和资源档案、收入分配、项目资金、安全生产等管理制度得 4 分。

（14）队伍建设：是指领导班子配备、内部机构设置及人才队伍建设等情况，总分 2 分。领导班子配备齐全，基层党组织、工会组织健全，内部机构设置健全的得 1 分；畅通人才进入渠道制度清晰，有明确的人才进入计划并得到落实的，按规定设置岗位并聘任、结构合理的得 1 分。

4. 经济指标量化

（15）收入保障：是指落实职工工资、住房、养老、医疗保障等情况，总分 2 分。按国家规定落实职工工资待遇，职工养老、医疗等按规定纳入职工社会保险范畴，职工收入达到当地同类单位平均水平的得 1 分；落实职工住房公积金和住房补贴政策，享受当地同类单位职工同等住房政策的得 1 分。

（16）资金投入：是指国有林场管理运行、管护设施建设与维护、保护管理等费用情况，总分 2 分。国有林场管理运行、管护设施建设与维护、保护管理等费用能满足管理需求的得 1 分；国有林场管理运行、管护设施建设与维护、保护管理等费用基本满足管理需求的得 1 分。

（17）产业开发：是指发展森林旅游、经济林、林木种苗和林下经济等特色"生态＋"产业等情况，总分 2 分。森林旅游年游客量达到 10 万人次以上，或建成省级以上经济林、林木种苗等产业基地，或承担省级以上特色林下经济等项目的得2分；森林旅游年游客量达到3万人次以上，或建成市县产业基地，或承担市县级项目的得1分。

（18）文化生活：是指通过设立森林生态文化展示厅、森林课堂，开辟森林体验活动场所，开展主题宣传活动等弘扬森林生态文化情况，总分2分。开展森林生态文化活动，建成省级以上生态文化、生态文明、科普教育等基地的得2分，建成市县级的得1分。

（19）场容场貌：是指环境改造、林区面貌情况，总分2分。林场建筑外观整洁有序，合理安排空间进行立面改造，场区林区环境整洁，洁化、绿化、美化效果明显的得1分；展示现代国有林场理念及特色文化，并融入生产生活中的得1分。

5. 其他指标量化

（20）科研成果：是指参加科研项目，开展科技研发并取得成果情况，总分7分。积极参与科研项目，近三年获国家级、省部级奖项的，获得国家级加3分，省级加1分；近三年选育的林木良种通过国家、省级认定的，获得国家级的加3分，省级的加1分；近三年取得发明专利的，加1分。在类别内以最高等级计分，不得重复计分。

（21）示范引导：是指国有林场发挥生态建设主阵地作用情况，总分9分。在林区周边乡村林业生态保护、建设中起到示范、引领、带动的作用，建成省级以上珍贵树种示范林、森林休闲养生示范基地等的得5分，建成市县级的得3分；创建期内通过场外造林、赎买、托管等方式扩大国有林场经营面积100～500亩的得4分，扩大国有林场经营面积500亩以上的得2分。增加的经营面积以林权证或合同为准；在类别内以最高等级计分，不得重复计分。

（22）特别成效：是指国有林场经营管理建设成效情况，总分5分。近三年获得国家级、省部级表彰的，国家级加3分，省级加1分；近三年获得国家级、省部级经验推广的，国家级加2分，省级加1分。在类别内以最高等级计分，不得重复计分。

在指标量化过程中，由于自然灾害(台风、地震、洪水、冰雹等)导致资源指标中森林面积减小，或森林生态系统结构和功能恶化，或主要保护物种种群数量减少，或主要保护对象状态恶化的其他情况，在评估周期内该指标对应的内容可不减分，其他内容正常评分。

（六）国有林场现代化评价等级及其确定

国有林场现代化评价分为优、良、中、差四个等级。分值由基本得分100分构成，其中得分90分以上（含90分）评估等级为"优"，80～89分之间评估等级为"良"，60～79分之间评估等级为"中"，59分以下（含59分）评估等级为"差"。评定等级为"优"的确定为达到现代化水平的国有林场。

六、推动国有林场现代化建设的政策建议

（一）摸清国有林场现代化建设现状，为制定规划奠定基础

各地国有林场建设水平各不相同，大多距国有林场现代化水平要求有差距，要摸清目前各个国有林场的建设和管理水平，根据上述国有林场现代化评价指标体系，进行试算，确定各个国有林场目前建设现状和水平，对未达到现代化水平的国有林场统筹安排，哪些方面需要加强，哪些方面需要巩固，有针对性做好规划安排建设任务，为下一步制定全国国有林场现代化建设规划奠定基础。

（二）制定国有林场现代化建设规划，明确时间表和路线图

在摸清国有林场建设水平基础之上，确定全国国有林场现代化建设的时间和路线图，对尚未达到现代化建设标准的林场明确任务，确定时限，达到一个时期确定的国有林场现代化建设水平。根据党的十九大报告提出的要求，国有林场现代化建设分成两个阶段，第一阶段（2020~2035年），基本实现国有林场现代化；第二阶段（2035~2050年），把国有林场建成现代化强场。出台《关于加快推进国有林场现代化建设的意见》，明确建设目标、建设任务、建设重点和相关政策，调动地方政府和国有林场建设积极性。

（三）加大国有林场现代化建设资金投入

建立和完善以公共财政投入为基础、社会力量广泛参与、多渠道投资的国有林场现代化建设的投入机制。完善重点领域和薄弱环节投资政策，加强对绿化造林、森林抚育、基础设施建设、林业灾害监测和防治、现代化装备等财政支持力度，加大财政投资规模。在大径材培育、珍贵树种造林、森林公园、休闲游憩设施以及林区公共服务设施等领域积极推广政府与社会资本合作（PPP）模式。加大金融扶持力度，开发适合国有林场特点的信贷产品，充分利用林业贷款中央财政贴息政策，拓宽国有林场融资渠道。

（四）充分发挥科技创新对国有林场现代化建设的支撑作用

加强与高等学府、科研院所的合作，积极引进实验室、产业基地、定位站、工作站等创新平台，充分发挥先进技术在国有林场现代化建设中的支撑作用，引进和学习先进技术，增强国有林场自主科技创新能力。同时，要加强国有林场职工技术培训，提升国有林场职工素质和能力，适应高新技术、现代化管理手段、先进生产机械的使用，林场职工达到适应现代化建设水平的需要。

（五）强化国有林场现代化建设组织保障

各级人民政府应将国有林场现代化建设纳入本地区国民经济发展规划和重点建设计划之中，各级林业行政主管部门要进一步建立和完善组织管理机制，加强部门之间的沟通、协调与合作，加强对本地区国有林场现代化建设的指导和监督检查，确保建设活动顺利开展。国有林场应根据自身实际编制现代化建设方案，加强各类建设活动的组织管

理，共同推进国有林场现代化建设。

(六)进一步完善国有林场现代化评价指标体系

通过研究，项目组提出了国有林场现代化评价指标体系初步框架，目前看还很不完善。建议进一步完善本报告提出的国有林场现代化评价指标体系。一是根据国有林场现代化的目标要求，指标需要进一步丰富和细化；二是根据国有林场改革后的实际，对公益一类国有林场、公益二类国有林场和企业性质林场，因其功能和定位有所不同，指标量化时也应有所考虑。三是根据国有林场现代化进程中两个阶段，到2035年和2050年，进行指标量化具体设计。以期国有林场现代化评价指标体系完整、指标精炼，且实用性强，实现全面客观反映国有林场现代化建设水平。

(七)开展国有林场现代化建设示范活动

选择有条件的省份开展国有林场现代化建设试点工作。通过科学营林、严格保护，实现国有林场森林覆盖率稳中有升，森林质量显著提升；通过创新管理，实现国有林场体制机制更加健全，管理更加科学规范，资源监管效率进一步提升，发展后劲更强；通过加强基础设施建设，实现国有林场生产生活条件明显改善。试点示范之后，总结经验，进一步完善国有林场现代化建设评价指标体系，再全面推开，确保国有林场现代化建设工作稳步推进，全面提升国有林场整体发展水平。

调 研 单 位：国家林业局经济发展研究中心
　　　　　　　国家林业局国有林场和林木种苗工作总站
　　　　　　　北京林业大学
调研组成员：王月华　夏郁芳　吴成亮　马龙波　郑欣民　张　志　曹露聪

国有森林资源有偿使用制度相关问题研究报告

——以吉林省国有林区为例

【摘　要】通过对吉林省国有林区调查，发现国有林区森林资源有偿使用有一定的基础，并形成了部分政策法规、管理措施和操作手段。但是，依然存在政策准备不足、原有政策和现有政策冲突、资源使用收益和保护成本付出不对称、国有森林资源所有权虚置以及有偿使用与森林资源保护冲突等问题。从完善国有森林资源有偿使用制度的角度，提出以下政策建议：建立国有森林资源所有权分级行使体制，规范纯经营性国有森林资源利用活动的相关政策，放宽有益于生态保护的国有森林资源有偿使用活动的政策限制，建立并完善国有森林资源有偿使用收支两条线制度，利用国有森林资源有偿使用发展林业碳汇，增加林区收入。

改革开放以前，我国在自然资源领域采取无偿使用的手段，为实现国家快速工业化目标做出了积极的贡献。由于经济发展对自然资源消耗处于较低的水平，因此自然资源无偿使用引起的问题不是很尖锐。党的十一届三中全会以来，随着我国经济市场化改革的持续推进，自然资源管理体制改革不断深化，特别是"全民所有自然资源有偿使用制度逐步建立，在促进自然资源保护和合理利用、维护所有者权益方面发挥了积极作用。但由于有偿使用制度不完善、监管力度不足，还存在市场配置资源的决定性作用发挥不充分、所有权人不到位、所有权人权益不落实等突出问题，自然资源有偿使用制度亟待完善"。为此，2013 年党的十八届三中全会明确提出，实行自然资源有偿使用制度及生态补偿制度；2015 年中共中央、国务院印发的《生态文明体制改革总体方案》进一步明确到 2020 年要建立起自然资源有偿使用制度。2017 年 1 月，国务院发布的《关于全民所有自然资源资产有偿使用制度改革的指导意见》（国发〔2016〕82 号）（以下简称《指导意见》），对自然资源资产有偿使用制度的主要目标做了更为详尽的说明，即"到 2020 年，基本建立产权明晰、权能丰富、规则完善、监管有效、权益落实的全民所有自然资源资产有偿使用制度，使全民所有自然资源资产使用权体系更加完善，市场配置资源的决定性作用和政府的服务监管作用充分发挥，所有者和使用者权益得到切实维护，自然资源保护和合理利用水平显著提升，实现自然资源开发利用和保护的生态、经济、社会效益相统一"。

　　国有森林资源在全国森林资源中具有非常重要的地位，根据第八次森林资源清查结果，国有林地面积占全国林地面积的39.99%，森林蓄积量占全国森林蓄积量的63.29%，而且国有森林资源往往位于具有独特生态价值的区域，因此在维护国家生态安全中发挥着关键性作用。《指导意见》将国有森林资源有偿使用制度作为自然资源有偿使用制度的主要内容之一，并且指出了改革的重点领域。具体包括确定国有森林资源有偿使用的范围、期限、条件、程序和方式；研究制定国有林区、林场改革涉及的国有林地使用权有偿使用的具体办法；通过租赁、特许经营等方式积极发展森林旅游；以及全面清理规范已经发生的国有森林资源流转行为，等等。虽然国有森林资源有偿使用制度尚未出台，但是国有森林资源有偿使用的实践在国有林区和国有林场早已存在。通过对吉林国有林区森林资源有偿使用实践的调查和分析，一方面对照《指导意见》提出的相关问题，另一方面总结经验和发现问题，进而提出建立和完善国有森林资源有偿使用制度的相关政策建议。

一、国有森林资源有偿使用制度的理论基础

　　国有森林资源与其他自然资源一样，长期采取的是无偿使用的方式。资源无价导致了两方面的问题：一方面是对森林资源的过度利用或者是不合理利用，造成森林资源的破坏，引发生态危机；另一方面森林资源作为一种国有资产，本身是有价值的，无价、低价转让实质上属于国有资产流失。建立国有森林资源有偿使用制度能够克服以上两个问题。

　　国有森林资源有偿使用制度包含两个层面。第一个层面是通过有偿使用建立起所有者和使用者之间的权利义务关系。国有森林资源名义上是全民所有，但由于没有明确的所有权代表，从而造成所有权主体的虚置。国家所有就变成了人人所有，每个人都有过度使用森林资源的动机，因此，只有建立起森林资源有偿使用制度，在保证森林资源国家所有权的基础上，将使用权明晰下来，才能避免产权主体虚置带来的资源过度使用问题。国有森林资源有偿使用制度的第二个层面则是建立起等价交换的关系。首先，森林资源存在绝对地租；其次，即使在国有林区内部，林地的肥沃程度也存在着明显的差异；地理位置也有明显的优劣之分；而且在以往的林业生产和建设中，不同区域追加投资的劳动生产率也必然存在差异，很显然国有森林资源也存在级差地租。因此，推行国有森林资源有偿使用，需要做好两个方面的工作。①进一步明晰产权，严格划定国有森林资源的范围。②要确立起资源竞争性使用的价格机制。森林资源合理利用最有效的方式就

是使其通过市场的充分竞争来确定价格。

二、国有森林资源有偿使用的现状

从实地调研情况来看，国有林区对于国有森林资源有偿使用进行了初步的探索，并形成了一系列行之有效的政策法规、管理措施和具体的操作手段，这些都为未来的制度实施提供了良好的基础。

（一）国有森林资源有偿使用的政策法规和管理措施

目前，中央政府尚未正式颁布《国有森林资源资产有偿使用改革方案》，不过，相关政策或法律涉及国有森林资源有偿使用的内容，这些为实践提供了依据。《中华人民共和国民法通则》第 80 和 81 条，《中华人民共和国物权法》第 118、119、120、122 和 123 条对全民所有自然资源有偿使用做出了一般的法律规定，当然国有森林资源有偿使用也适用。《中华人民共和国森林法》《中华人民共和国野生动物保护法》《中华人民共和国野生植物保护条例》《征占用林地使用办法》《国务院办公厅关于加快林下经济发展的意见》《国有林场改革方案》以及《国有林区改革指导意见》等法律法规或者文件精神对国有森林资源有偿使用做出了更加直接的规定，然而绝大部分没有具体的管理措施。《指导意见》对国有森林资源有偿使用虽然只是做了方向性的要求，但是其中有些内容还是比较明确的，包括"国有天然林和公益林、国家公园、自然保护区、风景名胜区、森林公园、国家湿地公园、国家沙漠公园的国有林地和林木资源资产不得出让""对国有森林经营单位的国有林地使用权，原则上按照划拨用地方式管理""通过租赁、特许经营等方式积极发展森林旅游"以及"本着尊重历史、照顾现实的原则，全面清理规范已经发生的国有森林资源流转行为"。以上构成了中央政府对于国有森林资源有偿使用的政策法律规定体系。

为了适应国有森林资源有偿使用发展的需要，国有林区内部也制定了部分管理措施。例如：敦化市林业局颁布了《森林资源发包管理规定》，同时编制了《红松果采集》《林蛙养殖》《林下经济》和《林业设施》等 4 大类森林资源管护承包经营的规范合同，初步实现了对国有森林资源有偿使用的依法管理和规范运作。而对于森林旅游等国有森林资源有偿使用形式，基本上还没有正式的规定或者管理措施。

（二）国有森林资源有偿使用的范围、方式和程序

1. 国有森林资源有偿使用的范围

《中华人民共和国森林法》对森林资源有偿使用的范围作了一般性规定，国有森林资源的有偿使用行为也受其约束。按照《中华人民共和国森林法》第十五条的规定，用材林、经济林、薪炭林；用材林、经济林、薪炭林的林地使用权；用材林、经济林、薪炭林的采伐迹地、火烧迹地的林地使用权以及国务院规定的其他森林、林木和其他林地使用权可以依法转让，也可以依法作价入股或者作为合资、合作造林、经营林木的出资、合作条件；而且以上情形取得的林木采伐许可证可以同时转让。与此同时，《中华人民共和国森林法》还规定了三种有偿使用的限制条件：第一，不得将林地改为非林地；第二，森林、林地、林木同时转让双方都必须遵守森林、林木采伐和更新造林的规定；第三，其他森林、林木和其他林地使用权不得转让。《指导意见》则是明确规定"国有天然林和公益林、国家公园、自然保护区、风景名胜区、森林公园、国家湿地公园、国家沙漠公园的国有林地和林木资源资产不得出让"，这可以看作是对《中华人民共和国森林法》当中其他森林、林木和其他林地的注解。最起码公益林和自然保护区不在国有森林资源有偿使用的范围之内，但实际上公益林和自然保护区仍在国有地区被有偿使用，甚至有些国家一级公益林也在使用范围之内，当然这是极个别的情形。

综合来看，目前国有林区森林资源有偿使用的范围主要包括用材林、经济林和薪炭林的林木、林地使用权、采伐迹地使用权、空闲林地、废弃的场址和储木场使用权、矿产资源以及林业生产服务设施，其中以林地的有偿使用为主，主要是木本、草本的种植和动物的养殖，最为常见的国有森林资源有偿使用包括红松果采集、林蛙养殖、林药（参）种植、森林旅游等。

2. 国有森林资源有偿使用的方式

国有森林资源有偿使用权的取得理论上包括一级市场和二级市场。其中一级市场是指国家作为全民所有森林资源的所有者，将森林资源使用权有偿出让给符合法定条件的主体。我国在国有森林资源使用管理过程中长期实行无偿出让，即政府通过行政管理权将国有森林资源的使用权让渡给经营者，并在经营者对森林资源的开发利用中进行监督和管理，这一过程通过政府授予国有林业局或者森工企业林权证予以实现。《指导意见》对此有明确的表述"对国有森林经营单位的国有林地使用权，原则上按照划拨用地方式管理"。

这里的国有森林资源有偿使用主要是指二级市场使用权的转让。具体是指已经依法取得森林资源有偿使用权的主体，在法律允许的范围内，将使用权有偿转让给其他主体。国有森林资源有偿使用的方式主要包括征占用、流转和划拨，其中流转是最为主要的方式。国有森林资源流转也包括很多方式，例如承包、出租、租赁、抵押、入股、转让等，而其中承包占有的比例最高。此外，还有一些比较特殊的转让方式，比如栽种珍稀物种进行林分改良时，林业局提供种苗，由承包户实施种植，成林以后的红松经营权归承包户；再还有职工承包红松林，由林业局给承包户交"五险一金"这样的方式。

国有森林资源流转的出让主体单一，而受让主体则相对多样。但绝大多数情况下，国有森林资源流转的受让主体是符合相关条件的内部职工。例如，敦化市林业局对森林资源承包人资格认定的首要条件就是必须为林业局在册职工，此外还要满足3个方面的要求：一是具备森林管护常识和基本能力；二是无危害森林资源的不良记录；三是具备开发技术和经营能力，并具有一定的物资或资金基础。再如，吉林市拉法山国家森林公园股份有限公司是通过林业企业和林业职工参股的形式组建而成，其中法人股占20%，其余80%的自然人股由企业职工持有。在国有林区最为常见的沟系承包、红松子采集、林下种养殖等国有森林资源流转的受让主体也基本限定在职工内部，之所以如此安排，是因为天然林停伐后职工就业受到影响，而这些方式成为解决职工就业，增加职工收入的重要来源。而对于像森林旅游等资金需求量大、经营能力要求高的项目，内部职工往往无法承担，就需要引入林业局外部的企业、组织或者个人。

3. 国有森林资源有偿使用的程序

建立起规范合理的国有森林资源有偿使用的程序，是保障有偿使用过程公平、公正，避免国有资产流失和损坏的制度保障。从实际情况来看，目前国有森林资源有偿使用初步形成了一定的程序。其中对于转让、抵押、入股和林地发包等形式的国有森林资源流转一般都需要经过上级林业主管部门的批准。例如，《敦化市林业局森林资源发包管理规定》明确要求"制定发包方案，拟定请示，上报局主管部门审核"。但是，对于出租和租赁等方式的流转只有达到一定的规模时，才须经过上级林业主管部门的批准。

资产评估是确定森林资源流转价格的依据，应该是国有森林资源有偿使用制度的核心内容之一，但目前绝大部分国有森林资源有偿使用未进行资产评估。部分地区对于红松果采集的发包进行了资产评估，而且采用网上竞价的方式进行发包，其中人工林每棵承包费大约200元，天然林100元以下。对于森林旅游资源几乎都没有经过资产评估，因此森林旅游资源有偿使用标准往往是双方谈判的结果，例如门票收入的分成。其他形式的森林资源流转也大致根据资源状况来确定标准。以林蛙养殖承包费为例，蛟河市林业局制定的标准是每公顷9元；吉林森工白石山林业局和敦化市林业局根据资源状况约每公顷十几元。林下种参由于收益较高竞争激烈，因而承包费较高，每公顷的拍卖价格可达4.8万~5万。

国有森林资源有偿使用的各种方式基本都订立合同，其中流转合同一般在10~20年。以敦化林业局为例，林蛙养殖合同一般为12年，红松采集合同12年，野山参种植合同30年，其他合同10年。不过也有时间较短的，有些地方的红松果采集合同年限是3年以上。

（三）国有森林资源有偿使用的收益分配方式

国有森林资源有偿使用的收益分配具有非常重要的地位。党的十八届三中全会明确提出要"建立公共资源出让收益合理共享机制"。根据《〈中共中央关于全面深化改革若干重大问题的决定〉辅导读本》的阐释，公共资源（包括森林资源在内）出让收益要合理共享，而且出让收益必须主要用于公共服务支出。目前，国有森林资源有偿使用的收益一般是留作林业局的利润，由林业局财务部门按照财务制度进行管理和使用，也有部分林业局将资金上缴给上级部门。资金的使用方向主要是用于职工工资发放、职工养老、医疗、工伤等各种保险的缴纳。

(四)国有森林资源有偿使用的特征

整体来看,我国国有森林资源有偿使用制度建设取得了一定的成就,但总体尚处于起步阶段,表现出以下几个特征。

第一,国有森林资源有偿使用的起步较早,但是进展相对缓慢。早在20世纪80年代,我国国有林区就出现了承包经营国有森林资源的实践,1983年当时的农牧渔业部根据全国各地荒山承包开发的成功经验,批转了《关于在国营农场兴办职工家庭林场的具体意见》,允许职工承包国营林场,兴办家庭农场;吉林森工白石山林业局1985年就开展了沟系承包。到了20世纪90年代,为了应对经济困难和超采压力大问题,国有林区开始推行"熟化速生丰产林地"(又称以农养林),将荒山、荒地、林边空地、水湿地、火烧迹地等分给职工耕种。天保工程实施以后,国有林区内管护承包也是对国有森林资源的有偿使用,林业局支付的管护费用和职工的市场工资之间的差额就是森林资源使用权的价格。时至今日,国有森林资源有偿使用的形式依然比较单一,涉及的面积也不是很大,约占20%左右。事实上,国家林业局一贯反对国有森林资源有偿使用,并为此下发过相关的政策文件①。作为行业主管部门,国家林业局对有偿使用持禁止态度,有利于森林资源的保护。但是,中央层面禁止下的地方自由发展,也造成国有森林资源有偿使用制度先天不足。

第二,天然林全面停伐政策推动国有森林资源有偿使用蓬勃发展。2014年以后,国家开始在国有林区逐步实施天然林全面停伐政策,对国有林区社会经济发展产生了重要的影响。全面停伐政策虽然弥补了林业局的采伐收入,但是在一定程度上破坏了林区原有的产业链,特别是木材加工环节在全面停伐以后受到巨大冲击,林区职工就业和收入受到明显的影响。为了维护林区的稳定,国家要求国有林区的改革能够有职工下岗,因此只能采用自然减员的方式,逐步消化职工数量;并且由于社企分开还不到位,企业办社会尚未实现充分移交,停伐补贴和天保资金往往只能满足日常工资和基本运行,并不足以弥补企业全部支出,导致很多林业局的年度缺口较大。例如,吉林森工白石山林业局年度资金缺口达5000万,职工平均月工资1700元,平均退休金仅为1000元,刚退休时的职工每月只有700元;敦化林业局职工只有半年能拿到足额工资2000元/月,其余半年只有800元/月。因此,为了解决林区经济下滑和林区贫困问题,森林资源有偿使用

---

① 2007年,《国家林业局关于进一步加强和规范林权登记发证管理工作的通知》就明确规定:"国有森林资源的流转,在国务院未制定颁布森林、林木和林地使用权流转的具体办法之前,受让方申请林权登记的,暂不予以登记。"同年,《国家林业局关于进一步加强森林资源管理促进和保障集体林权制度改革的通知》也明确规定:"各类国有森林资源在国家没有出台流转办法前,一律不准流转。"2012年,《国家林业局关于加强国有林场森林资源管理保障国有林场改革顺利进行的意见》再次强调:"要严格执行《国家林业局关于进一步加强森林资源管理促进和保障集体林权制度改革的通知》(林资发〔2007〕252号)所要求的在国家未出台国有森林、林木和林地使用权流转的具体办法之前不得审批流转国有林场森林资源的规定,在国有林场改革期间,不得以筹集改革资金等为借口以国有林场森林资源对外作价入股、合资合作、租赁、抵押、担保和转让,防止国有林场森林资源流失。"

就成为国有林区的重要选择，从而催生出很多使用形式。

第三，地方林业局的国有森林资源有偿使用相对活跃。一般来看，地方林业局的国有森林资源有偿使用实践更为活跃，形式多样，而且范围相对较大；国有森工局在这方面表现的相对保守，但是相对规范。例如，蛟河市林业局森林资源有偿使用包括了森林旅游、林蛙养殖、林下中草药种植、经济林培育、绿色菌种种植以及矿产资源开发等多种形式；而同处该区域的吉林森工白石山林业局正在进行的有偿使用主要是沟系承包，此外还有一些国家发改委批复的项目。造成这一现象的原因虽然是多重的，但是管理体制的灵活性和资金保障程度无疑是其中非常重要的因素。

三、国有森林资源有偿使用的主要问题

（一）政策准备不足的问题

政策准备不足是国有森林资源有偿使用面临的首要问题。国有林区产业部门和资源管理部门对于国有森林资源有偿使用的态度存在一定分歧，其中资源管理部门强调现有森林资源有偿使用活动对资源的破坏，因此提出一系列加强管理的建议；而产业部门则更加关注森林资源有偿使用受到的各种制约，因此提出的各类建议倾向于松绑。但是，这两个部门均认为国有森林资源有偿使用问题的症结是政策和制度不完善，必须要尽快出台相关的政策法规。政策需要明确的内容包括有偿使用的范围、受让对象以及可以使用的程度，核心是对森林资源利用的合理程度没有明确的标准，从而在实践中引起两个方面的问题。

一方面，无法可依造成很多正常的有偿使用活动无法进行。近年来，随着全社会生态意识的崛起和消费的不断升级，森林的社会经济价值也显著提升，因此社会资本投资林业的兴趣也日益提升，试图通过入股、参股等方式参与森林经营获利，但由于政策不明确或者不合理的政策限制而难以实现。建设用地批复是当前森林旅游开发的最大障碍，发展森林旅游需要部分配套设施，包括木栈道、停车场、游客集散中心等，对于这些设施是否需要审批，目前并没有明确的规定。开发主体要建设就必须到林业、发改、国土等部门去审批，往往由于无法可依而难以得到批复。另外，当前对国家重大工程当中林地占用的规定比较明确，但是对小规模、分散的项目没有明确规定。比如，林蛙养殖需要建设一些小型的基础设施（主要是三池一房），这些设施占地都需要到省林业厅去审批，但由于规模太小往往不会给予审批。甚至有的养蛙池因为遭遇洪水而损毁，养殖户想要清淤也因为要审批而无法实施。事实上，林下养猪、养鸡等在建设一些棚舍时也都面临同样的问题。

另一方面，无法可依导致森林资源破坏严重。由于对森林资源使用没有明确的标准，造成监管缺失或者无法监管，因此很多受让者流转森林资源以后随意使用，对资源的破

坏相当严重。

(二)原有政策和现有政策冲突的问题

这类问题在国有森林资源有偿使用中表现得也较为突出。近年来,国家针对森林经营和保护中出现的问题陆续出台了一系列政策措施,这对于森林资源保护起到了非常积极的作用。但是,这种逐步完善、不断加码的政策推出方式,导致很多在新政策出台前实施的森林资源有偿使用方式就变得"违法"了。例如,蛟河市林业局的矿产资源开发项目是按照《征占用林地使用办法》批复的,当时并没有林地保护等级的规定,2015年国家林业局颁布了《建设项目使用林地审核审批管理办法》(国家林业局35号令),规定不得继续批准使用林地,这就导致正在实施的矿产资源开发项目就无法继续进行。再比如,2007年有承包户在蛟河市林业局太平山林场承包了200亩林业用地发展林下参,但由于期间政策调整,10年时间过去了至今无法起参。再比如,吉林森工白石山林业局在20世纪80年代初推行过"谁造谁有"的荒山造林政策,明确林地归林业局所有,林木则归实施造林的村集体①,但是林木到了采伐期,林业局不能办理采伐证,这一状况已经持续了三十多年,引发了严重的社会矛盾。

(三)资源使用收益和保护成本付出不对称的问题

这一问题在国有森林资源有偿使用中表现得也比较尖锐,特别是存在于一些森林公园有偿使用当中。部分森林公园将国有森林资源流转给职工、企业和各类组织,这些受让主体借助于经营权的垄断获得巨大的收益,虽然林业局通过收取流转费用也从中分享了一定的利益,但是,森林资源保护的责任则全部由林业局承担。从而在实际中形成了经营归个人,资源保护归林业局的局面。而林业局履行森林资源保护职责的经费则来自国家财政,这就在本质上形成了国家财政补贴国有森林资源有偿使用受让主体的局面。从本质上来讲,这又涉及森林资源有偿使用收益的合理分配问题,目前的情形是没有把资源收益和经营性收益分开,导致资源收益最后变成了经营性收入的一部分,谁经营谁就会受益,这就是垄断收益。

(四)国有森林资源所有权虚置的问题

目前,国有森林资源有偿使用依然没有很好的解决所有权虚置问题。具体来看,中央和地方国有森林资源有偿使用面临的问题还有所不同。其中中央所属国有森工企业面临的首要问题是内部人控制问题,国有森工企业的管理层作为代理人,实际掌握着森林资源的控制权,因此,中央政府只是名义上的所有者,森工企业的管理层才是森林资源真正的所有者、使用者与收益者。由于信息不对称现象的存在,当企业利益与中央政府之间利益不一致时,有很大的激励为了企业利益的最大化而牺牲全局的利益。地方国有森林资源有偿使用面临的首要问题则是地方政府对森林资源的随意使用和抵押,这在本

---

① 吉林森工白石山林业局内有个乡(镇)142个自然村,林农混居。

质上依然是权属不清的问题。例如，敦化林业局有一块 2500 亩的湿地（产权证始终在局里），当年地方政府为了发展畜牧业，无偿从局里拿走然后承包给经营者 15 年；承包合同到期以后，林业局试图将湿地的使用权拿回来，但是，州政府又出台新的文件将使用期再延长 30 年。

（五）有偿使用与森林资源保护冲突的问题

本质上是森林资源有偿使用和国有林区发展的关系。不可否认，国有森林资源有偿使用是提高林区职工收入的重要手段。从源头来看，国有林区森林资源有偿使用就是因解决职工收入问题而产生，在天然林全面停伐的背景下，国有森林资源有偿使用对林区职工收入的作用进一步凸显。《国有林区改革指导意见》明确提出"充分发挥林区绿色资源丰富的优势，通过开发森林旅游、特色养殖种植、境外采伐、林产品加工、对外合作等，创造就业岗位"，积极推进国有林区产业转型"大力发展木材深加工、特色经济林、森林旅游、野生动植物驯养繁育等绿色低碳产业，增加就业岗位，提高林区职工群众收入。"2017 年，蛟河市林蛙年产值就达 4000 余万元，职工创收 2200 万元；拉法山森林公园接待游客 23.6 万人次，旅游收入超过 1000 万元。林地种参的收益每公顷毛收入最高可达 200 万元以上，成为林区职工增收的重要途径。

在一定范围内，国有森林资源有偿使用与林区发展之间也存在冲突。《指导意见》提出了全民所有自然资源有偿使用的五项原则，其中首要原则是"保护优先、合理利用"，要"正确处理资源保护与开发利用的关系，对需要严格保护的自然资源，严禁开发利用；对可开发利用的全民所有自然资源，使用者要遵守用途管制，履行保护和合理利用自然资源的法定义务"，因此，森林资源有偿使用必须要兼顾经济效益和生态效益，但现实中很多有偿使用形式对于森林资源具有非常大的破坏作用。很多林下种养殖项目为了增加透光性，就对周边的林木采取了一定的破坏活动；还有林下种参对林地和植被的破坏也相当严重，虽然人参自身生长占用的面积较小，林木间隙完全可以满足要求，但是收获人参影响的面积要扩大 5 倍以上。而且由于种参利益巨大，导致很多地方还出现毁林种参的情形。另一方面，当前的国有森林资源有偿使用也成为限制林区发展的因素。现有的国有森林资源有偿使用更多的是从保护资源的角度出发的，而没有充分考虑其经济价值的实现，无法兼顾保护和发展的关系。典型的例子是，对于红松林的透光采伐也是不允许的，这就导致因为收入下降而难以承包出去的情形。

四、完善国有森林资源有偿使用制度的政策建议

（一）建立国有森林资源所有权分级行使体制

建立国有森林资源有偿使用制度的主要目的是，通过有偿使用建立起所有者和使用者之间的权利义务关系，从而达到保护森林资源的目的。目前的制度设计，依然没有很

好的解决所有权虚置问题。2015 年，中央政治局通过的《生态文明体制改革总体方案》明确提出："探索建立分级行使所有权的体制。对全民所有的自然资源资产，按照不同资源种类和在生态、经济、国防等方面的重要程度，研究实行中央和地方政府分级代理行使所有权职责的体制，实现效率和公平相统一。"按照中央精神，可以考虑通过建立国有森林资源所有权分级行使体制，达到明晰产权的目的。具体做法可以是：首先，按照在生态、经济和国防领域的重要程度，研究编制分由中央和地方行使所有权的森林资源资产清单和空间范围。其次，对国有林区管辖权范围进行重新划分，在此基础上，分别建立中央直属重点国有林管理机构和地方国有林管理机构。对于江（河）源头、沿岸的林地，生态脆弱地区的森林，珍稀树种、重要和濒危野生动物的栖息地等少数生态价值极高，具有跨区或者全国性重要生态功能的生态公益林，应该上收国家林业局，采取中央直接管理的方式，未来完全禁止各种有偿利用行为。同时可以考虑，在国家林业局设立相应的管理机构，性质为具有行政管理职能的事业单位，所需事业经费、森林资源经营管护经费均列入中央公共财政预算。通过消除"用"的方式，实现管、用分离，理顺禁止区的森林资源管理体制。再次，将剩余的大部分国有林完全下放，委托各级人民政府管理，由各级人民政府自主确立相应的森林资源管理制度。对于地方国有林设立限制区和利用区。限制区内，可以适当开展一些有偿使用活动，包括森林旅游、采集等活动，但要编制利用方案。严禁进行破坏森林资源的有偿使用活动，不得建设破坏资源、污染环境的生产设施；对于限制区内已经建设的设施，如果存在破坏资源的情形，应当采取补救措施。对利用区的森林，根据地形、地貌和行政区域特征，划分为适当的经营单元，明确不同经营单元需要实现的生态、社会效益，拟定切实可行的森林经营目标，向社会征集经营管理者，收取资源使用费。这既保留了林地和森林资源的国有权属关系，也达到了所有权与经营权分离的目的。

（二）规范纯经营性国有森林资源利用活动的相关政策

对于一些纯经营性的国有森林资源有偿利用活动，第一，严格规范出让程序，增加出让环节的透明性和公平性，让森林资源配置到最适合的经营者手中，真正发挥森林资源的经济价值。具体包括规范资产评估程序、建立资源公共交易平台、明确分级审批流程、完善有偿使用合同，等等。第二，政府和林业主管部门要充分保护受让人的合法权益，维护产权的稳定性。第三，取消对受让主体生产经营活动的不当干预，建立良好的市场秩序，发挥市场的调节作用。第四，加强监管。一是林业主管部门要严格核查产业发展所需的林地范围、面积和建设配套设施等是否破坏生态环境，如影响生态环境，坚决不允许审批；二是对于已经审批的项目要跟踪监督，发现问题要采取经济和行政手段予以纠正。第五，配套完善对木材加工企业和富余人员的适度扶持政策。全面停伐对加工企业的影响最大，因此需要加大对林区绿色食品、生态旅游、健康养老、文化和仓储物流等接续产业扶持力度，在产业引导资金，项目立项和审批等方面重点倾斜，并根据实际情况对关停并转木材加工业企业和下岗职工给予一定政策补贴。与此同时，对于停伐产生的富余人员，可以参照枯竭矿山关闭破产提前退休政策进行安置；另外，通过小额贷款、贴息贷款、技术培训、创业补贴等政策，重点扶持发展林下经济、家庭经济、种植养殖、森林旅游等经营项目，鼓励富余人员自主创业。

（三）建立并完善国有森林资源有偿使用收支两条线制度

2002 年，国务院就在政府部门开始实施收支两条线制度，此后部分大型国有企业也开始收支两条线的探索，随着改革的持续推进，政府部门和大型国有企业的资金收支效率都明显提升，而且有效地遏制了腐败行为。在国有森林资源有偿使用当中实施收支两条线制度，有利于明确所有权和使用权的关系，厘清出让人和受让人的权利和义务，从而避免将资源收入纳入经营性收入的状况，进而化解资源使用收益和保护成本不对称的问题。

（四）利用国有森林资源有偿使用发展林业碳汇，增加林区收入

国有林区是我国重要的生态屏障区，在维护国家生态安全方面发挥着举足轻重的作用。因此，要研究制定针对国有林区的相关生态补偿政策，提高中央财政的生态补偿标准，加大转移支付力度。积极推动建立横向生态补偿机制，建立并完善受益地区对国有林区的生态补偿模式。同时，利用要国有森林资源有偿使用积极发展林业碳汇，通过市场机制增加林区收入。针对国有林区发展林业碳汇，关键是要解决次生林造林的认定问题，由于不被认定为人工林，从而导致无法进行碳汇交易。

调 研 单 位：国家林业局经济发展研究中心
　　　　　　中国社会科学院农村发展研究所
调研组成员：张志涛　张海鹏　王　宾　张　宁

农村林业投融资体制调研报告

【摘　要】我国农村林业投融资体制与集体林产权制度变迁存在密切关联，农村林业投融资体制改革要与集体林产权制度相适应，与时俱进。本文回顾了我国农村林业投融资体制的动态变化，在宏观把握的基础上，选取福建省永安市、浙江省龙泉市和辽宁省本溪县作为调研区域，选择农户和林业企业样本进行深入调查研究。调研结果显示：①新一轮集体林产权背景下，三个调研省、县市已在积极探索农村林业投融资体制改革，并取得了相应进展。福建省推出了重点生态区位购买和国家储备林 PPP 模式；浙江省开展了公益林分类补偿机制探索，林权抵押贷款模式多元化(如福林贷、公益林补偿收益权质押等)；辽宁省通过东北林权交易中心平台探索投融资新渠道。②农户和林业企业的投融资行为呈现出时空差异，与农户特征、社会经济发展水平、当地文化等因素存在密切关系。③农村林业投融资体制尚存在迫切需要改进之处，主要表现为：投融资供给不足，尚难以满足农户和企业对林业投融资的需求；农村投融资使用非林化现象严重；农户和林业企业投融资的交易成本高；利率高且贷款期限短等。农村林业投融资存在的问题直接影响到农户和林业企业的可持续经营管理。提出相关政策建议：创新农村林业投融资模式，不断适应当地林情和社会经济发展特点；加大各级财政对农村林业相关产业的扶持；既要重视投融资体制的稳定性，也要重视农村林业投融资体制的动态性；既要兼顾已有林业经营主体，又要考虑林业新型经营主体的新需求。

我国政府高度重视农村林业投融资体制改革，出台了大量政策文件，并积极落实相关政策措施。2008 年，中共中央、国务院颁布的《关于全面推进集体林权制度改革的意见》提出：要推进林业投融资改革，创新林业金融信贷产品；2017 年，中共中央、国务院颁布实施了《关于深化投融资体制改革的意见》，对深化投融资体制改革做出部署，为投融资领域的供给侧结构性改革推进指明了方向。这是改革开放以来，首个以中共中央名义颁布的投融资改革文件；2018 年，中共中央、国务院颁布的《关于实施乡村振兴战略的意见》再次强调："要开拓投融资渠道，健全乡村振兴投入保障制度，创新投融资机制，加快形成财政优先保障、金融重点倾斜、社会积极参与的多元投入格局"，这标志着国家在未来一段时期内要积极推进投资主体多元化、融资渠道多样化和项目建设市场化新格局的形成。

针对农村林业投入资金明显不足、农户和农村林业企业融资难、融资成本高等突出的现实问题，我们选取了福建省永安市、浙江省龙泉市和辽宁省本溪县开展了"农村林业投融资体制"专题调研，分析我国农村林业投融资历史演化过程和现状，了解农户和林业企业对投融资需求和政策意愿，探究目前农村林业投融资体制存在的制约因素及其原因，并提出相关政策建议。

一、我国农村林业投融资体制回顾

林业投融资激励与林业产权制度改革存在密切关联，安全和完整的产权能够带来稳定的投资收益，而不安全和不完整的林地权属安排和不同的林地权属形式会影响生产者的剩余索取权和剩余控制权，并且会带来较高的交易成本（蒋海和张道卫，2001），进而影响林业经营主体对森林资源的可持续经营管理。根据我国集体林产权制度演化过程，本部分从投融资主体、投融资模式等方面梳理回顾了农村林业投融资政策的动态变化。

（一）林业投资政策变化

1. 土地改革时期（1949～1952 年）

土地改革时期，农村林地为农民个人土地所有制，开展"民造公助、谁种谁有"的投资激励方式。1950 年的《中华人民共和国土地改革法》允许把没收和征收的林地按适当比例统一分配给农民；1950 年政务院颁布的《关于全国林业工作的指示》、1951 年政务院颁布的《关于一九五一年农林生产的决定》和 1952 年林业部颁布的《关于一九五二年春季造林工作的指示》等相关文件均明确规定：要广泛开展群众性的造林、育林和护林工作，按照"谁种归谁"政策和"民造公助"方针，开展荒山造林、选择重点进行封山育林等；同时林业部对全国林业生产实行统一的生产、收购与管理。农民拥有土地所有权，提高了农民的生产积极性。截至 1952 年，除部分少数民族地区和台湾省，全国基本完成了林地的土地改革。参与土地改革的农村林地面积为 4667 万公顷，涉及农户 3 亿左右（刘璨和吕金芝，2007）。在此次土地改革期间，农民为林业投资主体。

2. 集体化时期（1953～1980 年）

1953 年，我国开始执行第一个五年计划，实施计划经济体制，农村林业经历了初级合作社和高级合作社等阶段。1958 年，建立了人民公社体制。农村林地逐步过渡到集体林所有，农户丧失了对林地的控制权和经营管理权。1954 年 12 月至 1955 年 1 月期间召开的第五次全国林业会议提出：要依靠和促进农村的互助合作，把林业生产纳入互助合作运动中去。1958 年中共中央、国务院颁布的《关于在全国大规模造林的指示》强调：人民公社是大规模造林的主力。1973 年全国造林工作会议、中共中央、国务院颁布的《关于大力开展植树造林的指示》以及 1980 年中共中央、国务院《关于大力开展植树造林的指示》均强调：要坚持以社队集体造林为主，加强社队林场的经营管理。

1958 年，中共中央颁布的《关于在农村建立人民公社问题的决议》中要求：合作初期农户入股林业生产互助组织的山林，必须全部归为人民公社所有，转成集体所有制（刘璨和吕金芝，2007）。1961 年中共中央颁布的《关于确定林权、保护山林和发展林业的若干政策规定（试行草案）》提出：要按照"谁造谁有""多劳多得"的原则，明晰权属和利益分配问题，个别区域出现自留山的现象，在一定程度上，激励了农户的林业投资积极性，但在"文化大革命"时期，集体林全部归集体所有，农户丧失了对林木生产的控制权，成为了社队林业生产的被动者（《中国林业产业》编辑部，2009）。与此同时，木材和其他林产品实行计划生产，国家按照设定价格收购社队集体生产的木材和其他林产品，取消自由市场交易。1951 年国务院颁布的《关于进一步加强木材市场管理工作的指示》规定：供销社要在国营公司领导下经营木材销售，社员经营所得的竹木和林副产品必须卖给国家或供销社，并保持木材价格固定（李周，1987）。这种高度集中、封闭的集权管理模式限制了森林资源的合理利用，资源利用效益低下；林产品价格只体现了采运成本，直接影响到造林经营者的生产积极性。1979 年，木材市场实行统分结合的"双轨制"，逐步放宽准入限制，向林产品市场化转型。

3. 林业"三定"时期的农村林业投资（1981～1987 年）

1981 年 3 月 8 日，中共中央、国务院颁布的《关于保护森林发展林业若干问题的决定》提出：林区社队集体生产的规格材，国家统购 70%～90%，具体比例由省（自治区、直辖市）确定。林区的非规格材和社员的木材，国家不实行统购。在集体林产权制度改革方面，实行了林业"三定"。1986 年，全国 69% 的林地以自留山和责任山的形式实现了到户经营（李周，2009）。在林业"三定"时期出现了较为严重的乱砍滥伐问题，鉴于此，1987 年中共中央、国务院颁布了《关于加强南方集体林区森林资源管理坚决制止乱砍滥伐的指示》，要求停止分林到户，鼓励发展集体经济，部分已被分配的山林重新收归为集体经营（刘璨等，2015）；1985 年，政府部门关闭木材自由市场，并重新实行木材收购市场垄断政策。这一阶段农户林业投入明显不足，陈根长（1985）对湖南省怀化地区的五县百村 1.75 万个农户开展了调查，发现林业"三定"期间未造林农户占样本总量的 49.19%。主要原因是当时农民收入水平较低，所增加收入主要用于改善生计，尚不具备足够的可支配收入用于林业生产（朱文清，2012）；与此同时，拟建立的林业发展基金没有建立起来；林地权属不清晰且责任山的承包期较短，难以形成稳定的林业投资预期。

4. 两次集体林权制度改革期间的农村林业投资（1988～2002 年）

1987 年以来，国家收回以自留山和责任山形式分配到农户的山林，鼓励发展具有适度规模的集体经济或大户承包经营，但林地权属形式的变迁并未使农户的林业生产规模大幅增长。20 世纪 90 年代至 21 世纪初，我国农民林地经营面积呈持续下降趋势，1999 年人均林地面积为 0.47 亩/人，2004 年人均林地面积下降至 0.20 亩/人（刘璨，2009）。

1994 年，林业部出台的《宜林"四荒"地拍卖十条原则》提出：农户、个体商户、企业法人、企事业机关等单位可采用竞标、招标、协商形式购买"四荒地"的使用权。同年，山西、河北、辽宁、吉林、浙江等 16 省份累计拍卖"四荒地"面积 1200 万亩（崔建远，1995）。

农户、个体商户等投资主体对政策的响应度较低（李周，2006），主要原因在于：一是林权制度不稳定，未来收入预期不清，权责利关系模糊，无法形成投资动力；二是木材税费过高，投资回报被压缩。1985～1990 年林业税费项目由 2 种增加到 11 种，贵州省和江西省税费金额分别占木材销售价格的 50% 和 78.03%，销售利润较低（刘璨和于法稳，2007；黄能超和王小悟，1990）。

这一阶段国家的林业投资政策由木材生产为主导向生态目标优先转化。①中华人民共和国成立初期至 20 世纪末，国家对林业的投资以森工为主。"三年恢复期"（1950～1952 年）国家林业投资全部用于森工建设；"一五"时期至"四五"时期（1953～1975 年），国家用于森工建设的投资超过 70%；"五五"时期至"八五"时期（1976～1995 年）依旧以森工为主，投资比重为 59.69%～65.92%。②随着国家对农村林业生态工程重视程度的提高，森工投资所占份额不断减少，生态建设投资所占份额不断增加。1999 年用于国家林业重点生态工程建设的投资达 72.46 亿元，较上一年新增 58.21%（国家林业局，2000），是 20 世纪 90 年代林业投资规模最大的一年，其中天然林保护工程投入为 40.92 亿元；退耕还林工程投入为 3.36 亿元，完成退耕还林面积 671.85 万亩。"九五"时期（1996～2000 年）营林投资占国家林业总投资的比重增长至 89.54%；"十五"时期（2001～2005 年）则达到 99.12%（图 1）。

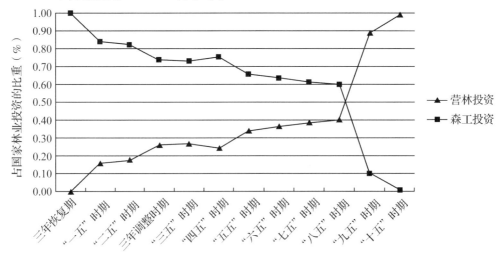

图 1　国家林业投资结构变化

（资料来源：历年《中国林业统计年鉴》）

5. 新一轮集体林权制度改革时期（2008 年至今）

（1）深化集体林产权制度改革，明晰产权。2003 年，中共中央、国务院颁布的《关于加快林业发展的决定》提出：要开展林业产权制度改革，确定林地权属，保护农户财产权。随后，福建、江西、辽宁、浙江等 14 个省份开展了集体林权制度改革。2008 年 6 月，中共中央、国务院颁布的《关于全面推进集体林权制度改革的意见》标志着集体林权制度改革全面开展，农户承包经营林地的收益权得以确立，这一改革大大促进了农民的营林积极性，劳动力投入、造林面积和林业收入依赖度均大幅增加（刘璨等，2015）。为继续深化新一轮集体林权制度改革，2016 年国务院办公厅颁布了《关于完善集体林权制度的意见》鼓励集体林的所有权、承包权和经营权"三权"分置。截至 2016 年年底，全国约有 98.97% 的集体林地完成确权，涉及林地面积 1.8 亿公顷，集体林地流转面积 0.19 亿公顷（国家林业局，2017）。

（2）大力推进社会资本投资林业。新一轮集体林权制度全面改革以来，为了放活投资机制，鼓励社会资本投资林业领域，有效缓解林业建设资金长期不足的问题，加快林业现代化建设，国家实施了一系列的改革。

积极建立多元化投入机制。2012 年国务院办公厅颁布的《关于加快林下经济发展的意见》和 2016 年中共中央、国务院颁布的《关于完善集体林权制度的意见》提出：要鼓励工商资本、龙头企业与农户开展联合经营，建立林地集体所有、家庭承包和多元经营的新格局。各地出现了股份制合作社、"合作社 + 企业 + 农户"、"企业 + 农户"、联户经营等多种合作经营模式（韩锋等，2014）。

吸引社会资本参与生态建设。2014 年国务院颁布的《关于创新重点领域投融资机制鼓励社会投资的指导意见》提出，支持符合条件的农民合作社、家庭农场（林场）、专业大户、林业企业等新型经营主体，投资生态建设项目；2016 年国家发展和改革委员会与国家林业局联合颁布的《关于运用政府和社会资本合作模式推进林业建设的指导意见》、国家林业局与中国农业发展银行联合颁布的《关于充分发挥农业政策性金融作用支持林业发展的意见》和《关于进一步利用开发性和政策性金融推进林业生态建设的通知》提出：要通过提供贷款贴息、长期低成本贷款、税收减免等优惠政策，促进社会资本采用 PPP 模式参与林业生态建设工程及林区基础设施建设。2017 年，国家发展和改革委员会办公厅和国家林业局办公室联合公布了 12 个首批林业领域 PPP 试点项目。

（3）建立了林业财政补贴制度。2008 年中共中央、国务院颁布的《关于全面推进集体林权制度改革的意见》提出，对造林、抚育、管理、保护等林业投入给予财政补贴。2009 年，全国 11 个省份开展试点工作，对优质苗木造林、中幼林和低产林抚育等进行重点补贴（国家林业局，2009）；2010 年新增浙江、广西等 15 个林业财政补贴试点，发放中央财政补贴资金 3.15 亿元，其中直接补助 2.85 亿元，间接补助 0.30 亿元，涉及造林面积 21.99 万公顷、宜林荒山荒地造林面积 19.30 万公顷、迹地人工更新面积 2.69 万公顷（国家林业局，2010）；2014 年《中央财政林业补助资金管理办法的通知》规定了林木良种培育、造林和森林抚育补贴等方面补助资金的补贴对象、补贴标准；2016 年财政部、国家林业局印发《林业改革发展资金管理办法》，制定了更详细补贴类别、补助对象、补助范围、补助比例和资金分配方法等；同年，中央财政下达造林补贴 29.6 亿元、森林抚育补贴 59.26 亿元和森林生态效益补偿金 116.11 亿元（国家林业局，2017）。

（二）林业融资政策变化

1. 林权抵押贷款

1995 年，《中华人民共和国担保法》首次提出：抵押人可以将承包的荒山、荒沟、荒丘、荒滩等荒地的土地使用权作为抵押品，用于信用贷款。2004 年，国家林业局印发的《森林资源资产抵押登记办法（试行）》规定：商品林中的森林、林木和林地使用权可用于抵押；2007 年《中华人民共和国物权法》颁布实施，林权证作为抵押物获得了国家法律的认可与保护。

2003 年，福建省开展集体林权制度改革试点工作，允许林木所有权、经营权和林地使用权有序流转，开展了国内第一个林木反担保贷款，即农户将林木抵押给乡村营林贷款促进会，促进会给予银行担保，从而获得信用贷款；2004 年，福建省林业厅与国家开发银行福建省分行签订了贷款总额为 1.9 亿元的首份林业行业与金融机构的"开发性金融合作协议"；2006 年以来，福建省全面推广林业小额贷款，截至 2008 年 10 月，全省共发放林权抵押贷款 21.57 亿元，约 8 万户农户受益；与此同时，浙江、江西、辽宁也开展了林权抵押贷款试点，截至 2008 年，三个省份林权抵押贷款累计总额分别为 3 亿元、38.3 亿元和 5.17 亿元（国家林业局，2007）。

2008 年，中共中央、国务院颁布《关于全面推进集体林权制度改革的意见》，进一步将林权抵押担保范围扩大为林地经营权和所有权；2013 年中国银监会、国家林业局《关于林权抵押贷款的实施意见》把用材林、经济林、薪炭林的林木所有权和使用权纳入林权抵押范围；2016 年中共中央、国务院联合颁布的《关于深化投融资体制改革的意见》提出：要探索开展林业经营收益权和公益林补偿收益权质押担保贷款业务，林权抵押范围再次扩大。2016 年全国林权抵押贷款余额为 1300 多亿元，较 2010 年增长了 1000 多亿元（国家林业局，2017）。

2. 融资模式向多元化发展

2009 年中国人民银行、财政部、银监会、保监会和林业局联合颁布的《关于做好集体林权制度改革和林业发展金融服务工作的指导意见》、2014 年国务院颁布的《关于金融服务"三农"发展的若干意见》、2015 年中共中央、国务院颁布的《关于加快推进生态文明建设的意见》和 2016 年国家发展改革委、国家林业局联合颁布的《关于运用政府和社会资本合作模式推进林业建设的指导意见》等相继提出：要开展符合林业产业发展的多元化金融服务，鼓励投资基金、社保基金、保险基金等各类经济组织投资林业；鼓励林农开展

"林业专业合作组织＋担保机构"、林权质押贷款、农民小额信用贷款和农民联保贷款等业务模式；允许林业企业采用债券、非金融企业债务融资工具等形式直接融资，支持采用信托融资、项目融资、融资租赁和绿色金融债券等多种融资形式；2017年中国银监会、国家林业局和国土资源部联合出台了《关于推进林权抵押贷款有关工作的通知》，将福建省"福林贷"模式、浙江省小额贷款管理模式、林权收储等典型案例写入文件，供各地学习经验。

3. 林业贴息贷款政策

20世纪80年代至90年代中期以林业项目贷款贴息为主：1986年，我国实行了林业贴息贷款政策，中国农业银行、林业部和财政部联合颁布了《关于发放林业项目贷款的联合通知》，中央和地方财政对速生丰产林、经济林、中幼林抚育和林业多种经营给予贴息，由中国农业银行负责组织发放；1990年林业部颁布的《关于当前产业政策要点的决定》，新增用材林、名特优经济林等基地建设。1994年财政部、林业部联合颁布的《关于加强林业项目贴息贷款和治沙贴息贷款管理的联合通知》和1995年林业部、财政部、中国农业银行联合颁布的《关于调整林业项目贷款利息承担额的通知》，把国有林企、集体林场等的林业项目贷款和治沙贴息贷款纳入到贴息范围，实行政策性贷款管理。截至1996年，国家财政林业项目贴息贷款共计65.7亿元（刘文萍，1998）。

20世纪90年代末开始向山区倾斜。1996年，中国人民银行设立山区综合开发贷款专项，安排3亿元贷款，实施24个示范县的92个发展项目，其中，经济林项目为35个，涉及贷款总额7490万元，占山区综合开发贷款总额的25%（国家林业局，1996）；1997年，林业部、财政部、中国人民银行以及中国农业发展银行联合颁布了《关于加强山区综合开发贴息贷款管理工作的联合通知》，将贴息范围扩大为山区综合开发示范县（市），采用定期贴息、定比例贴息。截至2000年，中央财政实际落实山区综合开发专项贴息贷款24.90亿元，占计划安排资金的62.25%（宋丽萍和刘国成，2005）。2001年，中国人民银行取消了林业项目和山区综合开发专项贴息贷款。

21世纪初，加大山区贴息扶持力度。2005年，财政部、国家林业局联合颁布了《林业贷款中央财政贴息资金管理规定》，首次允许各类银行（含农村信用社）组织发放林业贷款，将农户、林场等多种经营贷款项目纳入贴息范围；2007年国家林业局颁布的《林业产业政策要点》和2008年颁布的《林业贷款财政贴息资金申报程序及管理规定》把贴息对象增加为各类经济实体开展的林产品加工项目及林业资源开发，扶持范围的扩大使林业贴息贷款规模大幅增长，2008年贴息额较上一年增加了25亿元，增长率为45%。

2009年财政部、国家林业局联合颁布的《林业贷款中央财政贴息资金管理办法》和2014年联合颁布的《中央财政林业补助资金管理办法》将小额贷款公司林业贷款等纳入贴息范围；2016年两部门再次联合颁布了《林业改革发展资金管理办法》，首次将各类经济实体营造的生态林（含储备林）纳入到贴息范围，同时取消了对林业龙头企业的形式限制，降低了贴息申请门槛，以达到引入社会资本参与林业生态建设的目的；同时取消了对贴息年限的限制，贴息方式改为一年一贴、据实贴息。

二、调研区域农村林业投融资政策比较分析

在对我国农村林业投融资动态变化与集体林产权制度变迁间关联回顾的基础上，选取了福建省、浙江省和辽宁省实地调研了我国农村林业投融资的状况。本部分主要包括：①调研了重点生态区赎买改革、国家储备林 PPP 项目、公益林分类补偿政策等生态建设创新机制；②调研了林权抵押、林业信贷反担保等缓解融资约束的创新模式。

（一）福建省重点生态区位赎买与国家储备林 PPP 项目

1. 重点生态区位赎买

重点生态区位商品林是指未被界定为生态公益林，但被列入到重点生态区位，采伐受到限制的林地。农户经营的林木已到了采伐期，却因林地被划分为重点生态区位，而无法采伐，生态保护与经济利益之前的矛盾凸显，重点生态区位赎买可以实现生态效益与经济效益双赢。

福建省约有 977 万亩商品林被列入为重点生态区位。从 2016 年开始，以县级区域为改革实施单位，采用赎买、租赁、置换和改造提升等改革方式，在永安市、沙县、永泰县和柘荣县等 16 个县（市、区），推进重点生态区位赎买试点改革。截至 2017 年年底，全省累计完成重点区位商品林赎买、租赁等改革试点任务 23.6 万亩，有效化解了生态保护与林农经济利益的矛盾。重点生态区位赎买主要做法为：

一是多渠道筹集赎买改革资金。改革资金主要来源于三部分。①省、市、县财政预算。目前省级财政拨付补助资金累计 1.44 亿元，各试点地区自筹财政资金 3.60 亿元。②社会捐赠。2017 年永安市赎买资金为 1593.46 万元，其中 32.76% 来自于生态文明建设志愿者协会，赎买林地 1.007 万亩。③银行贷款。顺昌县获得贷款周期 30 年、宽限期 8 年的中国农业发展银行南平市分行的 3 亿元贷款用于开展重点生态区位赎买试点。

二是规范经营管理。重点生态区位商品林赎买后，林地所有权仍属集体，林地经营权收归国有，由县级国有林场或其他国有林业经营单位统一实施精准提升工程，改善生态功能和景观功能；也有一部分赎买后的林地被纳入到国家储备林的建设中，如南平市现有林"赎买＋改培"面积为 80.71 万亩，其中重点生态区位内面积为 69.37 万亩。

三是采取多样化的赎买改革模式。根据实际情况、自身优势，各试点县（市）形成了各具特色的赎买改革模式，主要模式见表 1。

表1 福建省试点市县重点生态区位赎买模式

主要县市	改革模式	主要做法
永安市	成立非营利性的"生态文明建设志愿者协会"	协会负责筹集管理赎买基金,向社会宣传赎买方案并定期公示赎买信息和资金使用情况,协调评估机构进行赎买评估,协调林权所有者签订赎买合同等
沙县	根据生态区位,分类改革	沙县对水源地周边林分以及天然商品林,采取直接赎买和定向收储,水源地占重点生态区面积的20%;其余占重点生态区面积的80%的人工商品林,则采取"我补贴,你来改"的办法,即权属所有者可按商品林政策,采伐原有生态效益低下的针叶纯林,采伐收入归林权所有者;同时林业部门给予一定补贴,采伐完成后按照林业部门的要求进行补植改造,其中50%必须为阔叶树,补植完成后签订界定书,逐步调整为生态公益林
永泰县	成立永泰县国有林业开发有限公司,搭建永泰县林业交易中心	林业开发公司负责重点生态区位商品林赎买和赎买后林木、林地管理和开发利用;林业交易中心承担赎买交易行为、森林资源流转等职能
柘荣县	筹建国家森林公园	借助丰富的森林资源和重点生态区位商品林面积大的优势,将赎买后的林地筹建成国家级森林公园,既可推动森林生态和乡村休闲旅游产业的发展,又有助于赎买试点区域林农的增收致富

注:根据福建省文件资料整理而成。

2. 国家储备林 PPP 项目

国家储备林 PPP 项目的建设思路:政府作为国家储备林建设项目的发起人,引入竞争机制,通过招标寻找到林业项目投资者,投资者负责融资、设计、建造和运营,项目结束后移交给政府部门或其所属的公营机构(秦涛和潘焕学,2010)。目前,南平市、永安市、顺昌县、宁化县和延平区等5个项目单位采用 PPP 模式,累计申请利用国家开发银行与中国农业发展银行贷款454.3亿元。以南平市国家储备林的质量精准提升工程项目为例,该项目采用 BOT 模式,由社会资本与南平绿发集团有限公司组建的项目公司进行投融资、建设、运营、维护和最后的移交活动,拟申请国家开发银行贷款170亿元,运行流程见图2。

(二)浙江省开展公益林分类补偿机制

根据林地生态区位的重要程度,依据"优质优价"补偿原则,浙江省将公益林认定为一类和二类两个类型,对一类公益林实行较高的补偿标准或国家租赁;对二类公益林实行基本补偿标准。2007年起,在临安市和开化县,开展分类补偿机制试点工作;2010年,浙江省对省级以上属于森林类型自然保护区的集体公益林,实施了国家租赁管理;租赁标准不断提高,由2007年租赁标准为33.2元/亩·年提高到2015的38.2元/亩·年。目前省级以上公益林约占全省林分面积的50%,其中约有84.6%的公益林达到了优质林的标准。

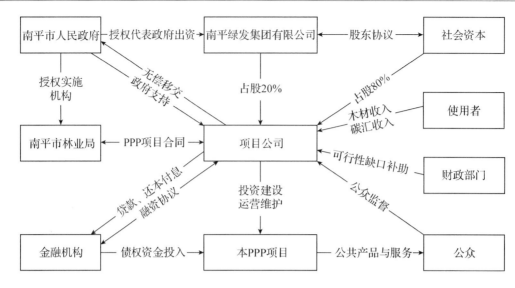

图2　南平市 PPP 项目交易结构图

（资料来源：福建省林业厅）

（三）林权抵押信贷政策

1. 福建省永安市的"福林贷"模式

2017年6月，福建省永安市全面推广"福林贷"模式。"福林贷"金融产品专门服务于信用良好、拥有小额林业资产的农户，由林业专业合作社担保，最高贷款额度为20万元，年贷款利率为7.08%，贷款年限为1~3年，采取按月付息的方式。该模式在191个村开展实施，成立了198个林业专业合作社，累计发放林权抵押贷款14426.45万元，贷款农户数1696个。具体而言：①成立林业专业合作社，设立风险防范担保基金：经永安市农信社授信的林农按2000~20000元入资担保基金，结清贷款后，可自愿退出林业合作社，并收回入资基金。②信用贷款办理流程：经信用评级建档后，农户以林权作为反担保抵押物，由林业专业合作社负责信用贷款担保，向银行申请信用贷款。申请过程中，贷款方需向银行交纳人身意外险（每年按贷款本金的1.5‰收取），向林业专业合作社一次性交纳不超过贷款金额1%的手续费（图3）。③风险防控流程：对于没有按期还贷的农户，农信社将抵扣相应的林业专业合作社担保基金，偿还贷款，合作社将转让处置不良信用农户的林权，当不良贷款率超过15%时，农户将无法获得银行信用贷款（图4）。

2. 浙江省公益林补偿收益权质押

为了解决公益林无法作为信贷抵押物的限制，浙江省开展了公益林补偿收益权质押贷款，即：以公益林补偿收益权作为质押，贷款额度不超过年度生态公益补偿金收入的15倍，贷款利率为基准利率的20%，贷款年限不超过5年的金融产品。若出现到期无法还贷的情况，贷款人则要以质押权处置所得价款用于抵偿债务。2015年云和县村镇银行与大牛村质押基金委员会代表签订合作协议，率先开展了村级公益林补偿金的质押借贷模式，林农可以凭借颁发的《公益林收益权证》直接向金融机构贷款。云和县的主要贷款

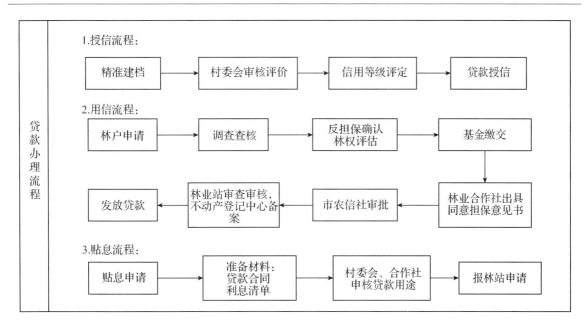

图3 贷款办理流程

（资料来源：永安市林业局）

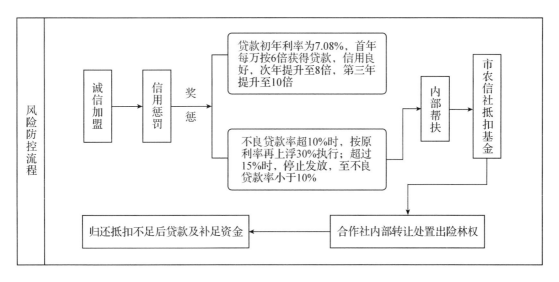

图4 风险防控流程

（资料来源：永安市林业局）

流程为：村民向所在村集体公益补偿金的质押基金提出担保贷款申请，基金审批小组初审，担保公司复审，金融机构审批后发放贷款。目前，云和县梓坊村共获得贷款金额500万元；随后龙泉市、乐清市、磐安县等县（市）开展了公益林补偿收益权质押贷款试点工作。

3. 辽宁省专项林业信贷政策

2015年国家集体林综合改革试验示范区——本溪县，成立了东北林权交易中心，与农业银行、邮政储蓄银行、农信联社、农业发展银行等多家金融机构开展合作，利用林权交易平台，将需要拍卖的林权挂牌出让。截至 2017 年年底，东北林权交易中心共办理林权流转业务 478 笔、转让金额 1.65 亿元，协助金融部门发放贷款 138 笔、贷款额 4.69 亿元。2018 年，辽宁省林业厅与邮政储蓄银行辽宁省分行合作，开发了服务于农户的、用于造林和林下经济的林业专项贷款。根据林龄不同，制定了 30%～60% 不同的林地抵押贷款利率。首批贷款计 3 笔，发放贷款金额 97 万元（新华网，2018）。

（四）林业信贷反担保机制

1. 永安市林权收储机构反担保模式

为了解决贷款出险后处置难的问题，进一步扩大抵押范围，永安市设立了林权收储担保机构，其主要职责为，一是收储借款申请人的林权证，并评估林木资产；二是为借款人提供金融机构担保，并承担连带责任；三是当借款人出现信任违约时，代偿债务，同时依据合同变现抵押的林木资产。2010～2013 年永安市佳洁林业收储（中心）有限责任公司和福建汇松林业收储有限公司两家收储担保机构成立。其中，永安市佳洁林业收储（中心）有限责任公司成立以来，已在清流县和宁化县收储了 1.2 万亩的林地；福建汇松林业收储有限公司与中国农业银行、中国邮政储蓄银行签订了合作协议，成功处置了 3 笔林权抵押贷款，林地面积为 3900 亩，偿还贷款本息达 350 万元。林权收储担保运行流程参见图 5。

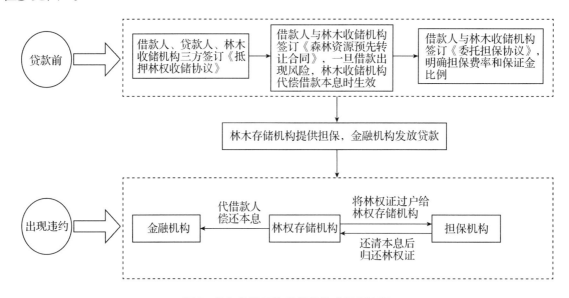

图 5　林权收储机构反担保模式运行流程

（资料来源：永安市林业局）

2. 龙泉市担保合作社反担保模式

担保合作社反担保模式是指农户将林权证抵押给担保合作社，担保合作社对林地资产评估，并开具担保证明，农户以此证明获得银行机构信用贷款。目前龙泉市共成立了村级惠农担保合作社 14 个，累计为村民担保贷款 1072 笔，贷款总额累计 1.03 亿元。以上垟镇花桥村为例，2017 年当地担保合作担保贷款总额为 3087 万元、贷款农户为 254

户，具体运行流程如图 6 所示。

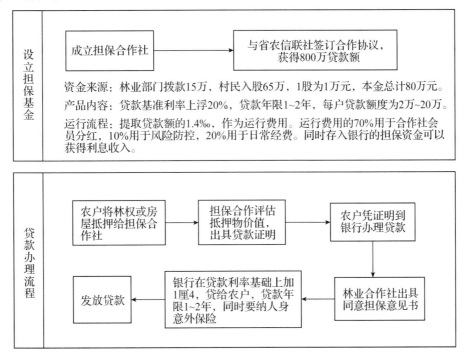

图6　担保合作社反担保模式运行流程

（资料来源：龙泉市林业局）

三、调研区域农户投融资情况对比分析

在永安市、龙泉市、本溪县分别选择 3 个乡镇，每个乡镇选取 3 ~ 4 个行政村，共计 32 个村，每个村抽取 6 ~ 10 个农户，共发放农户调研问卷 315 份，收回有效问卷 307 份，有效回收率为 97.46%（表 2）。

表 2　农户调查样本分布

省　份	市	县（市）	镇	行政村（个）	农户（个）
福　建	三　明	永　安	曹　远	3	34
			洪　田	4	35
			大　湖	4	35
浙　江	丽　水	龙　泉	住　龙	4	34
			八　都	3	34
			章府会	3	21
			上　垟	1	12

（续）

省　份	市	县(市)	镇	行政村(个)	农户(个)
辽　宁	本　溪	本　溪	东营坊	4	34
			碱　厂	3	34
			南　甸	3	42

注：1. 因大雪天气，导致浙江省章府会镇农户调研遇到困难，样本量受到影响，故临时增加了调研地点上垟镇花桥村；2. 南甸镇南阳村和小峪村林地类型为公益林，人均林地面积分别为 3.3 亩和 1.7 亩，林权证多为联户，为考虑到样本有效性，增加 8 个受访农户。

（一）农户特征

研究中国农村林业投融资体制，首先要考虑基础性因素——家庭特征（张杰，2005），以便于分析相同政策背景下，农户投融资结构与方式等行为产生差异的原因。一般情况下，家庭特征包括家庭资产、家庭收入、生计策略和劳动力资源配置等。

1. 从家庭资产情况看，龙泉福利水平高于永安和本溪

住房是家庭福利水平的代表性指标之一。在一定程度上，居住条件不仅反映了家庭固定资产和收入状况，同时也是银行授信客户的重要依据（李雅宁和何广文，2011）。本报告选取住房数量、人均居住面积作为居住条件的基本指标。仅在农村拥有一套住房的受访家庭共计 221 户，占样本总量的 71.99%；在城镇和农村分别拥有一套住房的受访家庭共计 65 户，占样本总量的 21.17%；拥有两套农村住房的受访家庭共计 21 户，占样本总量的 6.84%。

从住房数量和面积看，福利水平最高的为龙泉市，最低的为本溪县。住房数量上，龙泉市样本农户在农村拥有一套住房的农户占当地样本总量的 57.43%，在城镇和农村分别拥有一套住房的农户占当地样本总量的 34.65%，拥有两套农村住房的占当地样本总量的 7.92%，福利水平为三个区域之首；本溪县在农村拥有一套住房的农户占当地样本总量的 90.29%，在城镇和农村分别拥有一套住房和拥有两套农村住房的农户，均占当地样本总量的 4.85%，福利水平为三个区域之末；永安市在农村拥有一套住房的农户占当地样本总量的 67.96%，在城镇和农村分别拥有一套住房和拥有两套农村住房的农户分别占当地样本总量的 24.27%、7.77%（图 7）。人均住房面积上，辽宁本溪人均住房面积低于 20 平方米的农户为 28 户，远高于其他两样本区，分别为永安市和龙泉市样本农户的 4 倍和 3.1 倍（图 8）。

2. 研究区域生计策略情况

根据国家统计年鉴收入五等份分组法，按人均纯收入从高到低排序，将样本平均分成最富裕户、比较富裕户、中等收入户、比较贫困户和最贫困户五组，总体样本分类为每组 61 ~ 62 户，县级样本分类为每组 20 ~ 21 户。为了更好地反映不同收入来源对家庭生计的影响程度，我们选取了生存依赖度指标，其计算方法为各收入来源单项类别的收

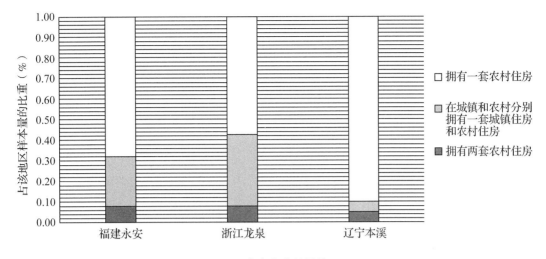

图7 农户住房数量情况

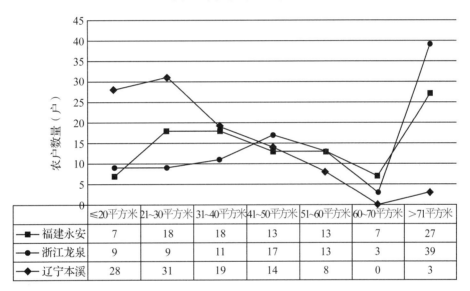

	≤20平方米	21~30平方米	31~40平方米	41~50平方米	51~60平方米	60~70平方米	>71平方米
福建永安	7	18	18	13	13	7	27
浙江龙泉	9	9	11	17	13	3	39
辽宁本溪	28	31	19	14	8	0	3

图8 农户人均住房面积分布情况

入占家庭年总收入的比重(段伟,2016)。调研样本地区农户生计策略及不同区域特征,如图9至图12所示。

(1)永安、龙泉农村最富裕类以自主经营为主,本溪以林畜业为主。永安市和龙泉市最富裕户的自主经营生存依赖度最高,分别为33.47%和46.27%;龙泉市最富裕户的利息生存依赖度达到6.86%,高于永安市(0.3%)和本溪县(0.1%),说明当地众筹、私募筹集资金等民间金融较其他两地兴旺。辽宁最富裕户的生存依赖度最高的前两位为林业(35.89%)和畜牧业(27.37%)。

(2)打工收入是样本农户的主要生活来源。从图9至图12可以看出,除最富裕户外,其他四类,收入依赖度最高的是打工。永安市、本溪县两个地区,收入等级越低,对打工收入的依赖度越低。永安市由比较富裕户的52.86%下降至最贫困户的32.82%;本溪县由比较富裕户的65.4%下降至最贫困户的41.22%。龙泉市略有差异,打工收入依赖

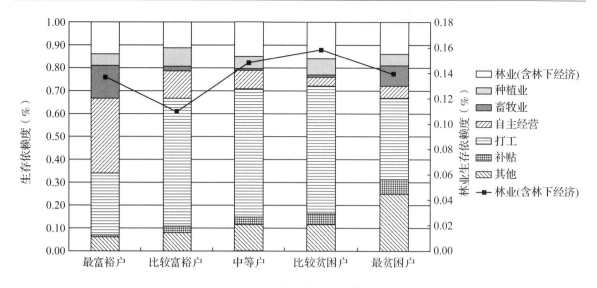

图 9　调研地区样本农户生计策略情况

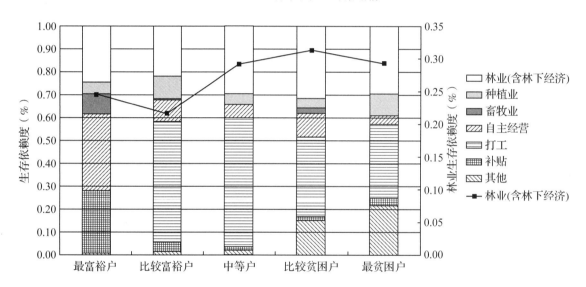

图 10　永安市样本农户生计策略情况

度由比较富裕户的 58. 17% 下降至比较贫困户的 48. 05%，最贫困户反升回至 53. 64%，超过 50% 的最贫困户选择打工时间小于六个月的临时工，增加家庭收入。这说明，在农林收入不足以维持生计时，农户首先考虑增加非农收入。

（3）龙泉市、本溪县对林业收入依赖度最高的农户是最富裕户和比较贫困户。从总体样本来看，林业收入依赖度分布在 10. 88% ~ 15. 82%，最高的为比较贫困户（15. 82%）。从地区分类看，福建永安市对林业收入依赖度分布在 21. 71% ~ 31. 27%，最高的为比较贫困类（31. 27%）；浙江龙泉市林业收入依赖最高的为最富裕户，比重为 14. 61%，自主经营依赖度为 46. 27%，比较贫困户排名第二，比重为 13. 22%；辽宁本溪县林业收入依赖度最高的为最富裕户和最贫困户，比重分别为 35. 89% 和 19. 43%。通过林地经营，获得林业收入和森林抚育补贴，还清家庭债务的最贫困农户占辽宁样本总

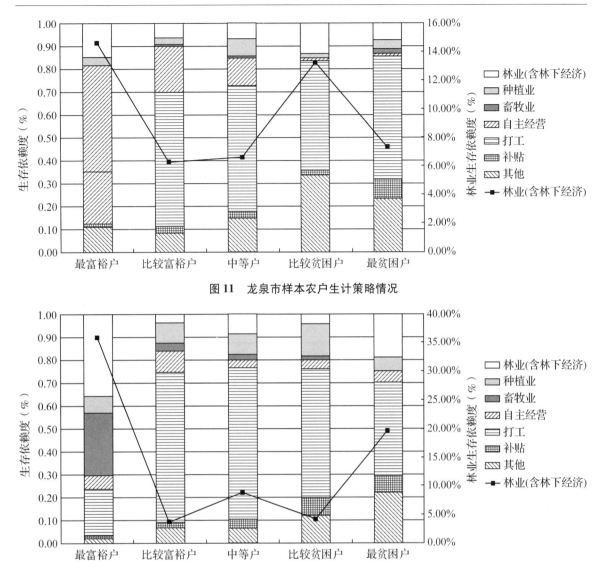

图11　龙泉市样本农户生计策略情况

图12　本溪县样本农户生计策略情况

量的12.62%。

（二）林业投资行为、资金筹集与经营意愿

福建、浙江和辽宁都是较早开展新一轮集体林权制度改革的省份，在新产权投资激励机制下，农户林业投资特征、投资结构、资金来源与经营意愿发生的变化为本部分重点内容。

1. 样本农户的投资行为

为了便于计算，参照2017年当地林业雇工的平均价格水平，永安市、龙泉市、本溪县的劳动力价格分别按150元/人·天、180元/人·天和100元/人·天计算，将农户家庭自身投入用工换算成相应的生产费用。2016～2017年年均现金支出占年均生产总费用的比重超过60%的为资金主导型投入；反之则为劳动主导型投入；没有任何劳动力或者资本投入的农户为无投入型。三个调研区域劳动主导型投入、资金主导型投入和无投入的农户分别占 42.5%、28.01%、29.64%，表明当前三个省份的林业投入以劳动主导型为主。

其中，永安市、龙泉市和本溪县均以劳动主导型投入为主，分别占当地样本总量的 49.51%、52.48% 和 36.89%。主要原因在于：永安市、龙泉市和本溪县最贫困户和比较贫困户对林业收入的依赖较高，林业投入主力依旧是贫困农户，投资偏好以自投工为主（图 13）。

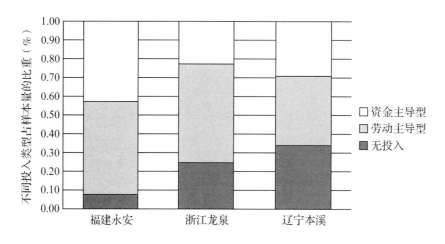

图 13   样本农户投资行为分类

从现金支出结构看，2016～2017 年，资金主导型农户对雇工费的现金支出比重最高（65.82%）；其次为化肥投入（15.7%）和运输费（10.62%）。劳动主导型农户对化肥的现金支出比重最高（34.53%）；其次为雇工（29.69%）、运输费（20.18%）（图 14）。

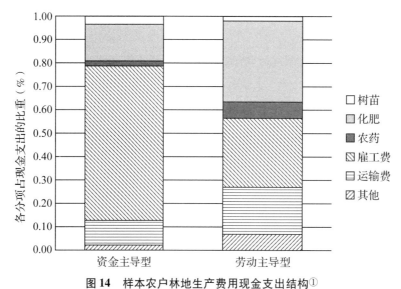

图 14   样本农户林地生产费用现金支出结构①

---

①   在本报告中，雇工费用包含采伐、透光、加工、看护等。

从调研区域来看，永安市现金支出比重最高的为雇工费（45.82%），其次分别为化肥购买（29.96%）、运输费（13.97%）；龙泉县现金支出比重最高的为雇工费62.38%，其次分别为运输费（20.07%）和化肥购买（14.11%）；本溪县现金支出比重最高的为雇工费（74.05%），其次为树苗（14.64%）和运输费（5.49%）（图15）。三个区域雇工费用占总现金支出的比重均为最高。实地调研中发现，龙泉市和福建永安市两地的雇工费主要用于竹产品采伐和加工，本溪县主要用于造林、木材采伐和林副产品采摘。

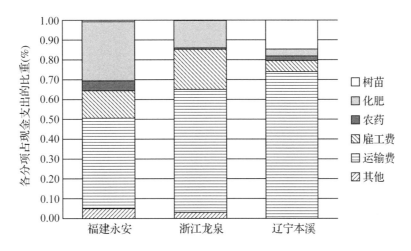

图15 不同地区样本农户林地生产费用现金支出结构

雇工费用比重偏高主要受非农化的影响，一部分家庭因青年人进城务工而缺少劳动力；另一部分家庭从事商业活动而兼业经营林业，这两类家庭都需要雇工继续林地经营。

2. 林业投资的筹资渠道与经营意愿

以自有投资为主：在样本农户中，2016年和2017年，有林业生产投资的农户分别为125户和152户，自有资金的用户占有林业投入农户数量的比重分别为87.2%和83.55%；同期，从金融机构贷款的农户数量从5户增加到17户，由于永安市实施"福林贷"政策，其中新增的12个农户在该市（图16）。

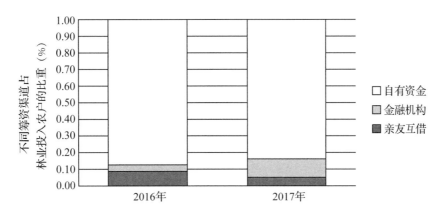

图16 2016～2017年调研农户的筹资渠道

多数农户认为林地管理不难，但投入积极性不高：当被问及"林地好管理吗?"多数农户回答"容易"，认为不困难或者非常不困难的农户占总样本农户的 55.37%；因立地条件差、病虫害严重、劳动力不足、交通不便、投入回报期长，而认为非常困难或比较困难的农户仅占 27.69%（图 17）。

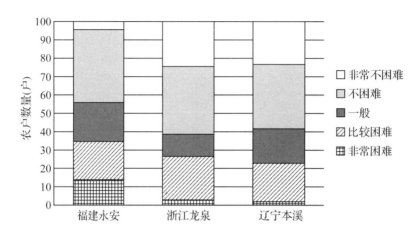

图 17　调研地区农户林地管理困难程度

在认为经营不困难的农户中，没有任何林业投入的占 34.32%，未来不愿意增加投资的占 60.36%，无投入农户数量最多的为本溪县（35 户），其次为龙泉市（25 户）。缺乏资金是第一主因，占 44.97%；交通不便与缺乏劳动力也是重要的原因之一，分别占 25.44% 和 22.49%（表 3）。

表 3　认为林地好管理，却不愿意经营的原因

原　因	户数（户）	比重（%）
1. 资金不足	76	44.97
2. 交通不便利	43	25.44
3. 缺乏劳动力	38	22.49
4. 销售困难、价格波动、投资回报期长等市场因素	37	21.89
5. 林地规模太小	22	13.02
6. 其他（采伐限额、天保工程、封山育林、没有林权证等政策因素）	24	14.20

注：此选择题为多选项，总比重超过 100%。

从事林下经营的农户较少，投资意愿较低：在样本农户中，开展林下经济的农户较少，2017 年仅有 14 户，其中龙泉市为 6 户，本溪县为 8 户，永安市为 0 户；有经济回报的为 5 户，占样本农户总数的 35.71%（表 4）。

调研农户中，不愿意参与林下经营的有 276 户，占总样本量的 89.99%，积极性较低。不愿意参与林下经营的主要原因有：①缺少劳动力、资金、技术等生产要素投入是第一主因，占不愿意从事林下经营农户的 53.26%；②因林地质量差、坡陡、树种不适

表4　样本农户林下经济投入产出情况

年度	林下经济户数（户）	林下采药				林菜间作				蘑菇木耳类			
		户数（户）	有收益的户数（户）	平均成本（元）	平均毛利润（元）	户数（户）	有收益的户数（户）	平均成本（元）	平均毛利润（元）	户数（户）	有收益的户数（户）	平均成本（元）	平均毛利润（元）
2016	10	4	2	77500	121950	3	0	10933.3	−1340	3	3	9333.3	15633.3
2017	14	8	1	95462.5	−23400	3	1	11100	2233.3	3	3	9333.3	15550

合等自然因素而不愿经营林下经济的占29.35%；③因缺水、交通不便等基础设施不完善的占11.96%；④因封山育林、林权证联户登记等政策性因素的占3.62%；⑤1.81%的农户曾因技术不熟练而经营失败，导致林下经营积极性受挫。

农户土地流转意愿不强，林地投资规模受限：在样本农户中，曾流转过林地经营权的农户仅为29户，多数农户不愿意流转。样本农户不愿意流转林地经营权主要有三个原因，分别为自己经营收益高、林地是"祖产"和政策性因素。在政策性因素中，12.95%的农户因林权证联户而没有流转、5.4%的农户因没有获得林权证而无法流转和3.24%的农户因公益林而被禁止流转（表5）。

表5　样本农户不愿意流转林地经营权的原因

原　因	户数（户）	所占比重（%）
1. 自己经营林地收益更高	92	33.09
2. 林地是"祖产"，不愿意放弃	46	16.55
3. 林权证所有人为联户	36	12.95
4. 流转价格不高	28	10.07
5. 不知道能否流转，不了解政策	20	7.19
6. 因林地纠纷，没有林权证	15	5.40
7. 公益林不允许流转	9	3.24
8. 转不出去	8	2.88
9. 其他（如林地规模小，没有林地转入等原因）	24	8.63

注：此选择题为多选项，总比重超过100%。

（三）样本农户融资需求与实际融资行为

研究农户融资需求，首先要重视农户融资的偏好秩序，可以回答这样一个问题：在同样贷款规模、利率和期限背景下，农户为什么会做出不同融资行为，从而判断借贷需求行为的决定因素和所受到的融资约束。

1. 样本农户实际信贷行为规模与结构特征

由于福建和浙江均存在转贷的情况，本次调研把时间跨度延长至2014～2017年。在此期间，获得过贷款或正在贷款的样本农户有83户，占样本总量的27.03%，其中获得林权抵押贷款的农户占10.10%，获得循环贷款的农户占10.42%，主要分布在永安市和龙泉市（图18）。

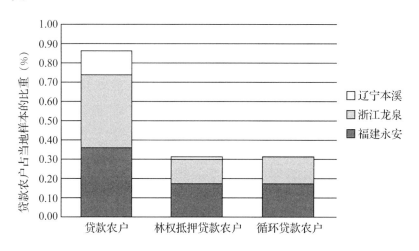

图18　各调研地区贷款农户情况

浙江省是信贷额度最高和信贷利率最低的省份。主要原因在于，一是新农村住房建设贷款额度大、贷款利率低，最高的贷款额度为40万元，最低贷款利率为3.5%；二是浙江省资金互助社、农村担保合作社等低利率的民间金融机构较其他地区更为发达（表6）。

表6　2014~2017年调研区域金融机构贷款情况

项　　目	永安市	龙泉市	本溪县
贷款农户数（户）	37	38	8
平均贷款额度（万元）	6.08	14.34	3.01
最高贷款额度（万元）	20	80	12
最低贷款额度（万元）	2	2	0.5
平均贷款年限（年）	2.32	1.58	1.60
最长贷款期限（年）	5	6	4
最短贷款年限（年）	1	1	1
平均年利率（%）	9.26	8.21	10.30
最高年利率（%）	12	12	10.8
最低年利率（%）	7.0	3.5	9.7
抵押担保数量（笔）	22	12	2

龙泉市、本溪县信贷融资对林业投资的贡献度较低。从融资目的看，龙泉市把贷款用于林业的农户为6户，占获得当地贷款户数的13.15%。用于"做生意"的农户最多，占当地贷款农户的39.4%；本溪县农户贷款用于林业生产的仅1户，用于上学和生活等消费性用途最多，占当地贷款农户的62.50%；永安市贷款农户资金用途用于林业生产的共有18户，占当地贷款户数的48.65%，林业投资贡献度高于其他两地（表7）。

表7 2014～2017 年样本农户信贷用途 单位：户

融资目的	生产性用途			融资目的	消费性用途		
	永安市	龙泉市	本溪县		永安市	龙泉市	本溪县
1. 农业生产	5	2	0	1. 子女教育	1	2	1
2. 林木生产	18	5	1	2. 建房	1	9	0
3. 林下产品	0	1	0	3. 婚丧嫁娶	1	0	0
4. 养殖业	1	0	1	4. 应付灾病	0	0	1
5. 做生意	5	15	1	5. 住房	2	1	0
				6. 其他生活性消费	3	3	3
生产小计	29	23	3	生活小计	8	15	5

注：因不少农户贷款资金用途同时用在生产和生活，小计数与贷款农户总数不一致。

2. 农户融资偏好分析

"如果家庭或经营发生经济困难时，你会选择借钱吗"，回答"会"的农户占样本总量的 79.4%。"如果有借钱的打算，你的选择是什么？"做出融资偏好"第一选择"的共计 244 户，其余用户因不了解融资渠道而没有做选择；做出融资偏好"第二选择""第三选择"的分别下降至 204 户和 183 户，其余用户因第一选择没有获得满足，而放弃继续寻找融资渠道；对"最不愿意选择"的渠道做出选择的农户共计 238 户。研究结果表明，当家庭出现融资需求时，永安市和龙泉市样本农户多数选择正规金融机构或中小金融机构，而本溪县样本农户的"第一选择"融资偏好为无息的亲友贷款；其次才是农村信用社贷款。

永安市和龙泉市多数农户首选农商银行，本溪县为家庭或村社圈层：在面临资金需求时，永安市和龙泉市多数农户第一选择为农商银行（农信社），比重分别为 73.00% 和 67.61%，农商银行是当地农村融资渠道的主力。本溪县样本农户则首选亲友互借，占选择农户数量的 61.76%（图 19）。

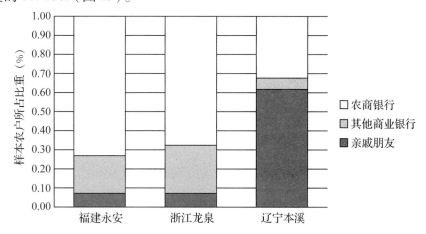

图 19 样本农户融资偏好"第一选择"的情况

　　融资偏好"第二选择"上，永安市和龙泉市呈多元化，本溪县多数农户则选择农商银行：永安市和龙泉市选择邮储、农行、农商、中小金融机构的农户比重相差不多，分别分布在 10.00% ~34.00%、15.79% ~26.32%；选择邮储银行的农户比重相对较高，分别为 34% 和 26.32%。本溪县选择农村信用社的农户最多，占选择农户数量的 46.81%（图 20）。

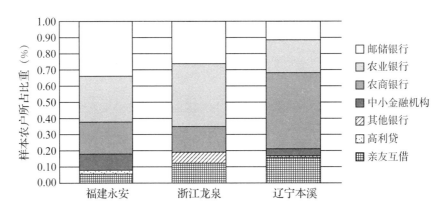

图 20　样本农户融资偏好"第二选择"的情况

　　在融资偏好"第三选择"方面，龙泉市农户对中小金融机构的融资偏好高于永安市和本溪县：永安市与本溪县类似，选择最多的是农业银行，而龙泉市选择资金互助和村镇银行的农户比重最高，达到 48.98%（图 21）。

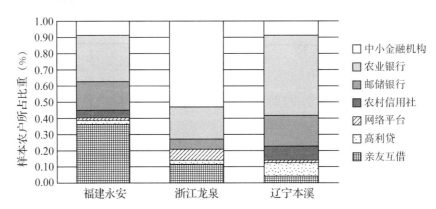

图 21　样本农户融资偏好"第三选择"的情况

　　对于"最不愿选择"的融资偏好而言，农户首选高利贷和网络平台：除高利贷外，农户因安全隐患和高利息而厌恶网络平台融资渠道。永安市、龙泉市和本溪县不愿意选择网络平台作为融资渠道的农户分别占当地选择农户样本数量的 30.77%、30.67% 和 27.55%，调研区域内网络平台对融资约束的缓解作用不大（图 22）。

3. 调研区域信贷融资需求与融资约束

　　本溪县农户对信贷需求抑制度高于永安市和龙泉市：2014 ~2017 年共有 160 个农户有信贷需求，其中有名义需求的农户为 73 户（有贷款打算但没申请贷款），有效需求的农

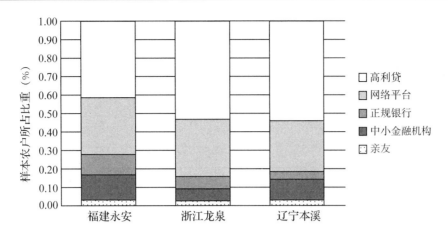

图22 样本农户融资偏好"最不愿选择"情况

户为87户(有贷款打算并申请过贷款),申请到贷款的农户为83户,供给数量占需求总量的51.8%。本溪县融资约束高于另外两个调研区域,有信贷需求的农户为40户,有效需求抑制度为20%,分别较永安市和龙泉市高出6.60倍和6.81倍;名义需求抑制度为80.00%,分别较永安市和龙泉市高出0.90倍和1.49倍(表8)。

表8 2014~2017年样本农户信贷渠道金融抑制程度

县(市)	有效需求(有贷款打算并申请过贷款)			名义需求(有贷款打算但没申请贷款)		
	需求数量(户)	供给数量(户)	需求抑制程度(%)	需求数量(户)	供给数量(户)	需求抑制程度(%)
永安市	38	37	2.63	64	37	42.19
龙泉市	39	38	2.56	56	38	32.14
本溪县	10	8	20.00	40	8	80.00

注:需求抑制度=(需求数量-供给数量)/需求数量(马晓青,2009;朱喜等,2009)。

调研数据显示:因贷款评估费、申请时间长等交易成本问题,受到抑制的农户为42.11%,此结果表明:高交易成本为融资约束的第一大主因;因缺少抵押、没有担保和超过年龄等制度性因素而没有申请贷款的农户占21.05%;认为申请也贷不到或不了解申请流程等信息不对称因素的农户占17.55%,信息不对称依然是阻碍农户融资的主要因素(表9)。

表9 2014~2017年样本农户未申请信贷的原因 单位:%

项 目	交易成本		制度约束		信息不对称		有房贷没还完
	贷款评估等费用太高	申请时间长,办理麻烦	缺少抵押或担保	超过60岁不给贷款	申请也贷不到	不了解具体政策	
比重	42.11	12.28	10.53	10.53	14.04	3.51	7.02

永安市农户信贷交易成本高于龙泉市:威廉姆森(1990)把交易费用分为事先交易和事后交易两类。本研究计算的为事先交易费用,即签订信贷合同、规定双方权利和责任

等所花费的费用，如去银行所花费的时间成本、机会成本和交通费用等（卢现祥，2011）。

按当地 2017 年平均雇工工资，估算办理信贷的平均交易成本，永安市为 2350.03 元，高于龙泉市的 1392.63 元。与此同时，永安市去银行办理贷款的平均次数、交通餐饮费用和申请贷款的平均时长均比龙泉市高（表 10）。

表 10　2017 年农户交易成本

调查区域	信贷户数（户）	去银行的平均次数（次）	最高次数（次）	最低次数（次）	交通、餐饮等平均费用（元）	从申请到获得贷款的平均时长（天）	最长时间（天）	最短时间（天）	平均交易成本（元）
永安市	37	2.00	3.00	0.00	2.73	15.00	30.00	1.00	2350.03
龙泉市	38	1.68	4.00	0.00	0.05	6.89	36.00	0.00	1392.63

注：本溪县贷款户数较少，仅为 7 户，县有 6 户资金用途为孩子上学、生活消费特殊情况，考虑到样本有效性，没有对其进行交易成本分析。

四、林业企业投融资情况对比分析

林业企业样本总数共 17 家，永安市、龙泉市、本溪县分别为 7 家、5 家和 7 家。本部分主要考查了调研林业企业的生产经营情况、融资行为和投融资意愿等。

（一）样本林业企业概况

样本企业经营范围以竹制品制造、木材加工、饮料、药材等产品为主，生产总值超过千万元的有 4 家，超过百万元的有 11 家，职工人数百人以上的有 1 家，50 人以上的有 4 家，10 人以上的有 7 家（表 11）。

表 11　2017 年调研区域林业企业基本情况表

县（市）	企业名称	职工人数（人）	企业性质	生产总值（万元）	经营类型
永安市	福建和其昌竹业股份有限公司	505	股份合作企业	52461	竹制品制造、龙头企业
	盈庆工贸有限公司	10	私营企业	194.4	木材加工
	永安东升竹木制品厂	10	私营企业	110	木材加工
	永安闽翔竹制品厂	35	私营企业	120	木材加工
	兴隆木业有限公司	70	股份合作企业	700	木材加工
本溪县	本溪华都科技发展有限公司	22	私营企业	700	非木质林产品加工制造业
	天龙洞民族工艺品厂	85	私营企业	215	木质工艺品
	辽宁青山绿水绿化科技有限公司	14	私营企业	291	林业种植、林业设计
	宇威药业	20	私营企业	50	非木质林产品加工制造业
	本溪裕祥明农业开发有限公司	35	私营企业	230	非木质林产品加工制造业

（续）

县（市）	企业名称	职工人数（人）	企业性质	生产总值（万元）	经营类型
龙泉市	住龙德生工艺品厂	5	私营企业	150.5	竹制品制造
	龙泉彬彬竹木	30	私营企业	600	竹家具制造
	龙泉圣丰竹木发展有限公司	96	私营企业	6000	竹制品制造
	龙泉北平木制品厂	6	私营企业	90	竹制品制造
	龙泉振源竹业有限公司	43	私营企业	1100	竹制品制造
	龙泉龙竹笋竹专业合作社	10	合作社	500	食品加工
	浙江好有地方农业有限公司	60	股份合作企业	4000	香榧、农产品种植

（二）调研区域融资情况对比分析

样本林业企业中，面临资金短缺问题的林业企业占样本企业总量的 88.23%，其中短期资金不足的企业为 15 家；长期发展资金不足的为 10 家。资金周转困难的原因包括如下几个方面：一是货款赊账问题严重；二是毛利润率在 10%～20%，利润空间小；三是申请政府扶持较难，曾获得过政府补贴的样本企业仅有三家（表12）。

表12   样本企业面临的不足资金状况

问 题	样本量（个）
1. 短期资金不足	15
2. 长期发展资金不足	10
3. 固定资产投入不足	3
4. 受企业间拆借影响	1
5. 技术升级资金不足	1
6. 新项目投资资金不足	1

注：此调查问题选项为多选项，故合计数超过样本总数。

融资方式选择存在明显差异：本溪县仅有 1 家企业选择银行信贷融资方式，其他 4 家企业融资方式选择无息的亲友互借；而永安市、龙泉市的 12 家样本企业中，选择金融机构贷款的企业为 10 家，选择向亲友借款并支付利息的企业仅为 2 家（表13）。

表13   样本企业融资方式选择

融资方式	样本数量（个）
亲友借款	5
金融机构借款	10
民间借贷	1
股权融资	1

注：此调查问题选项为多选项，故合计数超过样本总数。

（三）样本企业均面临信贷融资约束问题

福建和其昌龙头企业 2017 年的贷款额度为 6550 万元，在林业企业样本观测值中，属于异常值，因此将其剔除。其余获得过信贷的样本企业数为 9 家，平均借款余额为 238.89 万元，平均年贷款利率为 7.4%，平均贷款年限为 1.33 年，抵押率为 50% ~ 70%，获得循环贷款的企业数量为 9 家，获得林权抵押贷款的企业数量为 1 家。

贷款额度小、贷款年限短：80% 的样本企业认为贷款额度不能满足生产需要，如果贷款额度得以满足，资金将用于技术升级、设备改善和增加新产品；70% 的样本企业希望贷款年限能够延长至 2 ~ 3 年。事实上，1 ~ 3 年与 4 ~ 5 年的贷款基准利率是相同的，若能够延长年限，将会大大缓解样本企业普遍面临的资金周转压力。

获得循环贷款的企业，面临转贷额缩小的困难：企业按月或按季度付息，每年通过结转手续续贷。当同一区域有企业发生不良记录时，银行因担心其他企业出现相同情况，而实施续贷额减缩政策，导致样本企业面临几十万元，甚至上百万元的资金缺口，资金周转更加困难。

信贷交易成本有高有低：样本企业从申请贷款到获得贷款的时间最短的为 1 天，最长的为 20 天。有抵押和有担保的信贷办理时间较短；青年创业贷款和扶贫贷款等低息贷款申请时间长。

（四）样本加工企业生存困难

样本企业面临三个生存问题：一是生产产品属于初级加工，竞争压力较大，利润空间较小；二是成本上涨幅度较快，支出比重最高的为人员工资，每年约上涨 10% ~ 15%；三是出于环保的考虑，政府部门要求龙泉市林业企业从农村搬迁至城市工业园，房屋租金、雇工等成本将大幅上涨，可能面临倒闭的风险村内居民打工收入也因此受到影响。

（五）林木种植样本企业，投资回报期较长，甚至多年亏损

以辽宁青山绿水科技有限公司为例，该公司成立于 2013 年，拥有宽甸青山绿水绿化科技有限公司、新宾满族自治县青山绿水科技有限公司和本溪县青山绿水科技有限公司三个子公司。公司融资方式为控股法人独资，主要经营范围为苗木栽植、林下种植、木材加工、林业设计等，人工成本、林地流转和设备购买三项成本为主要支出项。2013 ~ 2015 年分别亏损 13 万元、25 万元和 7.5 万元，2017 年亏损 119 万元。

五、主要结论与政策建议

基于上述我国农村林业投融资体制的回顾和集体林区农户与林业企业投融资情况的调研，特别是不同地区、不同农户、不同企业之间的差异状况分析，得出研究结论，并据此提出政策建议。

(一)主要结论

我国林业投融资体制改革是随着社会经济发展和国家发展战略部署动态变化而不断进行调整的,不同时期出台了不同农村林业投融资政策,促进了我国农村林业相关产业的发展,但仍存在一些问题与不足。2003年,我国推进新一轮集体林产权制度改革及其配套改革,在新时代我国农村林业投融资体制呈现出了新特征。

1. 调研区域林业收入对农户家庭收入的直接贡献有限

2017年调研区域户均林业纯收入占家庭收入的13.7%,林业收入对农户家庭收入的直接贡献不高。究其原因在于:一是因封山育林和天然林保护工程等生态建设使农户经营受限,龙泉市、本溪县部分农户仅能获得少量的补助资金。二是少数农户因林权纠纷而放弃经营,如永安市大湖镇冲二村因林地纠纷长期未得到解决,由于没有确权,农户得不到林权证,多数农户因担心利益分配问题,宁可选择在村内企业工作或外出打工也不愿意开展林业经营。林业产权的稳定性与生产者投资激励密切相关,虽然调研区域有林权纠纷的农户仅占样本问题的5.4%,但仍值得重视。三是受林木市场价格波动的影响。以福建为例,2015~2017年毛竹收购价格平均每年下降30~50元/吨。

2. 样本农户林业投入倾向类型受家庭特征影响,农户雇工费和运输费等费用比重高

调研数据表明,家庭人均收入较少、没有经商经历的家庭更倾向于劳动主导型经营方式;家庭人均收入较高、有经商经历、家庭劳动力不足的家庭则更倾向于资金主导型经营方式。调研区域资金主导投入型、劳动主导投入型的雇工费与运输费占生产费用的比重分别为76.44%和49.86%。随着非农化趋势的增强,未来雇工费和运输费等费用支出比重可能会继续上涨,进城务工及从事商业活动的家庭对雇工和运输等依赖度将逐年增强。

3. 信贷约束依旧是林业发展的阻碍因素

调研显示,约有70%的样本农户和88%的样本企业面临林业生产资金不足的问题。在林业发展金融支持上,虽然三个调研区域开展了积极探索,但部分信贷约束问题有待解决,主要表现在如下几个方面。

一是贷款期限短、贷款利率高。调研区域除房屋贷款外,农户和企业的贷款期限普遍为1~2年,认为年限过短的农户与林业企业分别占样本总量的33.33%和75%;农户和林业企业的贷款利率高于其他金融产品。2017年中长期贷款基准利率为4.75%(1~3年),林权抵押贷款年利率为6.18%~10.45%,较基准利率上浮30%~110%;林业小额贷款年利率为8.28%~12%,较基准利率上浮70%~150%;企业平均贷款利率为7.4%,较基准利率上浮约50%[①]。

二是融资渠道单一。农户和林业企业贷款以农信社(农商行)为主渠道发放,尚未形

---

　① 银行上浮利率为整数,没有统一的数值,本报告根据农户调研数据,进行了估算。

成各金融机构共同参与竞争的局面。2017 年获得林业贴息贷款的农户，永安市和龙泉市的农村信用社信贷分别占信贷总额的 66.51% 和 67.71%。

三是共有林农户林权抵押贷款面临制度约束。调研区域林权证为联户名的农户普遍遇到贷款难题。2013 年中国银监会和国家林业局联合下发的《关于林权抵押贷款的实施意见》中明确要求，以共有林权抵押的农户必须要向金融机构出示其他共有人的书面同意意见书。部分林权证联户人员多达 30 户，操作流程繁琐。

四是缺少符合中小林业企业特点的信贷产品。不少林业中小企业、林业专业合作社因资金短缺而无法通过扩大生产规模和技术升级等措施提升产品附加值，只能停留在产品初级加工阶段。目前，调研区域尚未专门为林业企业设计的信贷产品，企业只能以工厂设备为抵押，向银行申请 1 年期的循环贷款，且面临减贷风险。

4. 样本农户对林权抵押的认知与借贷行为有待改善，融资政策效果不佳

从政策认知看，本溪县林权抵押贷款利率高于其他两地，且需求满足度最低。长期信贷约束环境导致农户对林权抵押信贷政策产生认知偏差，对林业金融制度安排较为冷漠，对金融机构开展的林业信贷产品态度消极。

从资金用途看，在获得林业信贷的农户中，全部或部分用于林业投资的占 30.10%，其余农户将信贷资金用于工商业、农业及生活消费已偏离了 2009 年《关于做好集体林权制度改革和林业发展金融服务工作的指导意见》的初衷，即"切实加大对林业发展的有效信贷投入"。

从融资偏好的角度来看，因具有"避免风险"和"安全第一"风险厌恶型特征，本溪县农户倾向于采用固定社会交往模式"圈层结构"，在面临资金需求时，首先求助于亲戚朋友，次选农村信用社。

5. 贴息贷款政策存在制度缺陷

贴息贷款政策存在制度缺陷，主要表现为：首先，林业贴息贷款审批考核难度较大。发放林业贷款贴息前，林业局必须实地核实林地面积，审核林业贴息贷款申请农户和企业是否符合条件。审核过程中存在两方面困难：一是工作任务量较大，只能采取抽查方式审核；二是对申请数量超标的地区，只能采用抽签的方法发放贴息。其次，贴息范围有待扩大。目前对资金需求较大的重点区位商品林赎买、林下经济都不符合贴息条件，投资主体资金需求紧张。再次，道德风险难以监督。农户获得林业信贷后是否将资金持续用于林业发展，较难统计，工作人员难以介入，效果评估工作量大，贷款后监督工作不易落实。

（二）政策建议

在回顾我国农村林业投资体制和深入调研的基础上，我们发现农村林业投融资方面已取得了重要进展，但依然存在迫切需要改进之处，我们提出如下完善农村林业投融资的政策建议：

1. 创新农村林业投融资模式，增强林业金融支持的深度与广度

林权抵押贷款有助于增加农村林业投资，扩大抵押物范围，设计适合当地情况的金融产品，将进一步提升正规林业信贷的可得性，激励农户与林业企业参与信贷融资。根据调研区域的实际情况，需要在以下几个方面加以完善。

一是林权抵押贷款应当将大部分贷款用于林业，严格控制非林化用途。可以借鉴房地产贷款的经验与做法，林权抵押贷款必须全额用于林业经营管理活动中去，建立相应的信息动态监控机制。

二是创新林业贷款技术。银行应在政策允许、风险可控的范围内，结合当地实际，灵活运用多种抵押方式。例如采取林权、土地、房屋等共同抵押的综合方式，或者抵押、质押同时进行，或者寻找第三方担保机构，以林权作为反担保等。评估环节方面，银行、借款人、评估机构应加强协商，或者由银行明确指定三方认可的评估机构，避免产生矛盾。

三是借鉴国际小额信贷发展的经验，采用联保贷款中的连带责任、小组基金、累进贷款、次序贷款等一系列技术，以村民小组为单位，应尽快建立互担互保的林权抵押贷款机制，推动林权抵押小额贷款的发展，对于森林资源丰富的地区森林保护、扶贫以及社区发展，均具有十分重要的作用。

四是林业部门要为林权贷款安全性创造条件。森林产权并不是传统意义上的合格抵押品。由于面临自然风险、市场风险以及政策风险，森林作为抵押物的功能不是很完善。林业部门应当充分认识到银行经营林权贷款的困难，通过一些工作降低银行信贷的不确定性。要切实加强森林资源确权、登记、评估、流转和采伐等环节的管理，将欺诈、骗贷、不实的抵押消灭在最初的环节；要加强林权抵押物的管理，影响评估效力，确保评估的质量。

五是培训一批金融机构和林业部门认可的森林资源评估人员，考虑到目前难以短期内培训一批国家涉及森林资源评估的森林资源评估师的现实，可以省为单位，金融机构和林业部门共同培训一批人员从事森林资源评估工作。

六是加强林权抵押贷款政策的宣传工作，一方面增强金融部门对林权抵押贷款政策的理解；另外使农户等其他林业经营主体能够了解林权抵押贷款政策、流程等。

2. 进一步加大财政金融对林业的扶持力度，建立公共财政为导向、社会力量参与的林业投入机制

一是加强公共财政对林业的投入：多方位、多层次筹集财政支林资金，建立与财政收入增长幅度相一致的林业专项资金投入增长制度。二是积极探索创新林业资金投入机制：推行专项资金项目申请制，实施以奖代补的林业投入政策。大力推广政府和社会资本合作（PPP）模式，发挥财政资金的撬动作用，鼓励引导社会资本参与林业生态工程、林区基础设施建设、造林绿化、森林资源保护和森林旅游休闲康养等产业。进一步改进和加强资金使用管理，最大限度地提高投资有效性和公共资金使用效益。三是着力强化金融对林业的扶持力度：积极创新林业金融产品。根据林业生产周期长和抵押标的物特点，设立与主伐期大体一致的贷款利率低、贷款期限长、资金使用灵活的中长期"绿色"贷款；着力优化林权抵押贷款机制，适度放宽贷款还款条件，努力简化贷款程序、降低贷款利率；将采伐迹地、幼林、花卉苗木、林下经济和森林旅游纳入林权抵押贷款的抵押物范围；建立健全林权抵押贷款风险担保机制，对林木收储担保机构给予一定补助。四是地方政府要促进融资环境的改善：政府加大对金融机构的支持力度，营造良好的融资环境，制定相应的配套政策，以有效的政策推动林权抵押贷款的发展，拓展林权抵押贷款的发展空间。地方政府可以通过开发林业旅游产业，争取基础建设资金等，充分利用银行的资金优势和项目贷款的期限优势，解决制约县域经济发展的瓶颈问题。

此外，创新农村林业投融资模式，要不断适应当地的林情和社会经济发展特点，既要重视投融资体制的稳定性，也要重视农村林业投融资体制的动态性；既要兼顾到已有经营主体，又要考虑新型经营主体的新诉求。

调研单位：国家林业局经济发展研究中心
　　　　　沈阳农业大学
调研组成员：刘　璨　陈　珂　刘　浩　何　丹　石小亮　魏　建
　　　　　　郭元圆　刘海巍　张婷婷　杨书豪　李　放

2017年东北、内蒙古重点国有林区改革监测报告

【摘　要】2016年，中央批复了黑龙江、吉林两省国有林区改革方案，标志着东北重点国有林区改革全面启动，各项改革措施积极稳妥推进。2017年，国家林业局继续在东北、内蒙古重点国有林区选取34个森工企业开展跟踪监测。监测结果显示，五大森工（林业）集团停止天然林商业性采伐政策落实到位，确保森林质量稳步提升；政企社及管办分开进展缓慢，森林资源管理和监管体制暂无变化；社会管理和服务职能移交地方后，出现管理和服务能力弱化问题。因此，建议从中央政府层面加强改革的顶层设计，统筹解决长期以来制约国有林区改革与发展的根本性问题，与地方各级政府和森工企业就改革成本分配、林业职工安置、国有森林资源管理体制等问题展开协商，尽早明确权责，从而推动东北重点国有林区进行实质性改革。

一、前　言

根据第八次全国森林资源清查，东北、内蒙古国有林区，林地面积4.4亿亩，森林面积3.9亿亩，森林蓄积量25.99亿立方米，森林面积和活立木蓄积量分别占全国的15.99%和23.75%。林区共有87个国有森工企业，现有职工56.28万人（2016中国林业统计年鉴），是我国面积最大、资源分布最集中的国有林区，曾是我国最大的木材生产基地，是东北亚地区天然的生态屏障，是我国重要的后备森林资源培育基地。林区累计为国家提供木材20多亿立方米，为我国经济建设做出了巨大贡献。但由于森林资源长期过度采伐，出现了林分结构不合理、林地生产力下降、单位面积蓄积量降低等问题，森林生态系统严重退化，可采资源锐减，1987年木材产量达到峰值（2702.54万立方米），其后木材产量逐年减少，到2016年已减至14.57万立方米。此外，由于长期管理体制不顺，森工企业社会负担沉重，林区经济缺乏活力，职工收入和社会保障水平偏低。

为提升重点国有林区生态功能，激活国有林区经济发展活力，改善林区民生状况，

2015年3月17日，中共中央、国务院出台了《国有林区改革指导意见》，对国有林区改革做出全面部署。从2017年党的十九大报告中可以看出我国生态文明建设的决心，生态文明建设已经上升为新时代中国特色社会主义的重要组成部分，新时期国有林区责任更加巨大，国有林区未来的发展备受国家和社会各界的密切关注，为此2017年继续对东北、内蒙古重点国有林区改革进展及其成效进行跟踪监测，及时发现存在的问题，了解林区职工基本诉求，提出建设性政策建议，以此达到服务于政府决策和回应社会关注的目的。

国有林区改革监测数据来自森工企业（林业局）和职工家庭（户）两个层面。林业局级监测重点反映改革政策措施执行情况及其效果；户级监测重点反映改革对职工家庭生计的影响，以及职工对改革相关政策措施的认知度、满意度和政策需求，本监测报告数据时间为2016年。国有林区改革监测样本采用分层随机抽样方法获取。森工企业层面的样本是原有天保工程监测范围内的20个林业局；职工家庭层面，在原有20个森工企业（林业局）范围内抽取职工家庭1004户。

二、重点国有林区改革进展

（一）重点国有林区主要改革举措

2015年11月30日，国家林业局批复内蒙古国有林区改革方案，2016年1月27日和4月26日，相继批复了吉林省、黑龙江省、大兴安岭国有林区改革方案，标志着重点国有林区改革进入了实质性的推动阶段。2016年各森工集团积极推进改革并取得了一定的进展，主要改革举措情况见表1。

表1　重点国有林区主要改革举措

国有林区	改革进展
内蒙古大兴安岭 重点国有林区	（1）2016年5月森工集团与呼伦贝尔市、兴安盟分别签署了"三供一业"及市政环卫、计生、社保、公积金管理等移交协议，剥离移交机构22个、涉及人员4369人、资产6.05亿元，至此，内蒙古森工集团社会管理职能已全部剥离。 （2）对下属78家企业进行了分类划转：其中8家国有（控股）企业划转属地政府（6家已签署划转协议），26家燃油供应企业已与中林集团达成重组意向，44家股权多元的中小企业依法依规进行转制、注销处置。
吉林重点国有林区	（1）教育、公检法等社会职能已剥离完成，目前还承担着卫生、"三供一业"和消防等社会职能。 （2）吉林森工集团集中开展了国有林区改革专题调研，基本摸清了底数，围绕保生态、保民生、谋发展，认真谋划国有林区改革思路，综合改革方案和转型发展工作方案经省政府专题会议审议通过，各项改革扎实有序向前推进。所属8个林业局共有16户"三供一业"企业、1772名职工、1.13亿元净资产需要移交，正与地方政府、相关部门沟通协调，做好移交准备。 （3）吉林森工集团综合改革工作于2016年7月中旬全面启动，并取得阶段性成果，推进业务整合和存量调整，初步构建起以森林经营、木材加工、森林康养、森林特色食品为主的业务格局新框架；加快资本运作，吉林森工股份公司资产重组稳妥推进。

（续）

国有林区	改革进展
吉林重点国有林区	（4）长白山森工集团按照吉林省国有林区改革实施方案要求，结合延边林业实际，重点做好人员转岗分流、"三供一业"分离移交准备、林区民生保障和社会稳定等工作。 （5）长白山森工集团对上积极争取政策支持。多次到国家有关部委进行汇报，提出政策诉求。对下主动抓好人员转岗分流。把安置主渠道落实在森林管护和森林培育上，并采取了政策性安置和转型产业安置等措施。
黑龙江重点国有林区	（1）公检法移交完成，教育、公安纳入财政预算，其余社会职能还未移交。 （2）推进柴河、方正、清河、五营 4 个试点林业局改革，制定了"四分开"的具体办法，建立了分开运行的管理制度，启动了职能、机构、人员、资产、费用、核算"六分开"工作。 （3）林区教育已经实现"校企分离、森工托管"；医疗卫生事业改革正在积极对接；林场所撤并工作有序推进；事业单位改革正在分类梳理推进。继续推进"2＋1"财税体制改革试点工作。
大兴安岭重点国有林区	（1）按照国家批复和省委省政府印发的《大兴安岭重点国有林区改革总体方案》，成立 9 个改革专项组推进改革。 （2）优化林业机构设置，组建机关事务管理局，将木材经销管理处整体转为碳汇资源管理部，在林产工业处挂全民创业牌子。 （3）积极推进直属企业改制，实施驻外机构改革，撤销驻大连、秦皇岛和深圳 3 个办事处，将驻北京、哈尔滨 2 个办事处的经营实体推向社会。

目前，内蒙古森工集团社会管理职能已全部剥离，改革进展较快；龙江森工集团公检法已移交，教育、公安纳入财政预算，龙江森工所含林业局最多，情况最为复杂，通过试点积极探索"四分开""三分开"改革模式，改革进度不一；大兴安岭林业集团属政企合一管理体制，暂不具备剥离条件，其首要任务是理顺松岭、新林、呼中三区财政投资体制，为承接政府管理和公共服务职能创造条件，目前按"三分开"模式推进改革；吉林森工和长白山森工集团已将教育、公检法等社会职能剥离，还承担着卫生、"三供一业"、消防等社会职能，长白山森工集团改革进展相对较慢。

（二）森林资源保护进展显著

1. 停止天然林商业性采伐政策落实到位

各大森工集团都严格执行全面停止天然林商业性采伐政策，各林业局都能按照国家的政策要求，对采伐源头、加工销售、检查站、管护站等关键环节强化管理，严格林地管理，遏制违法侵占林地行为，深入开展非法侵占林地排查专项行动，林业局工作重心转向森林资源管护、森林抚育，严格执行不出材规定，若有特殊用途需要，能够严格履行采伐审批手续。2016 年重点国有林区商品材木材产量 145719 立方米，其产量、来源见表 2。

表 2　东北、内蒙古国有林区木材产量情况表

地　区	商品材产量（立方米）			比重（%）	
	合　计	天然林	人工林	天然林	人工林
内蒙古森工集团	8794	5529	3265	62.87	37.13
吉林森工集团	31258	5217	26041	16.69	83.31
长白山森工集团	41488	19244	22244	46.38	53.62
龙江森工集团	64179	4450	59729	6.93	93.07
大兴安岭林业集团	0	0	0	0	0

数据来源：《2016 年中国林业统计年鉴》。

2016 年东北、内蒙古国有林区木材产量比 2015 年（182.1 万立方米）减少了 92%。大兴安岭林业集团无木材生产，其余四家木材产量由大到小依次为龙江森工、长白山森工、吉林森工和内蒙古森工；从天然林占比来看，龙江森工占比最小，只有 6.93%，其次是吉林森工，再次是长白山森工，内蒙古森工占比最大（四大家产生采伐原因）。企业监测显示，20 个监测局 2016 年木材产量为 46544 立方米，其中来源于天然林 6841 立方米，占比 14.70%；东京城林业局木材产量最大，其次是黄泥河和三岔子林业局，再次是阿里河林业局；东京城林业局是后备资源培育试点单位，2016 年采伐限额为 32800 立方米，实际采伐人工林 32199 立方米；黄泥河林业局木材产量为 8963 立方米，其中来源于天然林 1470 立方米（国电 500 千伏高压线占地所伐天然林蓄积）；三岔子林业局木材产量为 5228 立方米，其中来源于天然林 5217 立方米（修建高速公路占用林地）；阿里河林业局木材产量为 95 立方米，均来源于天然林采伐。监测显示，2016 年重点国有林区继续严格监管森林资源，全面落实停伐与保护政策，保护了森林资源。

2. 森林质量稳步提升

企业监测显示，20 个监测样本局近 3 年森林资源变化情况见表 3，2016 年经营区面积较 2014 年减少 0.33 万公顷，林业用地面积增加 0.93 万公顷，森林面积增加了 0.32 万公顷，其中成、过熟林增加 2.13 万公顷，近熟林增加 12.13 万公顷，在中幼龄林减少 13.94 万公顷，灌木林地面积增加 0.01 万公顷，森林蓄积增加 2507.9 万立方米。森林资源林龄结构有所优化，森林资源蓄积量逐年提高，提高了 4.28 个百分点。2014～1016 年，森林单位面积蓄积分别为 102.72 立方米/公顷、107.06 立方米/公顷、104.96 立方米/公顷，森林质量稳步提升。

表 3 近 3 年 20 个监测局森林资源变化情况表

年份	经营区面积（万公顷）	林业用地面积（万公顷）	森林面积				灌木林地面积（万公顷）	森林蓄积（万立方米）
			合计（万公顷）	成、过熟林（万公顷）	近熟林（万公顷）	中幼龄林（万公顷）		
2014	643.66	625.89	570.49	56.87	90.18	423.44	2.26	58602.63
2015	643.66	623.10	570.45	57.35	97.44	415.67	2.26	59873.69
2016	643.33	626.82	570.81	59.00	102.31	409.50	2.27	61110.53

（三）政企社及管办分开情况

1. 林区社会管理机构人员逐年减少，纳入地方编制人员增加

从五大森工集团来看，2016 年龙江森工集团社会管理机构较 2015 年减少了 32 个，大兴安岭林业集团新增 2 个，长白山森工新增 1 个，吉林森工减少 1 个，内蒙古森工减少 2 个；2016 年龙江森工新增移交地方政府机构 2 个，吉林森工新增 3 个，内蒙古森工新增 1 个；2016 年龙江森工已纳入地方编制的人员数量较 2015 年增加了 711 人，吉林森工减少了 111 人，其余三家两年无纳入地方编制的人员。

企业监测显示，20 个监测局 2016 年社会管理机构总数为 86 个，较 2015 年减少了 32 个，其中已移交地方政府 11 个，较 2015 年新增 6 个；当年支出金额 40339.16 万元，比 2015 年增加了 3632.46 万元，其中财政补贴 32819.29 万元，占支出总额的 81.36%；2016 年年末工作人员数量 5392 人，比 2015 年减少 372 人，其中已纳入地方编制的人员数量 1533 人，较 2015 年增加 600 人，占工作人员总量 28.80%。

2. 林区公共服务机构有所增加，总体移交进度缓慢

从五大森工集团来看，2016 年龙江森工集团公共服务机构较 2015 年增加 4 个，大兴安岭林业集团新增 13 个，长白山森工减少 2 个，吉林森工不变，内蒙古森工减少 3 个；2016 年新增移交地方政府公共服务机构 5 个，均来自内蒙古森工，其余四家均无变化；近两年除龙江森工带岭林业局有 8 个公共服务机构移交地方政务外，其余林业局无纳入地方编制的人员。

20 个监测局 2016 年公共服务机构总数为 174 个，比 2015 年增加 12 个；其中已移交地方政府 13 个，比 2015 年新增 5 个；当年支出金额 61160.18 万元，较 2015 年增加 23245.72 万元，支出总额中财政补贴 44073.35 万元，占支出总额的 72.06%；2016 年年末工作人员数量 11187 人，较 2015 年减少 6093 人，其中已纳入地方编制的人员数量 1447 人，比 2015 年增加了 741 人，占工作人员总量 12.93%。

3. 林场撤并稳步推进行，深远山区职工搬迁筹资困难

从五大森工集团来看，2016 年龙江森工林业局下属林场（所、经营单位）数量较 2015 年减少 2 个，大兴安岭林业新增 3 个，长白山森工减少 2 个，内蒙古森工减少 3 个，吉林森工增加了 10 个，使得松江河林业局按照国家林业局备案的林场编制由 2015 年的 5

个恢复到原有的 15 个林场编制。2016 年龙江森工海林林业局撤并 10 个林场所，2016 年年末完成搬迁的原深山远山职工家庭户中，龙江森工新青林业局 129 户，带岭林业局完成 628 户，内蒙古森工阿里河林业局 392 户，得耳布尔林业局 216 户，均已搬迁至中心林场或中心城镇。企业监测显示，20 个监测局 2016 年林业局下属林场（所、经营单位）数量为 231 个，较 2015 年增加 14 个，年末累计撤并的林场（所、经营单位）数量为 19 个，较 2015 年增加了 2 个；2016 年年末处于深山远山的职工家庭户数 14785 户，较 2015 年减少了 909 户；深山远山林区职工搬迁所需资金 41956.4 万元，较 2015 年增加 35866.4 万元，已筹得资金 217 万元，占所需资金的 0.52%；深山远山职工搬迁所需资金量加大，资金筹措困难。

4. 管办分开进展缓慢，新组建机构职能尚未清晰

内蒙古森工集团管办分开进展较快，于 2017 年 2 月正式挂牌成立内蒙古重点国有林管理局，基层林业局国有森林资源管理机构组建按管理局统一安排进行推进；大兴安岭林业集团未组建森林资源管理机构；龙江森工集团部分林业局已组建了森林资源管理机构，如新青、五营、方正、东京城、苇河林业局均成立了国有林管理局，履行森林资源管理职能，成立重点国有林区森林资源监督办公室，履行国有林区森林资源监督职责；吉林重点国有林区极少数林业局成立森林资源管理机构，长白山森工汪清林业局早在 2004 年成立了国有林管理分局，是全国六个森林资源改革试点局之一。目前，新组建的森林资源管理机构和监督机构，由于人员编制问题、身份核定问题，只能暂时将机构和人员的职能和职责分开，机构的级别、单位性质、编制数量需要国家最终确定。

（四）森林资源管护和监管机制创新情况

1. 严格执行森林管护，监管效果显著

除龙江森工外，其余四家近 3 年森林管护面积变化不大（表 4）；2016 年龙江森工管护林地面积比 2014 年增加了 91.83 万公顷，增幅为 10.85%；2016 年管护面积总量较 2014 年增加了 93.89 万公顷，增幅为 3.14%。五大森工集团完善管护机制，制定了一系列管护措施。

表 4　近 3 年重点国有林区森林管护情况表　　　　　　单位：万公顷

年 份	内蒙古森工集团	吉林森工集团	长白山森工集团	龙江森工集团	大兴安岭林业集团	合 计
2014	966.49	134.44	233.54	846.30	809.89	2990.66
2015	968.56	134.44	233.54	804.68	809.89	2951.11
2016	968.56	134.44	233.54	938.13	809.88	3084.55

大兴安岭林业集团进一步落实管护责任，探索建立管护数字化管理系统，提高森林资源管护科技含量。狠抓林火防控，坚持预防为主、积极扑救，健全完善从预防、扑救到后勤保障等各类应急预案，做到超前部署、科学扑救，切实避免发生重特大森林火灾，

2016年32起森林火灾均在24小时内扑灭，未发生人为火。吉林森工集团加大资源培育管护力度，增设300个森林管护站，把8600多名停伐富余人员充实到森林培育、管护和防火岗位，全年未发生重大森林火灾和大面积森林病虫害。龙江森工集团严厉打击毁林开垦、非法占用林地、破坏森林资源等违法犯罪行为；加强火源管理，春季森防期间共发生一般森林火灾6起，过火林地面积1.88公顷，没有发生较大以上森林火灾；秋防期间没有发生森林火灾。内蒙古森工集团加强森林火灾、病虫害监管。全区共发生森林火灾79起，其中一般火灾16起、较大火灾62起，重大火灾1起，受害森林面积1488.2公顷，森林火灾受害率0.059‰；全区共发生林业有害生物面积1169万亩，较2015年同比下降8.17%，其中轻度630万亩，中度370万亩，重度169万亩；全年共防治各种林业有害生物面积628万亩，成灾率控制在4.5‰以下。长白山森工集团全力抓好森林防火和有害生物防治工作，实现了连续36年无重大森林火灾。

企业监测显示，20个监测局2016年森林资源管护面积共633.73万公顷，较2014年减少了5.14万公顷；管护人员共20020人，较2014年增加1091人；管护人员均为林业职工；森林管护站数量540个，较2014年减少16个；森林火灾次数13次，较2014年减少了1次，森林火灾受害面积57.88公顷，较2015年减少333.82公顷，较2014年略有增加；森林有害生物发生面积10.98万公顷，较2014年减少1.83万公顷，森林有害生物防治面积9.8万公顷，较2015年增加1.44万公顷。可见，监测企业森林管护方式仍以管护站（队）管护为主，森林资源病虫害及火灾发生率较低，管护效果较好。

从五大集团的管护模式来看，目前主要有管护站管护模式、专业队管护模式、家庭承包管护模式，也有部分林业局积极探索购买服务等管护模式。如方正林业局组建了黑龙江省方林森林经营有限公司，并在18个林场分别设立项目部，将林场职工划归新成立的方林森林经营有限公司管理，主要承揽中幼林抚育、造林等森林经营项目，按工程项目管理。国有林管理局向森林经营有限公司购买服务并负责森林经营项目的调查、设计、报批、监管、验收等工作，完成后备资源培育更新造林8000亩，其中更新造林1000亩、补植补造6000亩、改造培育1000亩，经国有林管理局自检，植苗合格率达100%。目前，森林资源管护模式已趋于稳定，如何进一步创新管护机制、合理配置管护资源需要进一步规划。

2. 森林资源监管情况

五大集团具体的森林资源监管措施及手段如下。

（1）大兴安岭林业集团：查处破坏森林资源案件210起，收回林地166公顷，收缴木材255.9立方米，深入开展呼玛县域涉农林地清查，十八站、韩家园林业局已核实涉农林地底数。

（2）吉林森工集团：清收林地1.8万公顷，还林7000公顷，查处林业行政案件128起；严格落实人工林采伐生产规格材和天然林抚育生产次、小规格材的采伐管理政策，实施全过程监督检查。继续加强林木采伐监督和管理，严格依法依规开展中幼林采伐试点工作。

（3）龙江森工集团：建立更加科学的生态评价考核制度体系，探索建立生态环境、生态资源定期发布制度，贯彻执行中央《领导干部环境损害责任追究办法》，使国有林区生态保护规范化、制度化；推动审计监督全覆盖，积极开展天保资金、森林抚育资金和民生工程等重大项目资金的审计；坚决守住林地和森林、湿地、植被、物种"五条红线"，开展专项行动，清理非法占用林地项目 65 个、收回林地 115 公顷。

（4）内蒙古森工集团：强化林木采伐管理，下达了"十三五"期间年森林采伐限额，提出了采伐非林地上的林木和经依法批准占用征收林地上的林木，不纳入采伐限额管理的实施意见，建立年度采伐限额执行情况报告制度；加强使用林地管理，规范各类建设项目使用林地，2016 年共审核审批工程使用林地项目 645 项，面积 16.43 万亩，收缴森林植被恢复费 9.12 亿元；打击涉林违法犯罪，共受理各类森林和野生动植物案件 19743 起，侦破、查处 18921 起，综合查处率 95.8%。

（5）长白山森工集团：扎实推进林地清收还林工作，2016 全年完成清收林地 33674 公顷，还林 4907 公顷。

企业监测显示，20 个监测局 2016 年年末木材检查站数量共 218 个，与 2015 年比无变化；当年非法侵占林地案件发生数量 483 起，较 2015 年增加 84 起，非法侵占林地 66 公顷，2016 年非法侵占林地 20537 公顷，较 2015 年大幅度减少；2016 年案件查处 521 起，查处非法侵占林地 66 公顷，查处率为 100%，较 2015 年有所提高；随着监管力度的加强，2016 年盗伐林木案件 377 起，比 2015 年减少 194 起，比 2014 年减少 2423 起。2016 年各国有林区森林资源监管均取得了良好效果，非法侵占林地面积和盗伐林地案件数量大幅度减少，案件查处率显著提高。

（五）中央政府加大对改革的支持力度

1. 天保资金投入力度逐年加大，地方资金配套能力不足

2016 年，五大集团天保资金投入总额较 2014 年增长 18.64%，中央财政投资所占比例增长 5.1%；天保工程投资总额较 2014 年增长 78.56%，中央财政投资所占比例增长 6.06%；固定资产投资总额较 2014 年增长 87.91%，中央财政投资所占比例增长 26.47%（表5）。企业监测显示，20 个监测局林业投资总额 2016 年为 473633 万元，较 2014 年增加 165142 万元，增幅为 53.53%；其中中央投资占比为 90.72%，较 2014 年增加 4.24%。近三年国家对东北、内蒙古重点国有林区的财政支持力度在逐渐加大。

表5 近3年重点国有林区林业投资情况表

年份	完成投资总额					天保工程投资					固定资产投资				
	合 计	中央投资		地方投资		合 计	中央投资		地方投资		合 计	中央投资		地方投资	
		金额（万元）	比重（%）	金额（万元）	比重（%）		金额（万元）	比重（%）	金额（万元）	比重（%）		金额（万元）	比重（%）	金额（万元）	比重（%）
2014	1876391	1574776	83.93	301615	16.07	996796	934835	93.78	61961	6.22	774205	484233	62.55	289972	37.45
2015	2307106	1993439	86.40	313667	13.60	1484119	1470153	99.06	13966	0.94	672898	488499	72.60	184399	27.40
2016	2226150	1983221	89.09	242929	10.91	1779905	1777015	99.84	2890	0.16	1022162	909926	89.02	112236	10.08

企业监测显示，20个监测局2016年银行贷款247501.4万元（其中因停伐需豁免金融债务108465万元），2015年银行贷款282503万元（其中因停伐需豁免金融债务122185.9万元），2014年银行贷款249438万元，2016年较2015年银行贷款减少35001.6万元，减少幅度为12.39%。2016年只有松江河和露水河两个林业局参加林业保险，共投保林地面积432929公顷，较2015年增长2倍多；保险总金额为113541万元，较2015年减少41840万元；缴纳森林保险保费857.6万元，较2015年增长71.59%，其中，中央财政补贴占比40%。可见，目前国有林区企业贷款问题依旧严峻，对于林业保险类投资关注度相对较低。

2. 清理金融债务，安排利息补助

五大集团260亿元金融债务清理完成，其中与木材停伐相关的130亿元，中央财政将从2017年起每年安排利息补助6.37亿元（2017年全国林业厅局长报告）。

2016年五大森工集团金融债务总额78.59亿元，从五大集团来看，大兴安岭林业集团债务金额最多，占总额的31.33%；其次是吉林森工和内蒙古森工，分别占总额的23.02%和22.29%；再次是龙江森工，占总额的17.75%；长白山森工金融债务占比最少。从债务结构来看，与木材停伐相关金融债务39.92亿元，占比50.79%；与棚户区改造相关金融债务28.13亿元，占比35.79%；与经营性相关金融债务10.55亿元，占比13.42%。可见，停伐使企业的金融负担更加沉重（表6）。

表6 2016年五大集团金融债务情况表　　　　　　　　　　　　单位：万元

地 区	木材停伐相关	棚户区改造相关	经营性相关	总 计
内蒙古森工集团	136742	19436	19000	175178
吉林森工集团	137500	7657	35770	180927
长白山森工集团	23500	8641	12000	44141
龙江森工集团	45390	75507	18567	139464
大兴安岭林业集团	56046	170040	20115	246201
合 计	399178	281281	105452	785911

来源：《2016年中国林业统计年鉴》。

企业监测显示，20 个监测局 2016 年全部负债总额 94.32 亿元，2015 年全部负债总额 97.61 亿元，2014 年企业全部负债 76.57 亿元，2016 年较 2014 年增加 17.75 亿元，增加幅度为 23.18%；2016 年年末累计豁免金融债务 2.43 亿元，占负债总额的 2.58%。20 个监测局 2016 年金融债务总额 22.41 亿元，其中与木材停伐相关金融债务 12.69 亿元，占比 56.60%；与棚户区改造相关金融债务 6.23 亿元，占比 27.80%；与经营性相关金融债务 3.50 亿元，占比 15.60%。

(六)地方政府对改革的支持情况

1. 部分移交机构职能退化

企业监测显示，20 个监测局 2016 年社会管理机构已移交地方政府 11 个，较 2015 年新增 6 个，龙江森工新增移交地方政府机构 2 个，吉林森工新增 3 个，内蒙古森工新增 1 个；2016 年年末已纳入地方编制的人员数量 1533 人，较 2015 年增加了 600 人，纳入地方编制的人员数量占工作人员总量的 28.80%。2016 年公共服务机构已移交地方政府 13 个，较 2015 年新增 5 个，均是内蒙古森工集团；2016 年年末已纳入地方编制的人员数量 1447 人，较 2015 年增加了 741 人，纳入地方编制的人员数量占工作人员总量的 12.93%。

已移交机构存在着移交不彻底、机构与人员移交不同步的现象。移交后林业局仍承担部分工作，如得耳布尔林业局，计划生育职能已移交根河市政府，但独生子女费仍由林业局承担，工作人员也并未真正移交政府，公安消防、退管中心、党校、人民武装、社会保险等虽在"四分开"范围内但并未移交。此外，已移交给地方政府的机构还处于运行磨合期，其运行还需要一段时间才能理顺。另外，有些林业局剥离后的社会公共福利下降，将教育、医疗转交地方后，地方政府将优质资源从林业局所在地抽向地方政府所在地，造成林业局所在地教育质量与医疗水平明显下降，林业局职工子女被迫从小学就开始异地就学，林业职工家属一般性的疾病就得长途跋涉就医。如伊图里河林业局的林业职工因子女教育，被迫安排专人在 300 千米外的牙克石或者海拉尔租房陪读；曾经做过开颅手术的得耳布尔林业局医院现在一般性的疾病都不能诊断，林业局职工看病最近也必须到 67 千米外的根河就医，加重了林业局职工的教育成本和医疗成本支出。

2. 接收森工企业社会职能的资金投入

内蒙古自治区和呼伦贝尔市、兴安盟用于支持国有林区改革累计财政投入资金超过 100 亿元。其余林区地方政府也有不同程度的资金投入，但大多数涉及移交的林业局还与地方政府就资金投入问题正进行协商和探讨，如吉林森工湾沟林业局按白山市国有企业职工家属区"三供一业"分离工作实施方案规定，吉林省财政承担改造费用 50%，林业局承担移交改造费用总额的 50%（12173.50 万元）。

3. 地方政府经济差异造成基础设施建设进度不一

内蒙古森工集团将林区公共设施建设纳入各级政府规划，4611 千米公路列入自治区国、省、县、乡、村五级交通建设规划，1.42 万千米砂石路纳入国家森林防火应急道路建设试点，36 个中心林场在公共基础设施和公共服务上与地方建设一体化，林区发展基础更加稳固，地方政府职能履行较好。大兴安岭林区和伊春林区属于高度集中的政企合一管理体制，林业局经济发展建设均已纳入政府发展规划（国民经济和社会发展第十三个五年规划），但林区建设资金缺口较大，林管局以及地方政府负担较重。部分地方政府对林业局基础设施建设支持力度较大，如吉林森工泉阳林业局改革启动后，地方政府为了保证林区居民的饮水安全问题，对林业局供水管线进行了更新改造，项目总投资为1882.51 万元，改造范围为泉阳林业局局址及水源地；三岔子林业局随着地方政府基础设施建设力度的不断加大，施业区内交通条件也得到了极大改善。多数林业局经济发展原则上已纳入当地国民经济和社会发展总体规划，但由于地方政府保障能力弱缺乏配套资金或与相关部门沟通不畅，实际规划执行情况并不好，甚至没有任何支持举措。

4. 地方政府积极推进改革，职能分配上存在矛盾

内蒙古自治区财政预算专门安排经济林基地建设资金 1000 万元，用于全区 19 个经济林示范基本建设，示范面积近 4000 亩。通过示范基地的建设，引导全区经济林发展逐步走上科学化管理、集约化经营的良性循环轨道。柴河地方政府在森林防火方面给予森工林区一定的支持，如防火宣传、村屯组织扑火队进行联防联治等。三岔子林业局当地政府在经济建设、企业转型发展、困难职工帮扶等方面，给予了林业局极大的支持与帮助。有些地方政府与林业局在税收等方面存在利益冲突问题：如绥棱林业局土地使用税、房产税及林区建设的产业项目所产生的各项税费还都由地方政府收取，林业局还要承担诸多职能，资金严重缺乏，林业局对此存在不满。

（七）富余职工转岗有序推进，民生状况有所改善

重点国有林区全面停伐后，各林业局通过发展特色产业、鼓励自主创业、劳务输出等途径力争多渠道安置富余职工。内蒙古将 1.6 万名富余职工全部转岗到森林管护等一线岗位。吉林省安置富余职工 1.8 万人（把 8600 多名停伐富余人员充实到森林培育、管护和防火岗位），还有 2.2 万人未安置。龙江森工安置富余职工 3 万余人（全面停伐后林区产生富余职工 14.7 万人，已分流安置 8.43 万人），还有 1.5 万人未安置。大兴安岭安置富余职工 0.54 万人，还有 0.76 万余人未安置。各森工集团积极改善民生，采取了一系列措施：大兴安岭林业集团为在岗职工人均月增资 249 元，首次设立并发放了住房公积金，发放全民创业专项扶持资金补贴 348.5 万元、小额贷款 1998 万元，参与创业职工群众人均收入 2.9 万元，增长 7.6%；大兴安岭被确定为第四批公立医院改革国家联系试点地区，12 家二级医院全部实行药品零差率销售，参保职工住院核销比例提高到 90%，最高核销限额提高到 26 万元；在岗职工"五险"参保率达到 100%，实现应保尽保和政策全覆盖。龙江集团完成新增就业 2.02 万人，占计划的 77.7%，就业困难人员就业 7353 人，占计划的 77.4%；安置龙煤集团分流人员 2500 人；完成厂办大集体职工 11.09 万人身份认定工作，到位经济补偿金 13.9 亿元；发放社会救助资金 1.8 亿元；棚户区改造项目已开工 22310 套，开工率为 92%。内蒙古森工集团在岗职工平均工资突破 4 万元，且重点向一线职工倾斜；混岗集体工身份界定及参加基本养老保险工作全面完成；积极向国家林业局争取政策，将国贫县建档立卡贫困人口 5000 人转为生态护林员，落实中央财政管护补助资金 5000 万元。争取国有贫困林场扶贫资金 2792 万元。长白山森工集团加大民生基础设施建设力度，全年完成投资 24177.72 万元；积极争取各类救助资金 1094.9 万元，开展慰问救助活动，制订出台了《领导干部包保帮扶困难职工脱贫工作意见》，实施科学精准扶贫脱困。

企业监测显示，20 个监测局 2016 年年末因停伐需转岗职工人数 13137 人，比 2015 年减少 7824 人；当年因停伐实际转岗职工人数 9949 人，比 2015 年减少 1304 人；当年富余职工安置数量 17680 人，比 2015 年增加 4085 人；安置森林管护 3251 人、人工造林 760 人、中幼龄林抚育 6186 人、森林改造培育 868 人、森林旅游 232 人、特色养殖种植 370 人、林产品加工 15 人、提前内退 156 人、其他 5842 人。2016 年在册职工参加基本养老保险率 86.64%，较 2014 年提高了 2.11%；2016 年危房（含棚户区）建筑面积 2425945.33 平方米，较 2014 年增加 757826.55 平方米，增幅 45.45%；危房改造涉及 45404 户家庭，已改造面积 1748799.14 平方米，占危房（含棚户区）建筑面积 72.09%。

三、重点国有林区改革成效

（一）生态保护效果显著

近 3 年重点国有林区造林面积有大幅增长，森林抚育面积有所减少，2016 年较 2014 年减少 26.4%，封山育林面积较少 5.14%，森林管护面积增加 3.14%（表 7）。

表 7　近 3 年重点国有林区造林、抚育、封山育林、管护情况表　　　　单位：万公顷

年　份	造林面积	抚育面积	封山育林面积	管护面积
2014	0.65	168.62	66.33	2990.66
2015	2.25	121.09	84.82	2951.11
2016	12.74	124.10	63.74	3084.55

企业监测显示，20 个监测局 2016 年实际人工造林面积 4240.472 公顷，较 2014 年增加 2656.792 公顷，增幅为 62.65%；实有封山育林面积 81475 公顷，较 2014 年增加 38648 公顷，增幅为 47.44%；补植补造面积 19300.89 公顷，较 2014 年增加 1308.56 公顷，增幅为 6.78%；完成抚育面积 291496.54 公顷，较 2014 年增加 12570.6 公顷，增幅为 4.31%。近 3 年森林资源总量变化不大，成过熟林增加 2.13 万公顷，近熟林增加 12.13 万公顷，中幼龄林减少 13.94 万公顷，森林蓄积量提高了 4.28 个百分点。停伐以

来，在积极的管护与抚育政策实行下中幼龄林逐渐郁闭，向近、成熟林转变。

(二)经济转型和发展

1. "五大家"因地制宜制定措施，产业转型稳步推进

"五大家"积极推进产业转型，取得了一定的进展。

(1)大兴安岭林业集团：积极发展森林旅游业，与中国开发性金融促进会签署漠河生态建设与特色小镇综合体示范项目，对北极村、北红村、龙江第一湾等景区进行提档升级，举办了全国森林山地自行车赛等赛事活动；种植有机大豆9685亩，养殖木耳、灵芝等食用菌1.01亿袋，绿色食品入驻全国12个城市19个旗舰店；建成各类药材种植基地36处，人工种植、抚育经营中草药30万亩；林格贝公司年产千吨生物发酵项目、十八站北五味子项目、韩家园菊苣种植及加工项目均已开工。农夫山泉矿泉水项目完成投资3214万元，与崂山矿泉水和哈铁分局达成共同开发矿泉水协议。

(2)吉林森工集团：全力抓好供给侧结构性改革，推进"三去一降一补"工作取得明显成效，去产能：关停3户设备陈旧、产品老化的木材加工企业，人造板去产能17万立方米，占域内产能的34%；去库存：房地产和人造板、地板全年完成50%的去化库存目标；去杠杆：已偿还银行贷款9亿元，负债降低4.5%；清理散小股权和闲置资产，年内清理散小股权20项、回收资金1.2亿元，处置闲置资产87项、活化资金3000万元；降成本：人造板和矿泉水生产成本分别下降3.6%和11.5%，全集团管理费用同比减少2138万元，降低1.9%；财务费用同比减少2.3亿元，降低10.3%；补短板：通过开启市场化引进人才通道，与上海梅高公司实施矿泉水销售捆绑式合作，在补齐人才和营销短板上取得了积极进展。加快绿色产业发展步伐，利用停伐闲置的贮木场、林场和木材加工厂等林业辅助生产用地谋划32个森林康养和森林特色食品业项目，对外进行招商引资，泉阳林业局贮木场改建矿泉水厂项目投入生产，启动与中石化合作生产经营矿泉水一期工程50万吨项目建设。

(3)龙江森工集团：打好"产业转型攻坚战"，加快推进森工产业向生态产业、非木产业和境外资源开发三个方向转型，努力从供给侧结构性改革角度增加森林产品和森林服务供给。一是大力发展林下经济，重点抓好种植、养殖、北药、食用菌等基地建设，食用菌生产稳定在16亿袋水平；推进生态畜牧养殖加工基地和良种繁育基地建设，与天邦股份公司签订1000万头生猪生态养殖项目战略合作协议。二是打造骨干龙头企业，2017年年初确定52个产业项目，总投资76.92亿元；招商引资项目13个、签约金额11.7亿元。三是推进黑森绿色食品集团、森林旅游集团、森工金融公司等集团发展，重点培育森林食品、北药加工等龙头企业，现拥有国有、民营森林食品生产企业75家。重点建设了50个规模大、效益好、带动力强的森林食品原料基地及10个千亩北药种植基地。加快推进森林旅游产业发展，共完成接待游客509万人次，同比增长18%，实现产值及收入23.56亿元，同比增长31.4%。四是境外资源开发产值完成16.5亿元。

（4）内蒙古森工集团：国家林业局认定的国家林业重点龙头企业增至 8 家，国家森林旅游示范县 1 处，建立自治区"林光互补"综合治沙产业示范基地 1 处；开展了林业产业园区推选工作，与中国农业银行内蒙古分行、中国邮政储蓄银行内蒙古分行分别签署了合作框架协议，切实帮助解决林业企业融资难题；大力发展经济林，形成了庭院种果树，村边修果园，适宜地段建基地的经济林发展模式。全区共完成经济林建设面积 45 万亩，其中新造 28 万亩，改造 17 万亩。全区开展种植、养殖、采集加工、景观利用等林下经济面积 1475 万亩，参与农户达 19.61 万户。落实国家木本药材种植补贴试点项目 4.75 万亩，共有 14 家单位被国家林业局认定"服务精准扶贫国家林下经济及绿色产业示范基地"。

（5）长白山森工集团：加快推进长白山森林矿泉水支柱产业，完成了 5 处泉源探矿权摘牌手续，已有 3 户招商企业签订合同落地，入驻园区已经完成场地平整、设备选型和厂区规划。努力打造森林旅游龙头产业，制定了《关于加快推进延边森林旅游业发展的实施意见》，将森林旅游业纳入了延边自治州旅游业发展总体布局。持续推动林地林下经济富民产业，加大对职工群众的创业服务扶持力度，全年实现林地经济总产值 13.5 亿元。加强了绿化苗木产业管理，最大限度去库存，让存圃苗木变成资金。科学推进红松果产业，全年完成红松果林新植面积 2.67 万公顷，栽植红松苗木 2400 万株。

2. "五大家"产业由一、二产业向第三产业转变

监测显示，近 3 年"五大家"林业产值逐年减少，林业产业结构发生转变（表 8）。近 3 年来，东北、内蒙古国有林区林业产业总产值在 2014 年达到最大值（4237406 万元），之后有所减少，2016 年比 2014 年下降了 12.13%。其中，林业第一产业产值较 2014 年下降 14.68%，林业第二产业产值下降了 32.92%，第三产业产值增长了 29.53%。受全面停止天然林商业性采伐影响，东北、内蒙古国有林区林业相关产业规模大幅萎缩，原木质林产品加工企业大面积关停导致林业总产值呈下降趋势，林业产业由一、二产业向三产转化。

表 8　近 3 年重点国有林区林业产业总产值及产业结构

年　份	林业产业总产值（万元）	林业第一产业		林业第二产业		林业第三产业	
		产值（万元）	比重（%）	产值（万元）	比重（%）	产值（万元）	比重（%）
2014	4237406	2120958	50.05	1325406	31.28	791042	18.67
2015	4140117	2051420	49.55	1057569	25.54	1031128	24.91
2016	3723457	1809661	48.61	889123	23.88	1024673	27.52

近 3 年东北、内蒙古国有林区林业产业结构发生了明显变化（表 9 至表 12），林区长期倚重的木材采伐和加工产业所占比重持续下降，种养采及非木质林产品加工业比重持续上升。对比表明，2016 年第一产业中的林木培育与种植业产值所占比重降至 2.01%，木材采运业 1.15%，林下种养采产业比重升至 63.03%，较 2014 年提高近十个百分点。第二产业中木质品加工业所占比重由 75.88% 下降至 74.37%，非木质林产品加工业比重

升至 16%，较 2014 年提高近八个百分点；第三产业中森林旅游与休闲服务业所占比重有所下降，主要是由于林业专业技术服务、林业生产服务、林业生态服务等其他产业发展较快，使林业第三产业内容更加丰富，产值增加更快。林业系统从业人员在第一产业就业比重最大，达到了 94.22%，第二和第三产业就业人员所占比重较小，说明林区林业职工就业仍以第一产业为主，一方面说明林业生产内容由木材生产转向为生态保护，另一方面说明林业第三产业产值虽然比重在增加，但其吸纳劳动力能力有限。综上分析，林下经济、非木质林产品加工业、森林旅游业将成为林区经济增长的重要支撑，产业结构调整的方向已经明确。产业结构的调整反映了林区发展战略的转变，由以木材生产为主向生态修复、保护森林、提供生态服务为主转变。

表 9　近 3 年重点国有林区林业第一产业内部结构

年　份	林业第一产业产值（万元）	其中：林木培育与种植业		其中：木材采运业		其中：林下经济（种养采）	
		产值（万元）	比重（%）	产值（万元）	比重（%）	产值（万元）	比重（%）
2014	2120958	577623	27.23	403695	19.03	1137933	53.65
2015	2051420	512249	24.97	251322	12.25	1286618	62.72
2016	1809661	36381	2.01	20879	1.15	1140793	63.03

表 10　近 3 年重点国有林区林业第二产业内部结构

年　份	林业第二产业产值（万元）	其中：木质林产品加工业		其中：非木质林产品加工业	
		产值（万元）	比重（%）	产值（万元）	比重（%）
2014	1325406	1005694	75.88	106717	8.05
2015	1057569	786522	74.37	122757	11.61
2016	889123	661215	74.37	142328	16.00

表 11　近 3 年重点国有林区林业第三产业内部结构

年　份	林业第三产业产值（万元）	其中：森林旅游与休闲服务业		其他（林业生产、生态、专业技术服务等）	
		产值（万元）	比重（%）	产值（万元）	比重（%）
2014	791042	649314	82.08	141728	17.92
2015	1031128	740074	71.77	291054	28.23
2016	1024673	786952	76.80	237721	23.20

表 12　近 3 年重点国有林区林业系统单位从业人员就业结构

年　份	合计（人）	林业第一产业		林业第二产业		林业第三产业	
		数量（人）	比重（%）	数量（人）	比重（%）	数量（人）	比重（%）
2014	383939	351697	91.60	19818	5.16	12424	3.24
2015	385540	358344	92.95	13830	3.59	13366	3.46
2016	591883	557698	94.22	22317	3.77	11868	2.01

3. 20 个监测局产业规模及结构变化情况

企业监测显示，20 个监测局林业产业规模逐年下降，林业产业结构逐渐优化（表 13）。近 3 年林业第一、二产业规模及比重下降速度较快，主要源于木材停伐，使一产木材采运业产值和木材加工业产值急剧减少，而林业第三产业规模和比重上升较快，2016 年三产比重提高了 12.26%；从产业结构来看，木材采运业占林业产业总产值比重由 2014 年的 5.48% 降至 0.16%，木材加工业比重由 7.47% 降至 3.60%，林下经济（林下种养殖、产品加工、森林旅游）产业比重由 28.54% 升至 30.62%，可见林下经济已成为林区经济发展的重要来源，成为林区支柱产业。

表 13　近 3 年 20 个监测局林业产业总产值及产业结构

年　份	林业产业总产值（万元）	林业第一产业		林业第二产业		林业第三产业	
		产值（万元）	比重（%）	产值（万元）	比重（%）	产值（万元）	比重（%）
2014	962435	559639	58.15	247082	25.67	155714	16.18
2015	821085	497493	60.59	155870	18.98	167722	20.43
2016	776029	427678	55.11	127867	16.48	220484	28.41

从人员就业结构来看，营林和森林管护从业人员比重在增加，2016 年较 2014 年增长了 9%，而木材采运和木材加工从业人员比重在减少，2016 年较 2014 年减少了 12.84%，种植、养殖业从业人员比重变化不大，服务业从业人员比重在增加，2016 年较 2014 年增长了 5.06%（表 14）。从 20 个监测局的收入结构来看，木材收入 7817.8 万元，占总收入比重 1.59%，较 2014 年减少了 22.69%，木材收入不再是林区主要收入来源，且 2014 年依托木材为原料的 131 家加工企业，停伐后因原料缺乏及外购原料运距远、成本高、没有利润空间等问题大部分停产或转产。以新林林业局为例，2016 年只有 4 家加工业依靠境外材断续生产，其余 33 家全部停产；森林抚育收入占比 13.51%，较 2014 年增长 5.46%，天保资金收入占比 19.72%，较 2014 年增长 20.76%；土地收入占比 2.63%，较 2014 年增长 1.35%。2016 年发展林下经济的家庭户数 19501 户，比 2015 年略有增加，比 2014 年减少 9.88%，发展林下养殖的职工家庭户数 4280 户，比 2014 年较少 30.53%，从事林产品采集及加工的职工家庭户数 17801 户，比 2014 年增长 49.44%，森林人家（林家乐）数量 305 个，2014 年只有 81 个，发展其他林特产品生产的职工家庭数量 1600 户，与 2015 年基本持平。国外林产品加工基地与 2015 年相同，均为 3 个，购置林地面积 389155 公顷，实际木材产量 9.04 万立方米，较 2014 年减少了 11.03 万立方米。随着停伐政策的落实，企业为了寻求发展调整产业结构，人员也由生产行业向生态保护、林业服务行业转移。

表 14 近 3 年 20 个监测局年末在岗职工就业结构

年 份	营造林	森林管护	木材采运	木材加工	种植养殖	服务业
2014	20.46	19.36	9.65	4.01	3.56	17.37
2015	22.75	20.41	2.42	5.49	3.81	16.85
2016	23.05	25.82	0.32	0.49	3.38	22.43

（三）民生保障和发展

企业监测显示，20 个监测局 2016 年在册职工参加基本养老保险率 86.64%，较 2014 年提高了 2.11%；危房（含棚户区）建筑面积较 2014 年增加了 45.45%；企业下属林场（所、经营单位）数为 231 个，饮用水达标林场（所、经营单位）数为 179 个，达标率为 77.49%，而 2014、2015 年饮用水达标率分别为 66.05% 和 70.51%，较 2014 年提高了 11.44%；2016 年通电林场（所、经营单位）数为 213 个，占比 92.21%，与 2014、2015 年比变化不大；2016 年公路里程 21581.59 千米，较 2014 年增加了 786.26 千米，急需改造公路里程占比 38.54%，较 2014 年减少 1.92%；急需改造公路里程数增加了 701 千米。

1004 户职工家庭的调查结果表明，林业职工对生活状况的满意度并不高，改善民生的意愿相当迫切（表 15）。有 15.80% 的受访对象认为收入有所增加，比重较 2015 年减少 9.59%；有 9.1% 受访对象认为就业条件有所改善，比重较 2015 年减少 2.08%；有 16.2% 的受访对象认为社会保障有所改善，较 2015 年减少 6.75%；有 21.1% 的受访对象认为家庭生活条件有所改善，较 2015 年减少 3.41%；有 21.20% 受访对象认为医疗条件有所改善，与 2015 年相比无变化；有 25.70% 的受访对象认为教育水平有所提高，较 2015 年增长 1.77%；有 51.20% 的受访对象认为社会稳定情况有所改善，较 2015 年增长 12.58%；有 28.60% 的受访对象认为上访有所减少，较 2015 年增长 14.39%；有 66.60% 的受访对象认为道路状况变好，较 2015 年增长 6.19%；有 32.30% 的受访对象认为用水有所改善，较 2015 年减少 5.93%；有 28.50% 的受访对象认为用电有所改善，较 2015 年减少 10.80%；有 45.2% 的受访对象认为通讯网络变好，较 2015 年增长 3.57%。可见半数以上职工家庭认为民生状况变化不大，少数职工家庭认为停伐后林区民生状况有所改善，更少数职工家庭认为停伐后林区民生状况有所变差，且认为 2016 年收入、就业、社会保障、生活条件变好的比率较 2015 年均有所下降。

表 15 重点国有林区"停伐"后民生变化情况表

项 目		1	2	3	4	5
收 入	频 数	72	96	678	113	45
	比例（%）	7.20	9.60	67.50	11.30	4.50
就 业	频 数	51	63	799	65	26
	比例（%）	5.10	6.30	79.60	6.50	2.60

（续）

项　目		1	2	3	4	5
社会保障	频　数	27	39	776	124	38
	比例（%）	2.70	3.90	77.30	12.40	3.80
生活条件	频　数	43	79	670	165	47
	比例（%）	4.30	7.90	66.70	16.40	4.70
医疗条件	频　数	73	80	638	168	45
	比例（%）	7.30	8.00	63.50	16.70	4.50
教　育	频　数	43	65	638	196	62
	比例（%）	4.30	6.50	63.50	19.50	6.20
社会稳定	频　数	14	30	446	335	179
	比例（%）	1.40	3.00	44.40	33.40	17.80
上　访	频　数	28	101	588	209	78
	比例（%）	2.80	10.10	58.60	20.80	7.80
道　路	频　数	39	54	242	399	270
	比例（%）	3.90	5.40	24.10	39.70	26.90
用　水	频　数	33	35	612	212	112
	比例（%）	3.30	3.50	61.00	21.10	11.20
用　电	频　数	14	19	685	184	102
	比例（%）	1.40	1.90	68.20	18.30	10.20
通　网	频　数	11	35	504	325	129
	比例（%）	1.10	3.50	50.20	32.40	12.80

注：1 = 变差很多；2 = 变差较多；3 = 变化不大；4 = 变好较多；5 = 变好很多。

（四）改革满意度评价

1004 户职工家庭的调查结果表明，改革后林业职工对改革整体评价尚可，对收入的满意度较低（表 16）。有 12.60% 的受访对象对收入表示满意或非常满意；有 42.00% 受访对象对就业条件表示满意或非常满意；有 26.70% 的受访对象对教育表示满意或非常满意；有 38.50% 的受访对象对社会保障表示满意或非常满意；有 49.90% 的受访对象对行政服务表示满意或非常满意；有 93.70% 的受访对象对家庭关系表示满意或非常满意；有 90.50% 的受访对象对邻里关系表示满意或非常满意；有 56.40% 的受访对象对社会地位表示满意或非常满意；有 16.20% 的受访对象对物价水平表示满意或非常满意；有 44.02% 的受访对象对国有林区改革表示满意或非常满意。

表 16　重点国有林区职工家庭改革满意度调查表

项　目		1	2	3	4	5
收　入	频　数	149	312	417	112	14
	比例(%)	14.80	31.10	41.50	11.20	1.40
就　业	频　数	23	92	467	383	39
	比例(%)	2.30	9.20	46.50	38.10	3.90
教　育	频　数	55	153	528	245	23
	比例(%)	5.50	15.20	52.60	24.40	2.30
社会保障	频　数	24	113	481	354	32
	比例(%)	2.40	11.30	47.90	35.30	3.20
行政服务	频　数	17	47	439	443	58
	比例(%)	1.70	4.70	43.70	44.10	5.80
家庭关系	频　数	1	2	61	582	358
	比例(%)	0.10	0.20	6.10	58.00	35.70
邻里关系	频　数	0	0	95	697	212
	比例(%)	0	0	9.50	69.40	21.10
社会地位	频　数	4	27	407	508	58
	比例(%)	0.40	2.70	40.50	50.60	5.80
物价水平	频　数	126	306	409	155	8
	比例(%)	12.50	30.50	40.70	15.40	0.80
国有林区改革	频　数	37	114	411	375	67
	比例(%)	3.69	11.35	40.94	37.35	6.67

注：1 = 非常不满意；2 = 不满意；3 = 一般；4 = 满意；5 = 非常满意。

四、国有林区改革面临主要问题

(一)国有森林资源的保护与利用存在矛盾，保护难度加大

(1)森林资源的保护与利用存在一定矛盾。一是国有森林资源保护与林下经济发展如何协调、如何把控，林业局难以掌握。部分林业局为森林资源保护划定红线，严格保护森林资源，不准动一草一木，不准从事林下任何养殖与种植活动，林业职工工余养的数量极其有限的家禽与牲畜也必须迁往农区或牧区，遏制了林区的经济活力，也导致部分林业职工的严重不满。二是国有林区改革转型发展与耕地资源稀缺之间的矛盾。因产业转型发展对耕地的刚性需求而导致时有拱地头、扩地边情况发生。三是旅游产业发展与林地保护政策之间的矛盾。受限于保护政策约束，旅游产业发展推进受到一定程度影响。

(2)林地资源保护难度加大。部分林业局施业区农村人口众多(如泉阳林业局)，集体林与国有林犬牙交错，停伐后生产要素流向种植业、养殖业，对原材料的需求剧增，引发蚕食林地、滥砍盗伐、违法乱捕滥猎野生动物、林权争议等大量问题，森林资源管护难度增大。国有林区内很多林区是林农混居，地方村屯侵占国有林地时间长、面积大，导致回收困难；另外，地方政府存在越权发证等问题，导致国有林区不能完全杜绝地方人员越界采伐国有林木，给国有林区的森林资源保护工作带来较大难题和巨大压力。

（二）"政企、政事、事企、管办"分开面临困难与阻碍

（1）缺少顶层设计和政策支持。目前各林业局进行的"四分开"改革系自下而上的改革，虽然中央和省出台了相关规定，但较为宏观，特别是在具体的模式设计上，还没有较为统一的意见。剥离企业办社会所需费用、新建国有林管理机构性质以及行政区划等，是国有林区改革面临的主要问题，靠林业局自身已难以推动，而各林业局的具体情况又不同。因此，各林业局在管理体系设计上很难把握。

（2）移交中人员身份确定问题。改革中涉及移交单位的职工身份比较复杂，其中有干部、固定工人、合同制工人、混岗知青等，而对应的接受单位一般都有与单位性质相关联的身份与编制。如林业局的消防大队人员为企业职工，而县区城镇消防队为现役部队。改革本质是利益的再调整再分配，利益主体对利益分配达不成共识，都可能形成改革阻力。

（3）改革成本问题。长期以来，重点国有林区各林业局的主财源主要是木材产业，由于 2014 年政策性停伐，导致各林业局主要经济来源缺失，其他替代产业未形成规模，无法弥补企业收入的空洞。在重点国有林区进行深化体制改革将形成巨大的改革成本，比如：富余人员转岗分流、新建企业的启动资金、林区城镇的基础设施建设、社会公益性的支出等。如果不能解决国有林区改革成本问题，深化改革工作就会遇到较大障碍。以海林市为例，在其辖区内有 3 个森工局，即海林、大海林、柴河。一市三局，全国少有，如改革成本问题不解决，海林市根本承接不起，经济上无法承受。

（4）地方政府承接能力弱。如柴河林业局所在地乡镇政府承接能力弱小，目前不具备接收能力，需暂由国有林管理局托管社会职能类型的试点，社会管理支出存在费用缺口，公共基础设施需要维修投入，经结合 2017 年的上级拨款测算，社会管理、公共基础设施需要维修投入，资金缺口近 2800 万元。

（三）新建机构属性不明确，人员身份不清晰

（1）机构属性不明确。部分林业局已经将国有森林资源管理机构建立起来，但是其机构职责、权限及运行机制不清晰，难以与原林业局进行有效区隔，在部分林业局造成职能重叠，出现"都管""都不管"的现象。

（2）人员身份不清晰。不清楚究竟是事业编制还是企业职工身份，也不清楚组织结构设置与编制限额。护林员队伍理论上应该归属国有森林资源管理机构管理，但实践中只能归口所在林业局的林场管理。

（3）人员费用与机构经费来源不明确。从国有森林资源管理机构功能定性来看，应归属于事业单位类，由财政供养，但是目前其经费还是来源于所在林业局的天保工程项目拨款，导致部分林业局认为国有森林资源管理机构的建立只是做表面文章，而非实质性的改革。

（四）创新森林资源监管机制面临困难

（1）森林资源监督体制不顺。调研发现现有森林资源监督体制的不顺制约着监督职能作用的发挥，主要体现在：一是长期以来，森工企业政企不分，权责不明，各局的"资源、林政、监督"部门还没有完全实施垂直管理，森林资源监督机构的干部在业务上为上级部门负责，但人事关系与任用都由所在企业来决定，导致监督者受制于被监督者。二是现行的资源监督管理机构没有实质上的人、财、物独立权，经济上依赖于所在企业，工作上也就缺乏独立自主性。三是监督工作中发现涉及企业利益的问题时，企业领导很难客观对待和处理出现的问题。有时监督机构从自身利益出发也采取大事化小、小事化了的息事宁人的做法，导致森林资源监督工作流于形式，发挥不了其应有的作用。

（2）森林资源监督法律法规不完善。1998 年 4 月修订的《中华人民共和国森林法》没有将派驻森林资源监督机构的相应内容纳入其中。2000 年 1 月颁布的《中华人民共和国森林法实施条例》只提出对重点国有林区派驻监督机构，加强监督检查，没有明确派驻森林资源监督机构的法律地位和职责范围。

（3）监督工作的方法和技术手段落后。随着生态文明建设深入推进，森林资源监督任务量将不断加大，继续沿用过去传统的监督办法、技术、手段难以满足工作需要。

（五）创新森林资源管护机制存在困难

（1）管护经费不足。全面停止木材商业性采伐后，各林业局的林场富余人员大多转岗至森林管护岗位，天保工程中央财政给予每亩 10 元的管护费用，仅支付管护人员工资尚有很大缺口，需企业自筹解决，给企业增加了过重的负担。并且由于森林资源管护费用过低，不能满足巡护人员的生活需求，很多巡护人员依靠发展副业贴补生活，所以不能全身心投入森林管护工作之中，也影响了管护效果。

（2）管护站等基础设施建设亟待加强。管护站建设是巩固远山森林资源管护的重要保障，停伐后森林资源管护面临的主要问题是管护站建设不足，管护站点数量少，管护基础设施落后，急需更新换代。此外，很多偏远林区内道路桥梁年久失修、损坏严重，道路不畅，直接导致森林管理、森林经营和森林管护等不能全面精准和可持续化经营。在林业有害生物监测和防治方面，预测预报能力相对薄弱；在森林防火方面，目前的防火力量和技术手段还无法适应"防大灾、救大火"的需要。另一方面，森林资源保护一直沿用传统的保护模式，目前尚未建立森林资源保护信息系统，技术支撑体系和推广机制不够完善，森林资源监测效率低，信息反馈不及时，没有形成完备的森林资源预防监督服务网络，与林业现代化建设不相适应。

（3）管护人员年龄偏大，待遇较低。一方面，从事国有森林资源管理和保护的林业职工收入普遍低于当地平均工资，工作积极性不强，影响国有森林资源保护。另一方面，由于国有林区改革的实施，人员冻结，最近几年各林业局很少有年轻的人员充实进来，人员年龄普遍偏大，特别是扑火、管护、营造林和森林抚育等人员，年龄偏大不利于森林资源保护工作的开展。

（4）管护模式仍以传统管护模式为主，购买服务等新兴管护模式进展缓慢。目前管护模式主要有管护站管护、专业队管护、家庭承包管护，管护人员均为林业局职工，管护购买服务进展缓慢。

（六）社会经济发展资金不足，民生保障问题严重

调研发现很多林业局为了发展林区经济，结合自身实际进行了产业转型，大力发展林下经济。食用菌培植、种苗培育、山产品改良培育（主要包括北五味子、板蓝根、芍药、老山芹、黄花菜等）、林下产品采集开发、野生动物养殖业、森林旅游等产业在各林业局取得了一定的收益。但总体来说，国有林区替代产业发展落后，民生保障方面仍存在一些问题亟待解决。

（1）产业发展资金短缺。过去公益性项目国家资金支持比例较大，而经营性项目建设资金来源是国家支持一部分资金，企业配套一部分。原来林业企业有木材生产任务可以创造利润，可以将利润用于经营性项目建设。但随着全面停止商业性采伐，林业的发展建设完全依靠国家政策投资来完成，而且国家的投资都是专款专用，不得挪占它用。所以，很多林业局转型产业的前期资金投入便成了问题。

（2）产业发展所需原材料短缺。停止商业性采伐后，食用菌产业发展受到了当地原料供应的制约，尽管现在还有一些森林抚育任务，采伐设计中根据规程要求设计了一些阔叶树采伐蓄积，但数量非常少，收集运输成本也大，并且受当前资源管理政策的限制，还不能加以利用。如从外部购买，人工材料成本加大，利润减少，影响职工群众的种植积极性。

（3）缺乏专业技术人才。当前，国有林区干部职工队伍年龄老化，学习能力、创新意识不强。还有近年来企业招收录用的人员少，高学历、高素质的人才不愿意到林区来工作，导致林区的科研工作滞后，新技术无法落地生根，严重制约转型产业发展。

（4）企业安置职工就业压力大。受全面停伐的影响，从事木材生产及相关产业的职工纷纷下岗，急需转岗分流。当前，国有林区富余职工现有技能单一、水平普遍偏低，就业、再就业能力弱。由于各林业局替代产业基础比较薄弱，规模小，因此，吸纳就业能力比较弱。各林业局富余职工分流安置主要渠道是森林抚育和森林管护。但随着生产任务每年波动调整，每年需求的就业人数也不同，就业岗位不稳定，就业形势比较严峻，压力很大，极易引发新的矛盾，影响林区的稳定。

（5）深远山区职工搬迁遇到困难。一是资金压力较大。近年来，由于各林业局实施大规模的棚户区改造，林业局投入了巨额的匹配资金，尤其是林业局全面停止了商品性采伐，目前林业局已无力承受居民搬迁等相关资金的负担。二是征收拆迁款难度加大。在整体搬迁过程中，仍有部分职工群众不愿意离开已经住习惯的林场，一些家庭困难的职工群众，个人出资部分有困难，拆迁阻力较大。三是居住成本高，职工负担重。由于林区职工群众收入较低，一些家庭没有能力缴纳公共设施维修基金，加上水、暖、电、气及物业管理等费用，职工难以承受。这些费用，原来他们在林场居住时，是不用发生的。

（6）社保缴费负担加重。近年来，随着各项社会保险缴费水平的逐年提高，相比林区微薄的收入，部分下岗职工已出现断保、停保现象，已无力承担逐年增长的各项社会保险费。

（七）其他林区历史遗留问题

（1）行政区划问题亟待解决。如大兴安岭的松岭林业局行政区划位于内蒙古境内，黑龙江每年要向内蒙古划拨税款。此外，交叉管理地段成为林地管理难点，一是在两荒划界、定界方面历史资料有一定欠缺，个别地段划界不清，出现问题，导致管理法律依据不充分。二是历史原因导致存在交叉管理地段，管理职责难于划清。方正重点国有林区施业区跨三县，有8个林场在林口县辖区、9个林场处于方正县辖区、1个林场位于依兰县辖区，成立管委会后，仅与方正县划分了行政管辖权，由于行政区划问题，为林区改革带来一定难度。三是历史原因与地方乡镇村屯签订协议概念内容不清晰，导致所有权与管理权相分离。

（2）企业负担历史债务过重。由于国有林区林业局承接社会的职能，不仅要承担市政环卫处等事业单位经费，还要承担供热、供水、物业等具有公益性质的亏损费用。加之林业企业经营相当脆弱，经营性收入无法支撑高额的银行贷款债务和政社性支出。特别是全面停止商业性采伐后，林业局替代产业没有形成规模，加上日常的企业行政管理、资源管理等刚性支出，造成企业的资金缺口进一步加大。

（3）人口和劳动力结构严重制约企业经营和社会发展。东北国有林区大多处于高寒地区，长期从事林业生产的一线职工属于特殊工种，大多数人员都患有风湿病、心脏病、关节炎等一系列疾病。并且普遍年龄偏大，技能单一，转岗就业困难。木材停伐后，虽已将从事木材生产一线人员转岗分流至营林生产岗位，但营林生产的年度工作量较少，因此，这部分人员从事营林生产的积极性不高。

（4）政策边缘化问题。森工企业在社区管理、公益性岗位、职工公共医疗服务、公共卫生均等化、农田补贴等政策上，没有享有与地方同等待遇。大兴安岭林业职工未享受艰苦边远地区津贴，目前只有公务员和事业单位职工享有月人均415元的津贴政策，而林业局的一线职工是最艰苦的群体，却不享受此项政策。

五、政策建议

（一）继续执行停伐政策，适度放活林地经营权

（1）严格执行保护森林资源政策，让森林资源休养生息，慢慢进行恢复。建议加大人工造林和中幼龄林抚育力度，增加相应林业经营计划量；同时在森林抚育过程中倾向于加大营造混交林比例，对成过熟林内的病腐木和风倒木适当清除，预防森林病虫害发生，确保森林资源安全。建议国家以毁林开垦专项整治行动为契机，出台相关政策，撤并（整合）远山村屯，有效避免森林资源遭到破坏、林地遭到侵占。建议由各省政府敦促地方政府纠正以往向国有林区内村屯重复发证问题。同时，在打击破坏森林资源方面，敦促地方政府要加强与国有林区合作，形成管护合力。

（2）适度放活林地使用和经营权，并建议国家林业局适度放活林地使用和经营权，在不破坏森林资源的前提下，给予森工企业更加灵活的政策支持，采取招商或银行抵押等形式，把林权变资产、资产变资金，解决改革后企业转型、发展接续替代产业发展资金不足问题，以此增加就业，促进民生发展。

（3）建立地理信息系统（GIS），提高森林资源监测效率、质量和水平，预防森林火灾、防治病虫害发生，推进林业现代化建设进程。建立森林资源数据库管理系统，对数据采集、处理、分析实行标准规范化管理，提升森林资源管理能力。

（二）"四分开"应采取的对策

（1）建议将剥离的政社性机构费用纳入地方财政预算。理顺现有的财政体制，建立事权和财权相统一的财政体制，为林区改革实现"四分开"创造必要条件。中央和地方合理承担改革成本，只有这样，才能调动各方改革的积极性和主动性，加快"四分开"改革步伐，如期完成改革任务。建议对企办社会的政社性支出按地方财政经费支出标准进行综合测算，理顺渠道，填平补齐政社性支出缺口，为以"四分开"为主导方向的国有林区改革提供前提保障。

（2）针对移交中人员身份复杂问题，建议能整体移交的尽量整体移交；而对一些受身份限制无法实现整体移交的，建议在移交时出台一些政策，对这部分职工给予妥善安置。

（3）建议加强顶层设计。人员编制、经费落实、社会职能承接等问题，企业自身无法解决，需要国家及省政府层面按照顶层设计，尽快出台具有指导性和可操作性的政策，自上而下的分步推动落实"政企、政事、事企、管办"分开。建议对剥离移交的时间节点和人员构成应和目前的现实对位接轨，特别是退休人员和身份特殊的群体应统筹进行政策和制度安排。对于企业办社会职能已剥离划转属地，但移交不彻底的现象，建议进一步明确林业局和当地政府的工作职责。

（4）强化地方政府职能，加强地方政府财政和金融政策支持力度，加强基础设施建设，将水电气道路建设纳入地方政府发展规划，地方政府应寻求国家政策支持，理顺隶属关系、经营管理模式还需要一定时间。

（三）组建和未新建"国有森林资源管理机构"的对策

针对大多数林业局尚未组建新的"国有森林资源管理机构"，建议从顶层设计层面尽快出台方案，尽快明确"国有森林资源管理机构"数量及人员编制数。

建议将"国有森林资源管理机构"性质确定为事业。国有林管理机构依法负责森林、湿地、自然保护区和野生动植物资源的保护管理及森林防火、有害生物防治等工作，国有林管理机构承担的职能为公益职能，其运营经费纳入财政预算。林场（所）按公益事业单位管理，人员经费纳入天保财政专项。

（四）理顺森林资源监管体制，创新监管机制

（1）改革森林资源监督管理体制。在明确监督层级体制下实施垂直管理。《全国林业发展"十三五"规划》提出，推动重点国有林区改革要组建精简高效的国有林管理机构，实行"横向到边、纵向到底"的垂直监管体制，新的国有林监督机构，人、财、物应相对独立，统一由各层级代表国家实施垂直管理，监督"边"线扩大，监督体系垂直到"底"，强化对重点国有林区森林资源监督的全覆盖。

（2）构建界定明确、授权清晰，依法运行的森林资源监督法治体系。要加快《中华人民共和国森林法》等林业法律的修订进度，将森林资源监督制度的相关内容纳入其中，积极推动出台森林资源监督方面的专项法规。

（3）调整森林资源监督工作的方向和方法手段。一是调整森林资源监督方向，实现森林资源监督工作从木材生产型监督向生态建设型监督的转变。二是由原来的林木采伐监督为主，向林政、林地管理监督转变。三是建立健全林区绩效考核机制。依据森林经营方案建立健全林区绩效考核机制，设置林地保有量、森林覆盖率、森林质量、护林防火、有害生物防治等主要考核指标，建立森林资源离任审计制度。

（五）加强管护资金支持，创新森林资源管护机制

（1）增加管护费投入。林业局全面停伐后，已经没有经济收入，没有能力进行管护站点、设备设施的投入。建议国家林业局在资金和政策上给予扶持，使森工企业（林业局）顺利建成科学合理的管护网络体系，确保国有林区资源得到有效保护。为提高管护人员的工作积极性，建议一方面要提高管护人员工资及待遇，增加野外作业工作补助；另一方面，在不破坏森林资源和不影响管护效果的前提下，允许从事森林资源管护的职工从事林特产品生产等经营，增加职工收入。

（2）加强管护站等基础设施建设。针对管护基础设施建设投资不足、渠道不明确的问题，建议国家考虑在森林管护费额度之外，单独增设森林管护基本建设项目专项投资，加强林区道路及基础设施建设，建设标准化管护站点，增加管护设备、设施，改善管护人员工作生活环境。加快森林资源远程监控监管模式试点工作，配备无人机、卫星遥感等高科技设备，建立森林资源管护数字化管理系统，实施森林管护智能巡护管理系统，使森林管护业务管理更加科学化、信息化。

（3）创新国有林区森林资源管护模式。借鉴龙江森工方正林业局的做法，组建森林经营有限公司，森林管护服务由向林业职工购买逐渐过渡到向社会购买，但内部购买服务的方式目前还没有成功的经验和成熟的管理办法以及规章制度可以借鉴。

（六）加强社会经济发展和民生保障方面的政策支持

（1）建议国家在发展非林非木替代接续产业项目上给予资金和政策支持。资金方面，建议国家给予无息贷款支持，解决发展资金不足问题，把政府和社会资本合作（PPP）模式用到林业建设中来。加大对企业和个人贷款支持力度，对从事生态旅游、林下经济、林产品加工的企业和个人给予银行贷款和贷款贴息政策支持。建议加大税费政策扶持力度，扩大财政部、国家林业局下发的财税〔2011〕90号《关于天然林保护工程实施单位房产税城镇土地使用税政策的通知》免征范围，将其延伸到停伐后的林区转产项目上，积极争取财政部门对产业经济增加相关补贴，提供更多的林下经济发展资金和建设项目。

（2）建议国家林业局在营林抚育中允许消耗一定的蓄积，可以采取制定限额的形式对消耗量进行制约。对于综合抚育的林分中的霸王树、秃头等林木，可以进行适当采伐，允许运下山，使资源得到充分利用，也可以为食用菌生产提供部分原料。

（3）通过加强富余职工再就业培训工作，使富余职工掌握一门技术，提高富余职工自主创业和再就业能力。建议针对改革当中失岗人员安置的实际情况，近期内增加营林生产任务。加强管护基础设施建设，提高管护人员工资待遇。为解决富余人员就业，建议由政府出资，增加公益性岗位，安置富余人员。

（4）解决深远山区职工搬迁遇到的困难，妥善解决就业安置问题。具体措施包括：一是建议对林场所撤并居民给予搬迁、就业、供暖等方面的补贴，尤其是对特殊困难群体给予更多的关注和支持。二是建议对林场所撤并加大资金和政策支持力度，将林区城镇建设纳入全省城镇建设规划之中，结合林区改革和林场整合，积极推进深山远山职工搬迁并切实落实棚户区改造住房税费减免等优惠政策。三是建议在出台相关优惠政策时应尽量向林业局倾斜，特别是增加更多的公益性岗位，使林场所职工群众有业可就。

（5）建议进一步健全与发展相适应的社保资金动态补助机制。建议适当降低个人承担的各项社会保险缴费比例，对由于增资等客观因素产生的阶段性缺口实行动态补助，以切实强化林区社会保障体系建设。

（6）建议对关、停、并、转的林产工业企业给予支持。全面停伐后，木材加工企业全部面临停产，建议将关、停、并、转的木材加工企业，纳入《中央财政关闭小企业补助资金管理办法》补贴范围。

（七）其他林区历史遗留问题的对策

（1）针对企业负担历史债务过重问题，希望国家加强金融政策支持。严格审核国有林区各项债务，做好债务成因和种类的分析确认工作，按照平等协商和商业化原则进行分类化解。对于正常类金融贷款，到期后应当依法予以偿还。对于符合中央支持化解条件的金融债务，积极争取中央支持，进一步提高债务利息补助资金，切实减轻改革后林业企业负担。

（2）对于从事体力劳动的一线职工无法实现转岗就业的，建议提前（按特殊工种退休的年龄男55周岁、女45周岁）办理退休，使他们有一定固定收入，实现老有所养。重新确定划分边远地区类别，恢复高寒补贴和艰苦边远地区津贴。

（3）加大对国有林区的政策扶持力度，使国有林区在社区管理、公益性岗位、职工公共医疗服务、公共卫生均等化、农田补贴等政策上，享受与地方同等待遇。争取"三农"普惠政策能覆盖重点国有林区，对重点国有林区从事生猪、家禽、畜牧和水产等特色养殖业、林下特色种植业、粮食生产和绿色食品业的龙头企业、专业合作社、种养专业大户、家庭农场林场等经营主体，符合国家政策的给予农业补贴政策和资金扶持。

研 究 单 位：国家林业局经济发展研究中心
　　　　　　东北林业大学经济管理学院
调研组成员：谷振宾　耿玉德　李　扬　李　微　郑丽娟　崔　岿

2017 年东北、内蒙古重点国有林区民生监测报告

【摘　要】通过对东北、内蒙古重点国有林区 1028 户职工家庭的民生状况入户调研，得出如下结论：家庭人均收入提高，增幅小，工资性收入减少，转移性收入增加，收入差距不大，整体的就业状况好转，但妇女的就业状况仍然较差，外出务工人员选择省外打工的比例大幅度增加；从事家庭经营的人口小幅回升，但有老龄化倾向，从事农林经营人员比重减少，但农林生产经营投入大幅回升；低收入家庭就业状况差，成年人中劳动力比重低，家庭负担重；参与造林和抚育任务的人员比重增加，但覆盖面仍然小、工期短；重点国有林区的社会保障体系普及程度增加，但在非正式单位就业的群体有社会保障的隐患，低保户数量下降。建议加大改革力度，推进改革进程以惠及民生；确保职工家庭增收渠道和增收速度；重视林区职工家庭分化的可能趋势，切实防范可能出现的社会矛盾。

一、前　言

(一)监测背景

2016 年是中国经济社会发展第十三个五年规划的开局之年。我国经济总体保持平稳，国内生产总值增长率相比上年同期微幅下降，公共财政收入增速继续下降，低于国内生产总值增速，城乡收入增长基本与经济增长同步。

东北、内蒙古重点国有林区(以下简称"重点国有林区")改革全面进入实施阶段，国有林场和国有林区改革工作小组已共同批复了内蒙古、吉林、黑龙江 3 省(自治区)重点国有林区改革总体方案。重点国有林区继续落实全面停止天然林商业性采伐(以下简称"全面停伐")政策。在内蒙古和吉林的国有林区，林业局的社会职能已开展向地方政府移交，黑龙江国有林区也正在酝酿。政企、政事、事企、管办分开的改革进行的同时，改善民生仍是一项重要任务。国有林区改革和全面停伐对重点国有林区的民生有可能造

成的冲击体现在以下方面：一是森工林业局承担的社会职能要移交给各地方政府，这项改革正处于进行中，某些地方政府接收了部分社会职能，接收了多少社会职能各不相同；某些林业局仍在托管社会职能，托管多少也各不相同，这种情况有可能对重点国有林区的民生产生影响；二是用于民生事业的经费来源发生了变化，全面停伐政策使得森工林业局失去了木材生产收入，中央财政给予了各森工林业局停伐补助费，对于有些森工林业局，停伐补助费弥补了木材生产收入的减少，而对于有些森工林业局，停伐补助费不能弥补木材生产收入的减少，这也有可能对重点国有林区的民生产生影响。为及时判断重点国有林区民生建设的成效和存在的问题，特别是研判国有林区改革后的民生状况及其变化，课题组 2017 年继续开展重点国有林区民生跟踪监测。

2017 年重点国有林区民生监测的特色是：一是对之前的调查问卷进行了小幅调整和完善，除继续保留之前关于职工及其家庭成员的收入、消费、就业、教育、医疗、社会保障基本情况的调查，以及对生活满意度、职工对民生改革的主观评价等内容外，还从更多的层面调查了被访职工对重点国有林区改革的满意度以及对未来生活的信心等内容；二是继续采用计算机辅助面访(CAPI)调查技术，确保访员面访的效率和数据质量；三是监测的林业局和去年保持一致，仍为 34 个，样本户为 1004 个。

(二)监测方法

1. 监测内容

重点国有林区民生监测的主要内容包括家庭经济状况、就业与工作条件、职业技术培训、家庭生产经营状况、家庭生活条件、健康与医疗、社会保障、生活满意度、民生改善的主观评价、未来生活信心等(表 1)。监测内容主要通过户级监测指标反映，辅以局级调查表。

表 1　监测内容及指标

项　目	主要内容	主要指标
家庭经济状况	收　入	家庭收入、家庭人均收入、收入结构、收入差距
	消　费	家庭消费、家庭人均消费、消费结构
就业与工作条件	就　业	成年人口的整体就业状况、青年人的就业状况、一次性安置人员的就业状况、无工作人员的年龄和性别特征、外出务工人员的情况
	工作条件	工作时间
职业技术培训	普及面	参加职业技术培训的占比
	开展情况	组织者、培训内容，参加途径、满意度
家庭生产经营状况	农林生产经营	从事的户数、工作时间、收入、投入
	个体工商经营	从事的户数、工作时间
家庭生活条件	居　住	住房面积、楼房比例、住房新旧情况、搬迁态度
	炊事燃料	主要的炊事燃料、使用木材的比例
	饮用水	使用自来水的比例

（续）

项　目	主要内容	主要指标
医疗	医疗条件	看病首选的医疗机构、医疗服务的可及性、职工对林业局医疗卫生条件的满意度
社会保障	社会保险	各类社会保险的"断保"情况
	社会救助	低保户比例、政府补助比例、民间救助比例
生活满意度	生活满意度	总体生活满意度、低收入家庭的生活满意度、一次性安置人员的生活满意度
国有林区改革满意度	国有林区满意度	总体满意度
未来生活的信心指数	未来生活的信心指数	总体信心指数、低收入家庭的信心指数
民生改善的主观评价	民生改善的主观评价	收入、就业、医疗条件、社会保障、家庭生活条件、教育水平、社会稳定情况、上访情况、道路、用水、用电、通网等的主观评价

2. 调查方法

重点国有林区民生监测主要采取以下调查方法搜集数据和资料。

（1）入户调查。采取多阶段抽样调查方法选择样本户，然后对样本职工家庭进行入户问卷调查。问卷调查采用计算机辅助面访（CAPI）调查技术，极大地提高了访员面访的效率和数据质量。

（2）林业局填报局级调查表。个别监测指标通过对局级调查表进行分析和提炼。

（3）召开座谈会。选择典型林业局与林业局各有关部门管理干部进行座谈，了解林业局在民生建设中取得的成效、遇到的困难和政策诉求。

3. 样本选取

重点国有林区民生监测项目从 2012 年实施首次调查，当时仅是在黑龙江省的国有林区选择了 9 个林业局，分别隶属于黑龙江省森工总局（龙江森工集团）、大兴安岭林业管理局（大兴安岭林业集团）和黑龙江省林业厅，共获得 608 个样本。

从 2013 年开始，重点国有林区民生监测项目将调查的范围从黑龙江省国有林区扩大到包括龙江森工集团、大兴安岭林业集团、吉林森工集团、内蒙古森工集团在内的东北、内蒙古重点国有林区，样本林业局扩大到 12 个。以 2013 年的调查作为基线调查，2014 年和 2015 年进行了跟踪调查。2016 年重点国有林区民生监测项目将调查的范围再次扩大，新增了长白山森工集团，并在另外 4 个森工集团中增加了样本林业局，使得样本林业局达到 34 个。以 2016 年的调查作为基线调查，2017 年进行了跟踪调查。重点国有林区民生监测项目历年的样本情况见表 2。

表 2　历年样本情况

年份	调查范围	林业局数	样本户数	涉及人口
2012	龙江森工、大兴安岭林业集团	9	608	1847
2013	龙江森工、大兴安岭林业集团、吉林森工、内蒙古森工	12	706	2132
2014	龙江森工、大兴安岭林业集团、吉林森工、内蒙古森工	12	723	2111
2015	龙江森工、大兴安岭林业集团、吉林森工、内蒙古森工	12	718	2048
2016	龙江森工、大兴安岭林业集团、吉林森工、内蒙古森工、长白山森工	34	1028	3048
2017	龙江森工、大兴安岭林业集团、吉林森工、内蒙古森工、长白山森工	34	1004	2891

根据监测方案，调查样本的选择采用多阶段随机抽样的方法，即先通过典型抽样，在重点国有林区选择 34 个林业局，分别隶属于大兴安岭林业集团、龙江森工集团、吉林森工集团、内蒙古森工集团、长白山森工集团。然后在每个林业局，根据各林业局社会经济发展水平和森林资源分布情况，经林业局与课题组商定选择 2 个山上林场及 1 个山下社区。在每个样本林场及社区，根据户籍名单，随机抽取 10 户左右职工家庭作为样本户①。调查地点及样本的分布见表 3。

表 3　监测的样本林业局分布

隶属的森工集团	样本林业局	样本户数
龙江森工集团	绥棱、清河、友好、乌马河、鹤北、五营、东京城、海林、柴河、铁力、新青、苇河、方正、带岭	416
大兴安岭林业集团	松岭、新林、阿木尔、十八站、塔河	151
内蒙古森工集团	吉文、绰源、克一河、阿里河、得耳布尔、乌尔旗汗、伊图里河	200
吉林森工集团	三岔子、松江河、露水河、湾沟、泉阳	148
长白山森工集团	汪清、黄泥河、和龙	89

基于 2017 年的调查，监测报告主要反映的是 2016 年的民生状况，在分析时也使用之前年份的数据进行比较分析，力图反映重点国有林区改革后民生状况的变化。2017 年的调查共获得 1004 个样本户，涉及人口 2891 人。需要说明的是，有部分样本存在信息缺失和信息有误的现象，但为了充分利用问卷提供的信息，监测报告未将其视为无效样本，只是在对相关问题进行分析时做了剔除。

2017 年度的监测报告共分 3 个部分，第一部分是前言，阐述重点国有林区民生监测的背景、监测方法以及样本户的人口统计学基本特征。第二部分是监测结果，主要利用

---

① 2016 年以后的样本选取方案和之前有所不同。之前的方案是每个林业局选择 3 个山上林场及 3 个山下社区，即每个林业局抽取 60 个样本户。2016 年的方案是每个林业局抽取 30 个样本户。

入户调查数据并辅以局级调查数据，对监测内容和监测指标进行描述性分析。第三部分是主要结论和政策建议。

（三）样本户的基本特征

样本户的基本特征见表4。

表 4　样本户基本特征

项　　目	重点国有林区	龙江森工	大兴安岭林业集团	内蒙古森工	吉林森工	长白山森工
户均人口数（人）	2.88	2.81	2.89	3.02	2.90	2.83
户均劳动力数（人）	2.32	2.29	2.36	2.37	2.28	2.33
户均在校学生人数（人）	0.44	0.37	0.56	0.52	0.43	0.38
60 岁及以上人口比重（%）	4.67	4.96	3.89	4.31	4.43	5.95

2016 年重点国有林区样本户的户均人口为 2.88 人，各林区之间差距很小，较 2015 年户均人口略有减少。最低的是龙江森工林区，户均人口 2.81 人，最高的是内蒙古森工林区，户均人口 3.02 人。

重点国有林区样本户的户均劳动力数为 2.32 人，户均劳动力人数在各个林区之间差距较小，且与户均人口数基本保持一致，吉林森工林区的户均劳动力数最少，为 2.28 人，内蒙古森工林区户均劳动力数最多，为 2.37 人。

户均在校学生人数能够反映家庭的教育负担。重点国有林区样本户的户均在校学生人数为 0.44 人，较 2015 年有所下降，龙江森工林区最低，均为 0.37 人，大兴安岭林区最高，为 0.56 人。

60 岁及以上人口比重能够反映老龄化程度。重点国有林区样本户中 60 岁及以上人口比重为 4.67%，较 2015 年有所下降。在各林区中，长白山森工林区老龄人口比重最高，为 5.95%，大兴安岭林区最低，为 3.89%。

相对来看，大兴安岭林区的家庭教育负担较重，长白山森工林区的家庭赡养负担较重。

二、监测结果

（一）家庭经济情况

本部分描述分析重点国有林区职工家庭经济情况，主要关注家庭收入和消费水平及结构，以及家庭储蓄、贷款和债务情况。

1. 家庭收入虽有小幅提高，但增幅明显偏低

据样本户调查（图1），2012 年以来重点国有林区职工家庭总收入和人均收入均呈增长态势。2016 年重点国有林区职工家庭总收入的均值为 60212.4 元，比 2015 年名义增长

2.9%，扣除价格因素影响①，实际增长 0.8%。控制家庭人口规模的影响后，2016 年重点国有林区职工家庭人均收入的均值为 20910.9 元，比 2015 年名义增长 2.5%，扣除价格因素影响，实际增长 0.5%。但据国家统计局公布数据，2016 年全国居民人均可支配收入 23821 元，增幅为 8.4%，扣除价格因素，实际增长 6.3%；城镇居民人均可支配收入 33616 元，增幅为 7.8%，扣除价格因素，实际增长 5.6%；农村居民人均可支配收入 12363 元，增幅为 8.2%，扣除价格因素，实际增长 6.2%。2013～2016 年国有林区职工家庭人均收入增速、全国居民人均可支配收入增速、农村居民人均可支配收入增速、城镇居民人均可支配收入增速见图 2。由此可见，重点国有林区职工家庭人均收入的增幅明显偏低。

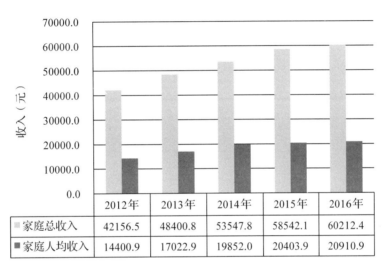

	2012年	2013年	2014年	2015年	2016年
家庭总收入	42156.5	48400.8	53547.8	58542.1	60212.4
家庭人均收入	14400.9	17022.9	19852.0	20403.9	20910.9

图 1　重点国有林区样本家庭收入变化趋势（2012～2016 年）

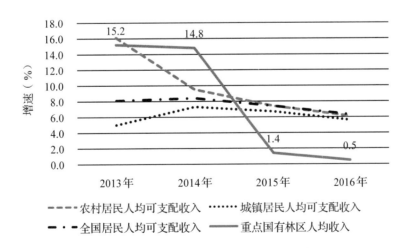

图 2　重点国有林区样本家庭人均收入增速及其与全国居民收入增速的比较（2013～2016 年）

---

① 根据国家统计局《2016 年国民经济和社会发展统计公报》，2016 年居民消费价格指数为 2.0%。

2. 人均收入仍以工资性收入为主，但工资性收入有所下降

职工家庭的人均收入仍以工资性收入为主。据样本户调查，2016 年重点国有林区职工家庭的人均工资性收入为 15109.3 元，占 72.2%，比 2015 年名义减少 2.5%；人均经营性收入为 2056.3 元，占 9.8%，比 2015 年名义增加 8.3%；财产性收入为 412.4 元，占 2.0%，比 2015 年名义减少 7.4%；转移性收入为 3028.7 元，占 14.5%，比 2015 年名义增加 26.1%（表 5）。

表 5　2016 年重点国有林区及各林区样本家庭人均收入的水平和结构

项　目	重点国有林区	龙江森工	大兴安岭林业集团	内蒙古森工	吉林森工	长白山森工
家庭收入（元）	20910.9	22034.5	20273.4	19111.9	18157.2	25791.8
占比（%）	100.0	100.0	100.0	100.0	100.0	100.0
工资性收入（元）	15109.3	14603.8	16758.6	14604.4	14327.1	17136.1
占比（%）	72.2	66.3	82.6	76.4	78.9	66.4
经营性收入（元）	2056.3	3161.7	1026.8	645.9	595.6	4571.4
占比（%）	9.8	14.3	5.1	3.4	3.3	17.7
财产性收入（元）	412.4	684.6	233.8	76.5	335.7	392.9
占比（%）	2.0	3.1	1.1	0.4	1.9	1.5
转移性收入（元）	3028.7	3316.8	1938.5	3688.8	2374.2	3116
占比（%）	14.5	15.1	9.6	19.3	13.1	12.1
其他收入（元）	305.8	274.9	315.8	96.2	516.3	575.4
占比（%）	1.5	1.2	1.6	0.5	2.8	2.3

职工家庭收入虽然整体有所增加，但增速相对于上一年度有所下降。且工资性收入、财产性收入都比 2015 年有所下降。

分林区来看，长白山森工林区职工家庭人均收入最高，为 25791.8 元，且工资性收入、经营性收入和其他收入也为最高，分别达到 17136.1 元、4571.4 元和 575.4 元。而吉林森工林区 2016 年家庭人均收入最低，仅为 18157.2 元，比 2015 年名义下降了 7.0%。家庭人均工资性收入与人均经营性收入也有所下降，分别为 14327.1 元与 595.6 元。人均工资性收入比 2015 年名义下降 7.5%，人均经营性收入比 2015 年名义下降 32.0%。龙江森工林区的家庭人均收入为 22034.5 元，仅次于长白山森工，比 2015 年名义增长 2.4%；且龙江森工林区 2016 年财产性收入最高，为 684.6 元，比 2015 年名义增长了 23.8%。大兴安岭林区的家庭人均收入为 20273.4 元，其转移性收入相对其他林区较低，仅为 1938.5 元，但人均工资性收入较高，为 16758.6 元，占家庭人均总收入的 82.6%。内蒙古森工林区的家庭人均收入最低，仅为 19111.9 元，但人均转移性收入为林区中最高，达到 3688.8 元，占人均家庭总收入的 19.3%。人均经营性收入与人均财产性收入明显低于其他林区，但相对于 2015 年有所增长，人均家庭收入名义增长了 8.1%。

调查表明，2016 年国有林区职工家庭人均工资性收入为 15109.3 元，比 2015 年减少了 2.5%。根据所有森工林区情况的调查统计，2016 年林业局职工人均工作时间为 11.66 个月，比 2015 年增加了 0.07 个月，基本上总体的工作时间并没有太大差异，同时 2016 年的林业局人均年工资是 28131.9 元，是 2015 年人均年工资的 1.02 倍，2016 年林业局人均年工资相比 2015 年有小幅度的增加，这说明 2016 年工资性收入的降低并非林业局职工的工资收入的变化所导致（表 6）。

表 6　林业局和其他企事业单位工作人员的工作时间和工资收入情况

年　份	林业局人均工作时间（月）	林业局人均年工资（元/年）	其他企事业单位人均工作时间（月）	其他企事业单位人均年工资（元/年）
2016	11.66	28131.9	10.39	31799.8
2015	11.59	27690.1	11.06	36067.7

注：为使工作时间的变化表示更为精确，此处保留两位小数。

进一步分析林区在其他企事业单位工作人员的人均工作时间和人均年工资收入（表 6）。据样本户调查，2016 年其他企事业单位人均工作时间为 10.39 个月，比 2015 年减少了 0.67 个月，同时 2016 年在其他企事业单位工作的人均年工资为 31799.8 元，而 2015 年其他企事业单位人均年工资为 36067.7 元，是 2016 年的 1.13 倍。由此可知，2016 年在其他企事业单位工作人员的工作时间和年工资收入均有较大幅度的下降，这在一定程度上解释了 2016 年工资性收入下降的原因。

表 7 表明，2016 年重点国有林区职工家庭人均转移性收入为 3028.7 元，比 2015 年增加了 28.7%。职工人均转移性收入比 2015 年有较大幅增加，主要表现在退休金的增加。且对转移性收入的调查中，2016 年加入了"打工工作寄回家的收入"一项，也可能导

表 7　2016 年重点国有林区及各林区样本工家庭人均转移性收入

项　目	重点国有林区	龙江森工	大兴安岭林业集团	内蒙古森工	吉林森工	长白山森工
转移性收入（元）	3028.7	3316.8	1938.5	3688.8	2374.2	3116.0
占比（%）	100.0	100.0	100.0	100.0	100.0	100.0
退休金（元）	2407.9	2421.3	1565.8	3223	2116.6	2351.0
占比（%）	79.5	73.0	80.8	87.4	89.1	75.4
子女给的赡养费（元）	72.8	88.5	49.1	46.4	29.1	178.6
占比（%）	2.4	2.7	2.5	1.3	1.1	5.7
打工工作寄回的收入（元）	331.3	426.5	260.9	236.5	161.5	527.8
占比（%）	10.9	12.9	13.5	6.7	6.7	16.9
各种政府补贴（元）	216.8	377.6	62.8	182.9	75.3	58.7
占比（%）	7.2	11.5	3.2	5.0	3.1	1.9

致整体转移性收入的增加。2016 年家庭人均打工工作寄回家的收入为 331.3 元，占家庭人均转移性收入的 10.9%。减去这项收入后，转移性收入仍比 2015 年的家庭人均转移性收入增加 14.6%。

退休金是转移性收入中的主要组成部分，2016 年家庭人均退休金为 2407.9 元，占家庭人均转移性收入的 79.5%，这个占比与 2015 年相比增加了 12.7%。转移性收入的提高还表现在各种政府补贴的提高，包括农业补贴、林下经营补贴、低保金、民间救助。除大兴安岭林区有所下降外，其他林区均有所增加。

利用林业局层面的调查表，考察了各林业局 2016 年和 2015 年相比在岗职工年人均工资情况，剔除数据不完整或不可靠的林业局外，在 22 个林业局中，16 个林业局 2016 年在岗职工年人均工资增加，增幅最大的是大兴安岭林区的阿木尔林业局，增幅为 22.6%；6 个林业局 2016 年在岗职工年人均工资减少，减幅最大的是长白山森工林区的和龙林业局，减幅为 17.8%（图 3）。

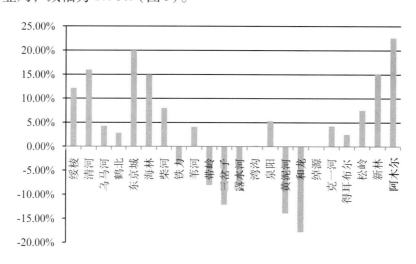

图 3   2016 年各林业局在岗职工年人均工资增减情况

3. 职工家庭的收入差距不大

将样本户家庭人均收入水平从低到高顺序排列，平均分为五个等份，处于最高 20% 的收入群体为高收入组，依此类推依次为中等偏上收入组、中等收入组、中等偏下收入组、低收入组。2016 年重点国有林区职工家庭人均收入五等份结果见表 8。低收入家庭的人均收入为 9664.0 元，高收入家庭的人均收入为 39271.2 元，是低收入家庭的 4.1 倍，比 2015 年的 4.3 倍有所缩小。根据《中华人民共和国 2016 年国民经济和社会发展统计公报》，2016 年全国居民高收入家庭的人均收入是低收入家庭的 10.7 倍，由此可见，重点国有林区职工家庭的收入差距并不大。在龙江、大兴安岭、内蒙古、吉林和长白山等各森工林区，这个倍数分别是 4.4、3.4、3.4、3.9 和 4.7 倍，对比 2015 年的 4.6、4.1、3.4、4.3 和 5.1 倍，除内蒙古森工林区保持不变外，各个林区的收入差距均有所缩小。

相对来看，长白山森工林区职工家庭的收入差距最大，高收入家庭的收入是低收入家庭的 4.7 倍。大兴安岭林区和内蒙古森工林区职工家庭的收入差距最小，均为 3.4 倍。

表 8　2016 年重点国有林区及各林区样本家庭收入分组后人均收入水平和结构

样本范围	收入组	人均收入（元）	工资性收入（%）	经营性收入（%）	财产性收入（%）	转移性收入（%）	其他收入（%）	合计（%）
重点国有林区	低收入组	9664.0	81.8	4.3	0.4	12.6	0.9	100.0
	中等偏下收入组	15165.6	78.1	3.6	0.7	16.4	1.2	100.0
	中等收入组	19274.8	81.2	3.8	0.6	13.8	0.6	100.0
	中等偏上收入组	24863.9	74.6	6.9	1.1	15.4	2.0	100.0
	高收入组	39271.2	60.2	19.7	4.3	13.9	1.9	100.0
龙江森工	低收入组	8990.0	77.4	8.0	0.3	13.5	0.8	100.0
	中等偏下收入组	15111.5	78.9	5.1	0.7	14.3	1.0	100.0
	中等收入组	19474.8	80.6	6.3	0.7	11.9	0.5	100.0
	中等偏上收入组	24776.1	68.1	10.9	1.5	18.6	0.9	100.0
	高收入组	39847.1	52.8	24.0	6.3	15.0	1.9	100.0
大兴安岭林区	低收入组	10390.9	82.3	2.4	0.5	14.0	0.8	100.0
	中等偏下收入组	14874.7	80.6	1.7	1.1	15.1	1.5	100.0
	中等收入组	19474.3	88.9	1.6	0.4	7.3	1.8	100.0
	中等偏上收入组	25465.3	87.1	0.2	0.5	10.2	2.0	100.0
	高收入组	35475	76.4	13.8	2.5	5.9	1.4	100.0
内蒙古森工	低收入组	10289.2	86.8	2.1	0.2	8.9	2.0	100.0
	中等偏下收入组	15286.4	73.9	3.0	0.1	21.8	1.2	100.0
	中等收入组	19094.6	74	0.5	0.2	25.1	0.2	100.0
	中等偏上收入组	24694.8	76.9	2.5	0.9	19.7	0	100.0
	高收入组	34994.8	74.4	8.9	0.4	16.3	0	100.0
吉林森工	低收入组	9396.9	83.5	2.6	0.3	13.4	0.2	100.0
	中等偏下收入组	15357.9	80.5	3.4	1.2	13.2	1.7	100.0
	中等收入组	18936	83.2	3.7	1.3	11.4	0.4	100.0
	中等偏上收入组	24649.7	72.5	3.7	1.5	8.9	13.4	100.0
	高收入组	36772	75.7	3.1	3.7	16.1	1.4	100.0
长白山森工	低收入组	10971	79.1	1.5	0.6	18.8	0	100.0
	中等偏下收入组	15179.6	73.8	2.8	0.6	22.8	0	100.0
	中等收入组	19077.3	87.6	5.7	1.1	5.6	0	100.0
	中等偏上收入组	24864	77.1	11.3	0.8	9.6	1.2	100.0
	高收入组	51195.4	45.5	33.5	2.7	13.6	4.7	100.0

　　从收入结构来看，重点国有林区低收入家庭的工资性收入所占比重最高，经营性收入所占比重不高；而高收入家庭则恰好相反。这说明在重点国有林区发展农林业的家庭经营，有助于职工家庭增收。值得一提的是，收入差距最大的龙江森工林区和长白山森工林区的高收入家庭的经营性收入占比明显高于其他森工林区，分别为 24.0% 和 33.5%，说明在森工林区经营性收入是拉开收入差距的重要因素（表 8）。

　　与 2015 年相比，2016 年重点国有林区低收入组家庭的人均收入名义增加了 6.4 个百分点；高收入组家庭的人均收入名义增加了 0.5 个百分点（图 4）。

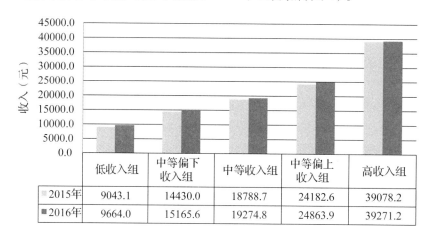

	低收入组	中等偏下收入组	中等收入组	中等偏上收入组	高收入组
2015年	9043.1	14430.0	18788.7	24182.6	39078.2
2016年	9664.0	15165.6	19274.8	24863.9	39271.2

图 4　重点国有林区样本家庭人均收入五等份的趋势比较（2015～2016 年）

4. 家庭消费水平不断提高，且增幅较大

　　家庭生活消费调查需要被访谈的家庭成员回忆过去一年里所有家庭成员各种生活方面的消费信息，因而存在个别被访谈的家庭成员漏答或拒答的情况。食品支出是家庭生活消费中最重要的一项内容，如果该项数据缺失，则舍弃该样本，2017 年的调查由于采用 CAPI 面访系统从而提高了数据收集的质量，所有的调查样本均为有效样本，为 1004 个。

　　据样本户调查，2012 年以来重点国有林区职工家庭总消费和人均消费均呈增长态势。2016 年重点国有林区职工家庭生活总消费的均值为 60732.1 元，比 2015 年名义增长 8.5%，扣除价格因素影响，实际增长 7.0%。控制家庭规模的影响后，2016 年重点国有林区职工家庭人均生活性消费的均值为 21934.4 元，比 2015 年名义增长 16.1%，扣除价格因素影响，实际增长 14.5%（图 5）。

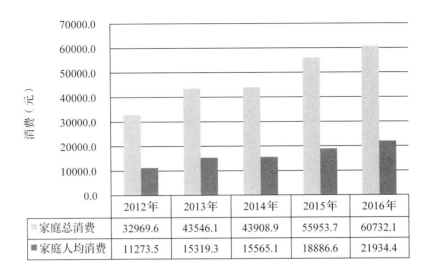

图 5　重点国有林区样本家庭生活性消费变化趋势(2012~2016 年)

5. 食品支出仍是最大的生活性消费支出，各项生活性消费支出均有所增加

2016 年重点国有林区职工家庭生活性消费支出中，人均食品支出为 5724.5 元，占 26.1%，即恩格尔系数为 26.1%，与 2015 年相比减少了 1.7 个百分点(表 9)。这个水平和全国居民平均水平相比要小一些，因为据《中华人民共和国 2016 年国民经济和社会发展统计公报》，2016 年全国居民的恩格尔系数为 30.1%。重点国有林区职工家庭 2016 年的人均食品支出比 2015 年名义增加了 11.1%。此外，其他各项消费比 2015 年名义增加情况为：人均衣着支出为 1672.4 元，增加 11.5%；人均子女教育支出为 2566.5 元，增加 5.0%；人均居住支出为 1496.1 元，增加 8.6%；人均交通和通讯支出为 1371.8 元，增加 13.5%；人均文化娱乐支出为 573.6 元，增加 28.2%；人均家庭设备与服务支出为 2400.1 元，增加 64.5%，该项支出的增幅最大(图 6)。

分林区看，长白山森工林区家庭人均生活性消费支出最高，为 24713.2 元；大兴安岭林区家庭人均生活性消费支出最低，为 20769.1 元。

表 9　2016 年重点国有林区及各林区样本家庭人均生活性消费的水平和结构

项　目	国有林区	龙江森工	大兴安岭林区	内蒙古森工	吉林森工	长白山森工
生活性消费(元)	21934.4	22244.6	20769.1	21732.2	20853.8	24713.2
占比(%)	100	100	100	100	100	100
食品支出(元)	5724.5	5264.5	6085.5	5785	5752.2	7079.6
占比(%)	26.1	23.7	29.3	26.6	27.6	28.6
衣着支出(元)	1672.4	1812.4	1647.1	1553.7	1401.8	1778.1
占比(%)	7.6	8.1	7.9	7.1	6.7	7.2
子女教育(元)	2566.5	2224	3001.6	3145.7	2345.3	2494.9
占比(%)	11.7	10	14.5	14.5	11.2	10.1

（续）

项　目	国有林区	龙江森工	大兴安岭林区	内蒙古森工	吉林森工	长白山森工
日用品消费(元)	803.5	885.9	746.4	625.2	781.7	952.9
占比(%)	3.7	4	3.6	2.9	3.7	3.9
居住支出(元)	1496.1	1564.8	1598.4	1181.3	1559.5	1603
占比(%)	6.8	7	7.7	5.4	7.5	6.5
交通和通讯(元)	1371.8	1468.5	1153.6	1367.7	1297.8	1422.1
占比(%)	6.3	6.6	5.6	6.3	6.2	5.8
文化娱乐(元)	573.6	633.3	461.7	488.8	569.8	680.6
占比(%)	2.6	2.8	2.2	2.2	2.7	2.8
设备与服务(元)	2400.1	3034.4	1647.7	1756.4	2818.6	1462.5
占比(%)	10.9	13.6	7.9	8.1	13.5	5.9
医疗保健(元)	2209.2	2252.5	1882.8	2369.7	1113.7	4021.3
占比(%)	10.1	10.1	9.1	10.9	5.3	16.3
转移性支出(元)	3118.1	3107.3	2544.4	3458.7	3213.3	3218.1
占比(%)	14.2	14	12.3	15.9	15.4	13

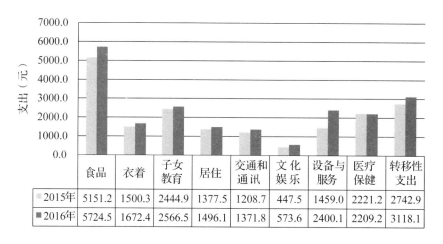

	食品	衣着	子女教育	居住	交通和通讯	文化娱乐	设备与服务	医疗保健	转移性支出
2015年	5151.2	1500.3	2444.9	1377.5	1208.7	447.5	1459.0	2221.2	2742.9
2016年	5724.5	1672.4	2566.5	1496.1	1371.8	573.6	2400.1	2209.2	3118.1

图 6　重点国有林区样本家庭人均生活性消费的水平和结构变化（2015～2016 年）

6. 四成多的家庭有存款，一成多的家庭有贷款或债务

调查的 1004 个样本户中，家里有存款的有 432 户，占 43.0%，与 2015 年相比下降了 0.5 个百分点。其中，79.8% 的家庭有 1 万元以上的存款，与 2015 年相比下降了 4.3 个百分点；45.8% 的家庭有 3 万元以上的存款，与 2015 年相比下降 1.2 个百分点；25.6% 的家庭有 5 万元以上的存款，与 2015 年相比增加了 1.2 个百分点；10.6% 的家庭有 10 万元以上的存款，与 2015 年相比增加了 0.5 个百分点（图 7）。

样本户中，家中有贷款的有 112 户，占 11.2%。其中，有 53 户是房贷，占 47.3%，有 25 户是生产性贷款，占 2.5%。在有贷款的家庭中，91.1% 的家庭有 1 万元以上的贷款，67.9% 的家庭有 3 万元以上的贷款，44.7% 的家庭有 5 万元以上的贷款，28.6% 的

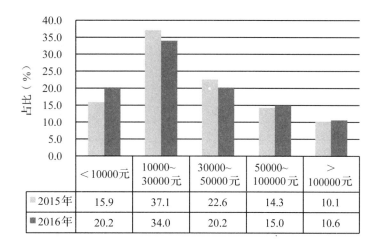

	<10000元	10000~30000元	30000~50000元	50000~100000元	>100000元
2015年	15.9	37.1	22.6	14.3	10.1
2016年	20.2	34.0	20.2	15.0	10.6

图7　重点国有林区样本家庭存款分布情况变化(2015~2016年)

家庭有10万元以上的贷款(表10)。

表10　2016年重点国有林区样本家庭存款、贷款和债务的分布情况　　　　　单位:%

金　额	存　款	贷　款	债　务
<10000元	20.2	8.9	17.4
10000~30000元	34.0	23.2	35.4
30000~50000元	20.2	23.2	21.5
50000~100000元	15.0	16.1	16.7
>100000元	10.6	28.6	9.0
合　计	100.0	100.0	100.0

　　样本户中,家中有债务的有144户,占14.3%。其中,6.3%是生产性债务,23.6%是由于子女上学或医疗而产生的债务,31.9%为因买房产生的债务,其余为其他原因产生的债务。在有债务的家庭中,82.6%的家庭有1万元以上的债务,47.2%的家庭有3万元以上的债务,25.7%的家庭有5万元以上的债务,9.0%的家庭有10万元以上的债务。

(二)就业与工作条件

　　本部分主要关注重点国有林区16岁以上成年人口的就业状态,并将就业状态分为工作、家庭经营、退休、上学和无工作、其他等6种类型。将在过去的一年中曾在国有单位以及私营单位工作并有工资收入的人认定为处于工作状态;将过去的一年中不曾在任何单位工作但从事个体工商业或家庭农林业生产活动的人认定为处于家庭经营状态;将非上学和非退休并在过去的一年中没有工作且没有从事家庭经营的人认定为无工作;就业状态为"其他"包括现役军人、实习工作等无法分类的就业状态。对于工作条件,主要是针对那些有工作的人,并考察他们从事某一项工作的全年工作月数或全年工作天数。

1. 无工作人口的比例逐年减少，整体的就业状况好转

据样本户调查，2016 年重点国有林区 16 岁以上的成年人口共 2639 人，其中，有工作的占 62.3%，比 2015 年上升了 0.2 个百分点，比 2014 年上升了 6.9 个百分点；无工作的人占 11.6%，比 2015 年下降了 0.4 个百分点，比 2014 年下降了 5.2 个百分点。从事家庭经营的占 3.5%，退休的占 11.6%。总体来说重点国有林区成年人中有工作的人员比例在逐年增加，无工作的人员比例在逐年减少，就业状况好转（图 8 至图 10）。

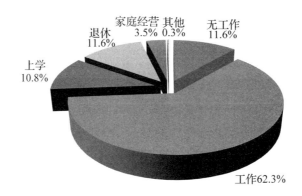

图 8   2016 年重点国有林区样本家庭成年人的就业状况

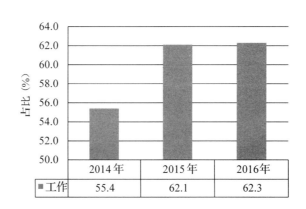

	2014 年	2015 年	2016年
■工作	55.4	62.1	62.3

图 9   重点国有林区样本家庭成年人的工作情况变化（2014～2016 年）

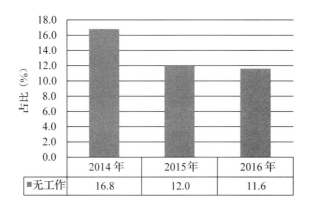

	2014 年	2015 年	2016 年
■无工作	16.8	12.0	11.6

图 10   重点国有林区样本家庭成年人的无工作情况变化（2014～2016 年）

分林区看（表11），长白山森工林区就业状况最好，有工作的比例为67.7%；内蒙古森工林区的就业状况最差，有工作的比例为54.1%。大兴安岭林区、内蒙古森工林区、长白山森工林区无工作的比例较2015年有所减少，龙江森工和吉林森工林区无工作的情况的比例较2015年增加，其中，2016年龙江森工林区无工作比例为11.3%，较2015年增加了0.3个百分点；2016年大兴安岭林区无工作的比例为9.6%，比2015年减少2.7个百分点，比2014年减少11.3个百分点；而内蒙古森工林区改善较小，2016年内蒙古森工林区无工作的比例为16.4%，比2015年减少0.3个百分点，比2014年减少0.4个百分点。除大兴安岭林区从事家庭经营的比例比2015年减少0.8个百分点外，其他4个森工林区从事家庭经营的比例较2015年有所增加，其中，长白山森工林区增幅较大，增加了2.3个百分点，2016年龙江森工林区从事家庭经营的比例在各林区中最高，为5.7%，比2015年增加了0.9个百分点。

表 11　2016 年各林区样本家庭成年人的就业状况　　　　　　　　单位:%

就业状态	龙江森工	大兴安岭林区	内蒙古森工	吉林森工	长白山森工
无工作	11.3	9.6	16.4	8.9	8.7
工 作	62.9	66.3	54.1	65.1	67.7
上 学	8.8	13.7	13.3	11.2	8.3
退 休	10.9	8.6	14.4	12.5	11.8
家庭经营	5.7	1.3	1.6	2.3	3.5
其 他	0.4	0.5	0.2	0	0
合 计	100.0	100.0	100.0	100.0	100.0

2. 青年人有工作的比例逐年增加，并且职业类型丰富，就业有所改善

据被访样本户调查，2016年重点国有林区30岁以下并且非学生的成年人有370人，无工作的比例为19.8%，比2015年减少了0.8个百分点，比2014年减少了5.9个百分点；有工作的比例为78.3%，比2015年增加了3.1个百分点，比2014年增加了6.4个百分点。从事家庭经营的比例较低，并且自2014年至2016年逐年减少。总体来看，重点国有林区青年人有工作的比例在2014~2016年间一直较高，均在70%以上，并且呈逐年增加的趋势，反映了青年人的就业问题正在改善（图11）。

另外，对于30岁以下的青年人，除去做管理干部或专业技术人员以外，做工人的比例与从事其他职业类型的比例相同。表12表明，在30岁以下的青年人中，27.2%是管理干部，15.5%是专业技术人员，如医生、教师、护士等，高于其他3个年龄段中专业技术人员的比例，28.6%是工人，包括林业局管护、抚育工人、林业局其他工人、林下产品加工工人以及建筑公司等其他工厂工人等，还有28.6%为其他正规公司企业职员、银行柜员、服务人员、销售人员、打零工以及从事发型师、设计师、培训师等多种类型的工作，这反映了30岁以下的青年人工作类型的多样性。而进一步对不同职业类型的人

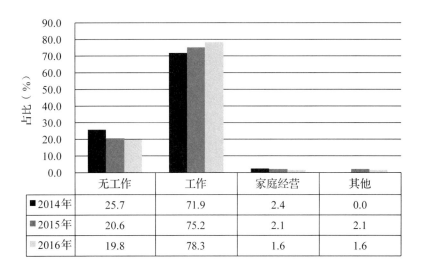

	无工作	工作	家庭经营	其他
■2014年	25.7	71.9	2.4	0.0
■2015年	20.6	75.2	2.1	2.1
□2016年	19.8	78.3	1.6	1.6

图 11　重点国有林区样本家庭 30 岁以下非学生人口的就业状态变化（2014～2016 年）

均年工资收入进行分析，2016 年管理干部的人均工资年收入为 30809.6 元，专业技术人员为 37470.0 元，工人为 26693.6 元。可见目前专业技术人员的平均工资收入要高于管理干部人员的工资收入，这可能使得青年人在选择就业时更倾向于成为专业技术人员，也是造成 2016 年青年人中专业技术人员比例高于其他年龄段的原因之一（表 12）。同时还发现随着年龄的增大，工人的比例逐渐增加，例如在 50～59 岁这个年龄段群体中，工人所占比例达到 52.7%（表 12）。

表 12　2016 年重点国有林区样本家庭各年龄段成年人的职业状况　　　　　　　单位：%

	<30 岁	30～39 岁	40～49 岁	50～59 岁
管理干部	27.2	48.0	35.5	34.2
专业技术人员	15.5	8.3	8.0	6.1
工　人	28.6	36.4	49.0	52.7
其　他	28.6	7.3	7.4	7.0

注：重点国有林区成年人职业类型分析只针对有工作的群体，共计 1644 人。

3. 从事家庭经营的人员少，农林经营呈老年化趋势

调查发现，从事家庭经营的人口从 2013 年的 4.3% 下降到 2014 年的 4.1%，再下降到 2015 年的 2.7%，到 2016 年上升至 3.5%（图 12），2013 年至 2015 年呈逐年下降的趋势，2016 年的比例有小幅度增加，与 2015 年基本持平，且从事家庭经营人员的占比一直在 5.0% 以下，从事家庭经营的人口少。另外，从事家庭经营的人员的平均年龄为 45 岁，40 岁以上的占 78.3%，比 2015 年增加了 17.0 个百分点，正呈现出老龄化的趋势（图 13）。

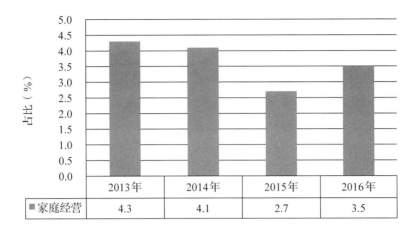

12　重点国有林区样本家庭成年人的家庭经营情况变化(2013~2016 年)

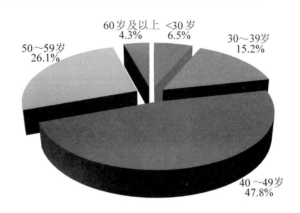

图 13　2016 年重点国有林区样本家庭从事家庭经营人员的年龄分布

调查发现，2016 年从事农林生产经营的人员很少，有 34 人，占比 1.3%，比 2015 年减少 0.7 个百分点。另外，2016 年从事农林生产经营的人员的平均年龄为 48 岁，而 2015 年为 46 岁，2016 年 30 岁以下的青年人从事农林生产经营的占 5.9%，比 2015 年减少了 2.9 个百分点，30~39 岁的占 5.9%，比 2015 年下降了 6.4 个百分点，40 岁以上的

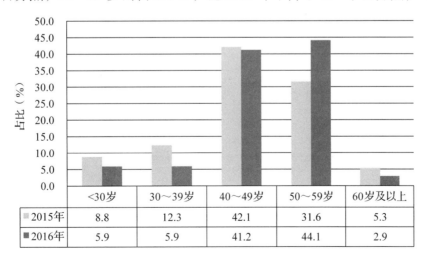

图 14　重点国有林区样本家庭从事农林生产经营人员年龄变化(2015~2016 年)

占 88.2%，比 2015 年增加 7.5 个百分点(图 14)。因此，40 岁以下从事农林生产经营人员的减少可能是造成 2016 年总体从事农林生产经营占比减少的主要原因，同时也可以看出农林生产经营同样呈老龄化趋势。

4. 一次性安置人员的就业状况有所好转，其从事家庭经营的人员逐年增加

在调查中对成年人询问了"是否为一次性安置人员"，有 2353 个成年人做出了回答，其中一次性安置人员 176 人。一次性安置人员中女性 124 人，占 70.5%，男性 52 人，占 29.5%。所有一次性安置人员的平均年龄为 49 岁，在年龄结构上，40～59 岁的占 50.0%，50～59 岁的占 39.8%，因此 40～59 岁是最大的群体，占 89.8%(图 15)。

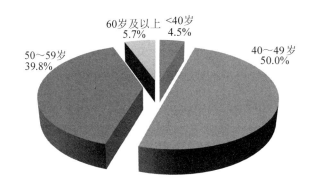

图 15 2016 年重点国有林区样本家庭一次性安置人员的年龄结构

一次性安置人员的就业状态方面(图 16)，31.8% 的人有工作，比 2015 年减少了 1.5 个百分点，比 2014 年增加 6.1 个百分点；29.5% 的人无工作，比 2015 年减少了 1.2 个百分点，比 2014 年减少了 17.6 个百分点；8.0% 的人从事家庭经营，比 2015 年增加了 2.7 个百分点，比 2014 年增加了 5.1 个百分点；30.7% 的人已退休，比 2015 年增加了 1.8 个百分点，比 2014 年增加了 7.4 个百分点。可以看出，重点国有林区一次性安置人员无工作的比例正在逐年下降，退休人员比例在逐年增加，家庭经营人员的比例也在逐年增加。

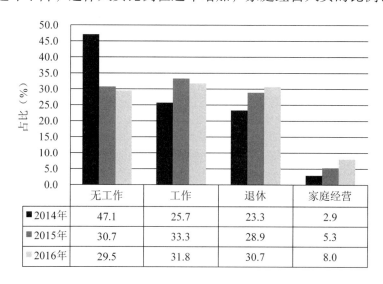

	无工作	工作	退休	家庭经营
2014年	47.1	25.7	23.3	2.9
2015年	30.7	33.3	28.9	5.3
2016年	29.5	31.8	30.7	8.0

图 16 重点国有林区样本家庭一次性安置人员就业状况的变化(2014～2016 年)

5. 无工作人员以女性为主，40～59 岁的中老年人居多

无工作的成年人中，女性 241 人，占 79.0%。在无工作人员的年龄分布上（表13），以 40～59 岁的中老年人居多，其中 40～49 岁占 38.7%，50～59 岁占 17.0%。

表 13　2016 年重点国有林区样本家庭无工作人员年龄分布

年　龄	频　数	占比(%)
＜30 岁	73	23.9
30～39 岁	48	15.7
40～49 岁	118	38.7
50～59 岁	52	17.0
≥60 岁	14	4.6
合　计	305	100.0

6. 外出务工人员选择省外打工的比例大幅度增加，并以青年人和高学历人员为主

本次调查中共有 1748 人对于"2016 年是否外出打工"这一问题做出了回答，有 166 人表示 2016 年外出打工，其中，56.0% 的人选择去省外打工，比 2015 年增加 18.2 个百分点，25.3% 的人选择县外省内打工，比 2015 年减少 0.8 个百分点；18.7% 的人选择县内打工，比 2015 年减少 16.4 个百分点（图17）。总的来说 2016 年大部分人选择县外、省外打工，并且选择省外打工的比例大幅度增加。

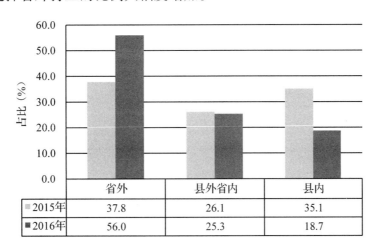

	省外	县外省内	县内
2015年	37.8	26.1	35.1
2016年	56.0	25.3	18.7

图 17　重点国有林区样本家庭外出务工人员的务工地点（2015～2016 年）

在这些外出务工的人中，31.3% 给家中寄钱，比 2015 年减少 14.7 个百分点，平均每人每年寄给家中 18005.6 元，而 2015 年平均每人每年给家中寄 12331.4 元，2016 年是 2015 年的 1.5 倍，这部分钱成为重点国有林区外出务工家庭的重要收入来源。

这些外出务工人员以青年人居多，其中，30 岁以下的外出务工人员占 65.7%，30～39 岁的外出务工人员占 9.6%；外出务工人员以高学历人员为为主，大专及以上学历的外出务工人员占 51.2%（表14）。表明重点国有林区劳动力流动呈年轻化，青年劳动力和高学历劳动力正在外流。

表 14　2016 年重点国有林区样本家庭外出务工人员的年龄情况和受教育情况

外出务工人员特征		频　数	占比（%）
年　龄	30 岁以下	109	65.7
	30 ~ 39 岁	16	9.6
	40 岁及以上	28	24.7
受教育程度	小学至初中	43	25.9
	高中至中专	39	23.5
	大专至研究生	84	51.2

7. 造林和森林抚育生产任务的覆盖面小、工期短，森林管护工作的覆盖面明显增加

样本户中除去上学、退休和无工作的成年人共 1743 人，其中，351 人参加了造林生产，占 20.1%，比 2015 年增加 2.3 个百分点；281 人参加了森林抚育，占 16.1%，比 2015 年增加 0.9 个百分点。造林生产的工期平均 26.0 天，人均补贴收入 1935.9 元；抚育生产的工期平均 37.4 天，人均补贴收入 2698.7 元。

森林管护任务一般是全年性的，由专门的管护工人负责，森林管护收入是管护工人工资性收入的主要来源。调查表明，492 人参加了森林管护，占 28.2%，比 2015 年增加 10.0 个百分点；森林管护的工期平均 343.7 天，人均管护收入 22037.4 元（表 15）。

表 15　2016 年造林、抚育、管护生产任务的工期、收入及参与人数

生产任务	参与天数（天）	收入（元）	参与人数（人）	占比（%）
造林	26.0	1935.9	351	20.1
抚育	37.4	2698.7	281	16.1
管护	343.7	22037.4	492	28.2

（三）家庭生活条件

本部分主要从住房、居住条件来描述家庭生活条件，其中住房情况主要关注住房面积和住房的新旧程度，以期反映棚户区改造政策实施后的效果。居住条件部分包括家庭炊事燃料和饮用水的情况，在描述家庭炊事燃料时重点关注木材的使用情况，以期观测全面停伐后职工家庭对木材的使用情况。

1. 居住面积有所减少，居住楼房的比例较大

2016 年重点国有林区职工家庭户均居住面积为 61.5 平方米，比 2015 下降了 10.3 个百分点；2016 年重点国有林区职工家庭人均居住面积为 22.8 平方米，比 2014 年下降了 2.5 个百分点（表 16）。调查发现，居住在山上林场的职工家庭中，有 68.1% 的职工在山下局址拥有住房。分林区看，龙江森工林区职工家庭户均居住面积最大，为 66.6 平方米，内蒙古森工林区职工家庭户均居住面积最小，为 51.6 平方米，大兴安岭林区职工家

庭居住面积几乎没有变化。住房类型上，2016 年重点国有林区有 68.1% 的职工家庭住房类型为楼房；31.9% 的职工家庭住房是享受棚户区改造政策的棚改房（表 17）。

表 16　重点国有林区样本家庭居住面积变化（2015～2016）

林　区	户均居住面积（平方米）		增幅（%）	人均居住面积（平方米）		增幅（%）
	2016 年	2015 年		2016 年	2015 年	
重点国有林区	61.5	71.8	-10.3	22.8	25.3	-2.5
龙江森工	66.6	76.9	-10.3	25.1	27.6	-2.5
大兴安岭林区	59.5	60.7	-1.2	22.1	22.8	-0.7
内蒙古森工	51.6	55.6	-4.0	18.4	19.5	-1.1
吉林森工	62.9	74.8	-11.9	23.4	24.9	-1.5
长白山森工	61.3	79.6	-18.3	22.6	29	-6.4

表 17　2016 年重点国有林区样本家庭房屋结构　　　　　　　单位：%

林　区	楼房占比	棚改房占比
重点国有林区	68.1	31.9
龙江森工	65.9	34.1
大兴安岭林区	70.2	29.8
内蒙古森工	51.5	48.5
吉林森工	89.9	10.1
长白山森工	76.4	23.6

2. 炊事燃料主要以电和煤气为主，使用木材为炊事燃料的家庭比例有所增加

重点国有林区职工家庭的炊事燃料主要是电和煤气，2016 年使用电的家庭比例为 73.6%，使用煤气的家庭比例为 51.5%。使用木材作为炊事燃料的家庭比例为 23.2%，分别比 2015 年和 2014 年增加了 7.3 和 3.6 个百分点。

居住在山上林场的职工家庭中使用木材作为炊事燃料的家庭比例为 50.4%，比 2014 年增加 18.7 个百分点；居住在山下局址的职工家庭中使用木材作为炊事燃料的家庭比例为 11.8%，比 2015 年增加 4.0 个百分点。

分林区看，内蒙古森工林区使用木材作为炊事燃料的家庭比例最高，达到 40.5%，比 2015 年增加 7.2 个百分点，龙江森工林区使用木材作为炊事燃料的家庭比例为 22.4%，比 2015 年增加 7.0 个百分点；大兴安岭林区使用木材作为炊事燃料的家庭比例为 19.9%，比 2015 年增加 6.6 个百分点；长白山森工林区使用木材作为炊事燃料的家庭比例为 20.2%，比 2015 年增加 9.0 个百分点；吉林森工林区使用木材作为炊事燃料的家庭比例最低，为 7.4%，比 2015 年增加 1.2 个百分点。

以上分析表明，全面停伐后森林资源保护的压力仍然存在，职工家庭使用木材作为炊事燃料的情况有所反弹。

3. 居民饮用自来水的比例增加，内蒙古森工林区自来水使用比率最低

调查发现（表18），重点林区职工家庭中使用自来水的比例为77.9%，比2015年增加0.6个百分点。分林区来看，吉林森工林区和长白山森工林区使用自来水的职工家庭比例较高，分别为98.0%和93.3%；龙江森工林区与大兴安岭森工林区使用自来水比例也有所增加，分别增长0.8和7.7个百分点。但内蒙古森工林区使用自来水的职工家庭比例最低，仅为52.0%。

表18   2016年重点国有林区样本家庭饮用水类型   单位:%

林　区	自来水	井水或山泉水	其　他	合　计
重点国有林区	77.9	21.4	0.7	100.0
龙江森工	78.6	20.2	2.4	100.0
大兴安岭林区	81.5	18.5	0.6	100.0
内蒙古森工	52.0	48	0.5	100.0
吉林森工	98	1.4	0.7	100.0
长白山森工	93.3	5.6	1.1	100.0

4. 职工家庭从深山中搬迁出来的态度一般

样本户中仍然住在山上林场的职工家庭现有39户，占总样本的3.9%。样本户中近年来从山上林场搬迁到山下局址的职工家庭共有238户，当问到他们对搬迁出来的看法时，56.3%的人回答"好"，36.6%的人回答"一般"，7.1%的人回答"不好"。

回答"不好"的职工家庭对住房不满意的原因，按照选择答案的数量由多到少依次为：建筑质量不好、物业管理不好、面积小、户型结构或朝向不理想。

回答"一般"的职工家庭对住房不满意的原因，按照数量由多到少依次为：年久了、面积小、建筑质量不好、物业管理不好、地点不理想、户型结构或朝向不理想、楼层高。

（四）生产经营状况

重点国有林区家庭经营主要包括3个部分，一是个体工商经营，二是农业经营，主要是指大豆、玉米等种植业生产经营；三是林下经营，主要包括林下种植、林下采集和林下养殖等林下经济生产经营。本部分描述分析从事以上家庭经营活动的户数、收入、投入以及工作时间（月数）等内容。

1. 从事各类家庭经营的户数比例下降，从事个体工商业的户数比例降幅最大

据被访样本户调查，2016年重点国有林区1004个样本户中，从事林下经营的户数占8.1%；从事农业经营的户数占7.1%；从事个体工商经营的户数占3.3%（表19）。

在各林区中（表19），龙江森工林区从事家庭经营的户数比例最高，其从事个体工商经营、农业经营和林下经营的户数比例分别为4.1%、13.9%和8.4%；而大兴安岭林区从事家庭经营的户数比例最低，其从事个体工商经营、农业经营和林下经营的户数比例分别为2.0%、0.7%和6.6%。

表 19　2016 年重点国有林区样本家庭中从事各类家庭经营的户数及占比　　　单位：户、%

项　目	样本数	个体工商经营户数	占比（%）	农业经营户数	占比（%）	林下经营户数	占比（%）
重点国有林区	1004	33	3.3	71	7.1	81	8.1
龙江森工	416	17	4.1	58	13.9	35	8.4
大兴安岭林区	151	3	2.0	1	0.7	10	6.6
内蒙古森工	200	3	1.5	7	3.5	14	7.0
吉林森工	148	7	4.7	2	1.4	10	6.8
长白山森工	89	3	3.4	3	3.4	12	13.5

　　另外，2016 年重点国有林区从事各类家庭经营的户数比例均有下降，其中从事个体工商业的户数比例降幅最大。2016 年重点国有林区从事个体工商业的户数比例为 3.3%，比 2015 年下降 4.7 个百分点（图 18）。分林区看，各林区从事个体工商业的户数比例均下降（图 19）。

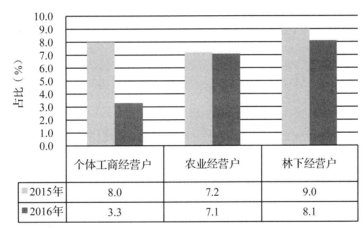

	个体工商经营户	农业经营户	林下经营户
2015年	8.0	7.2	9.0
2016年	3.3	7.1	8.1

图 18　重点国有林区样本家庭家庭经营的户数占比变化（2015～2016 年）

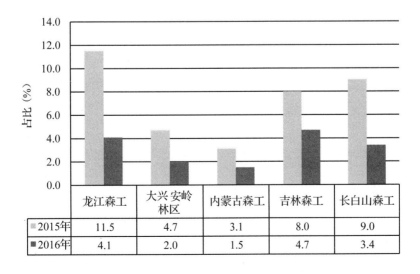

	龙江森工	大兴安岭林区	内蒙古森工	吉林森工	长白山森工
2015年	11.5	4.7	3.1	8.0	9.0
2016年	4.1	2.0	1.5	4.7	3.4

图 19　各林区样本家庭从事个体工商的户数占比变化（2015～2016 年）

　　职工家庭的农林生产经营包括农业经营和林下经营，有部分职工家庭同时从事了农业生产经营和林业生产经营。为便于比较，表 20 列出了 2015 年和 2016 年在农林业生产经营上有投入的户数及其占比情况。

　　据样本户调查，2016 年重点国有林区职工家庭中从事农林生产经营的户数比例为 13.8%，比 2015 年下降了 1.0 个百分点（图 20）。各林区中，龙江森工林区、大兴安岭林区和吉林森工林区从事农林生产经营的户数比例均出现小幅下降，例如龙江森工林区 2016 年从事农林生产经营的职工家庭占 21.6%，比 2015 年减少 3.8 个百分点，降幅最大；内蒙古森工林区、长白山森工林区则有所上升，例如长白山森工林区 2016 年从事农林生产经营的户数比例为 16.9%，比 2015 年增加 6.8 个百分点，增幅最大（表 20）。

表 20　重点国有林区样本家庭中投入农林生产经营的户数及占比（2015～2016 年）

林　区	2015 年			2016 年		
	总样本户（户）	有投入户（户）	占比（%）	总样本户（户）	有投入户（户）	占比（%）
重点国有林区	1028	152	14.8	1004	139	13.8
龙江森工	417	106	25.4	416	90	21.6
大兴安岭林区	148	13	8.8	151	7	5.3
内蒙古森工	224	11	4.9	200	17	8.5
吉林森工	150	14	9.3	148	10	6.8
长白山森工	89	9	10.1	89	15	16.9

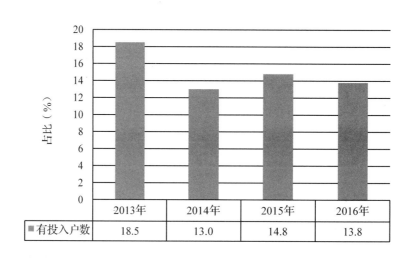

	2013年	2014年	2015年	2016年
有投入户数	18.5	13.0	14.8	13.8

图 20　重点国有林区样本家庭农林生产投入的户数变化（2013～2016 年）

2. 家庭经营收入占家庭总收入的比重上升

　　2016 年重点国有林区中从事个体工商业的家庭有 33 户，这些家庭从事个体工商业所获得的经营收入占其家庭收入的 38.1%；从事农业经营的家庭有 71 户，这些家庭从事农业经营所获得的经营收入占其家庭收入的 22.6%；从事林下经营的家庭有 81 户，这些

家庭从事林下经营所获得的经营收入占其家庭收入的 33.8%

在个体工商经营收入方面，龙江森工林区中从事个体工商经营家庭的经营收入占比最高，为 43.8%；最低的是内蒙古森工林区，占 14.2%；在农业经营收入方面，龙江森工林区中从事农业经营家庭的经营收入占比最高，占 25.1%；最低的是内蒙古森工林区，占 5.0%；在林下经营方面，长白山森工林区中从事林下经营家庭的经营收入占比最高，为 44.4%，最低的是吉林森工林区，占 13.0%（表 21）。

由图 21 可知，2016 年重点国有林区样本家庭中从事各类家庭经营的收入占家庭总收入的比例均有上升，从事个体工商经营的收入占家庭总收入的比例上升 2.0 个百分点，从事农业经营的收入占家庭总收入的比例上升 2.5 个百分点，从事林下经营的收入占家庭总收入的比例上升 12.1 个百分点。

表 21　2016 年重点国有林区样本家庭中从事各类家庭经营的收入

项　　目	重点国有林区	龙江森工林区	大兴安岭林区	内蒙古森工	吉林森工	长白山森工
个体工商经营(元)	36030.3	47529.4	40000.0	10666.7	15000.0	41333.3
占比(%)	38.1	43.8	52.5	14.2	19.5	36.2
农业经营(元)	15607.7	17157.8	—	2571.4	4000.0	9000
占比(%)	22.6	25.1	—	5.0	3.2	13.3
林下经营(元)	22603.7	21300.0	15890.0	15535.7	6100.0	54000
占比(%)	33.8	31.2	20.5	20.1	13.0	44.4

注：表中"占比"分别是占"有个体工商经营收入"、"有农业经营收入"和"有林业经营收入"家庭的家庭收入比重。

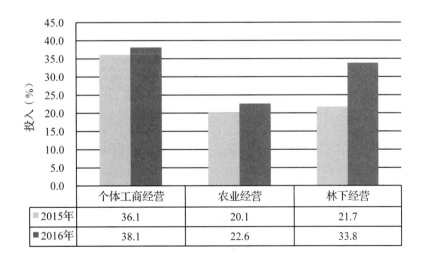

	个体工商经营	农业经营	林下经营
■2015年	36.1	20.1	21.7
■2016年	38.1	22.6	33.8

图 21　重点国有林区样本家庭中从事各类家庭经营收入占家庭总收入比例变化（2015~2016 年）

3. 农林生产经营投入大幅回升

重点国有林区职工家庭的农林生产投入在 2014、2015 年连续出现较大降幅后，在 2016 年有较大幅度回升。2016 年重点国有林区职工家庭的农林业生产投入为 20325.2

元，比 2015 年增加了 62.7%（图 22）。前面的分析表明，样本家庭农林经营性收入上升、占家庭总收入的比例上升，与这里职工家庭农林业生产投入增长的结论是一致的。

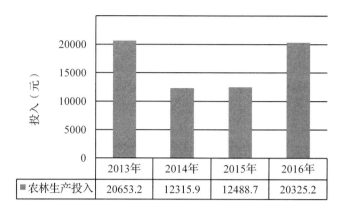

	2013年	2014年	2015年	2016年
■农林生产投入	20653.2	12315.9	12488.7	20325.2

图 22　重点国有林区样本家庭农林生产投入的变化趋势（2013～2016 年）

分林区来看（图 23），除大兴安岭林区外，各林区职工家庭 2016 年农林生产投入均有较大增幅。

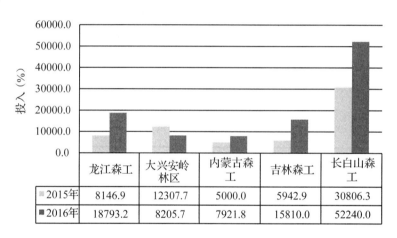

	龙江森工	大兴安岭林区	内蒙古森工	吉林森工	长白山森工
■2015年	8146.9	12307.7	5000.0	5942.9	30806.3
■2016年	18793.2	8205.7	7921.8	15810.0	52240.0

图 23　各林区样本家庭农林生产投入变化趋势（2015～2016 年）

4. 从事各类家庭经营的时间均有下降，从事农业生产经营和林下生产经营的时间降幅较大

2016 年重点国有林区职工家庭从事个体工商经营的时间为 9.7 个月，高于从事农业或林下经营的时间。农业和林下经营活动因为具有季节性而从事经营的时间相对较短，时间分别为 3.1 和 4.2 个月。分林区看，个体工商业方面，除内蒙古森工林区外，龙江森工林区从事个体工商业时间最长，为 9.9 个月；农业经营方面，长白山森工林区从事农业经营的时间最短，为 0.7 个月；林下经营方面，长白山森工林区从事林下经营的时间最长，为 5.6 个月（表 22）。总体来看，从事农业经营的时间略少于从事林下经营的时间。

表 22   2016 年重点国有林区样本家庭中从事各类家庭经营的时间   单位：月

项　目	重点国有林区	龙江森工	大兴安岭林区	内蒙古森工	吉林森工	长白山森工
个体工商经营	9.7	9.9	8.3	12.0	8.9	9.3
农业经营	3.1	2.6	6.0	5.8	6.6	0.7
林下经营	4.2	4.6	3.5	3.5	3.2	5.6

　　另外，由图 24 可知，2016 年重点国有林区职工家庭从事个体工商业的时间与 2015 年相比减少了 0.6 个月。2016 年重点国有林区职工家庭从事农业生产经营的时间与 2015 年相比出现较大降幅，农业经营和林下经营时间分别减少了 3.9 个月和 1.8 个月。

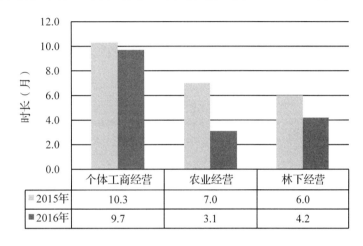

图 24   重点国有林区样本家庭中从事各类家庭经营的时间变化（2015～2016 年）

（五）职业技术培训

　　2016 年重点国有林区处于改革的关键时期，林业职工及其家庭成员的就业呈现出多元化，为此，本报告关注职工家庭成员的职业技术培训情况。在调查中，询问了被访者其家庭成员是否有参加职业技术培训的情况，以及职业技术培训的组织者、职业技术培训的内容、途径，以及满意度等情况。

1. 职工家庭成员参加职业技术培训的普及度不高

　　样本户中，有 255 户表示有家庭成员在 2016 年参加了职业技术培训，占 25.4%。分林区看，内蒙古森工林区参加职业技术培训的职工家庭占 32.5%，比重点国有林区的平均水平高 7.1 个百分点；其次是大兴安岭林区，参加职业技术培训的职工家庭占 30.5%，比重点国有林区平均水平高 5.1 个百分点。龙江森工林区的职工家庭参加职业技术培训的占比最低，比重点国有林区的平均水平低 4.5 个百分点（表 23）。

表 23　2016 年重点国有林区及各林区样本家庭成员是否参加职业技术培训　　单位：%

项　目	重点国有林区	龙江森工	大兴安岭林区	内蒙古森工	吉林森工	长白山森工
是	25.4	20.9	30.5	32.5	23.0	25.8
否	74.6	79.1	69.5	67.5	77.0	74.2
合　计	100.0	100.0	100.0	100.0	100.0	100.0

2. 林业局是职业技术培训的主要组织者，职业技术培训以岗位培训为主

重点国有林区职工职业技术培训的组织者中，林业局占比 84.3%，是主要组织者，而招工企业并没有承担职业技术培训的组织工作。并且在各森工林区中，林业局均是职工职业技术培训的主要组织者，县政府与一般培训机构则承担小部分组织工作（表 24）。

表 24　2016 年职业技术培训的组织者　　单位：%

组织者	重点国有林区	龙江森工	大兴安岭林区	内蒙古森工	吉林森工	长白山森工
林业局	84.3	86.2	82.6	90.8	76.5	73.9
县政府	5.1	1.1	6.5	4.6	11.8	8.7
合作社或协会	0.4	1.1	0	0	0	0
一般培训机构	8.2	10.3	6.5	3.1	8.8	17.4
其　他	2.0	1.3	4.4	1.5	2.9	0
合　计	100.0	100.0	100.0	100.0	100.0	100.0

重点国有林区为林业职工提供的职业技术培训的内容主要是岗位培训，占 63.9%；其次是就业技能培训，占 21.6%。分林区看，大兴安岭林区、内蒙古森工林区与吉林森工林区所提供的职业技术培训内容最多的均为岗位培训；龙江森工林区为职工提供的岗位培训与就业技能培训占比相差不大，而长白山森工林区所提供的就业技能培训比岗位培训的占比高 17.4 个百分点（表 25）。

表 25　2016 年职业技术培训的内容　　单位：%

培训内容	重点国有林区	龙江森工	大兴安岭林区	内蒙古森工	吉林森工	长白山森工
岗位培训	63.9	44.8	71.7	86.2	79.4	34.8
家庭生产经营培训	10.2	13.8	10.7	6.2	5.9	13.0
就业技能培训	21.6	35.6	13.0	4.6	8.8	52.2
其　他	4.3	5.8	4.6	3.0	5.9	0.0
合　计	100.0	100.0	100.0	100.0	100.0	100.0

3. 职业技术培训的参加途径是主动参加和干部组织

重点国有林区职工家庭参加职业技术培训的途径主要有主动参加和干部组织两种，其中由干部组织参加培训的职工家庭占 56.9%，主动参加的职工家庭占 39.6%。分林区看，各森工林区的林业职工家庭大都由干部组织参加职业技术培训，其次是自己主动参加培训，通过亲友推荐或者其他方式(单位要求、工会)参加培训的职工家庭非常少，个别林区甚至没有职工家庭通过这两种方式参加职业技术培训的情况(表 26)。

表 26   2016 年职工参加职业技术培训的途径   单位:%

项 目	重点国有林区	龙江森工	大兴安岭林区	内蒙古森工	吉林森工	长白山森工
主动参加	39.6	36.8	43.5	43.1	29.4	47.8
干部组织	56.9	56.3	56.5	53.8	67.7	52.2
亲友推荐	2.4	5.7	0	1.5	0	0
其 他	1.1	1.2	0	1.6	2.9	0

4. 职业技术培训的满意度较高

在调查的参加职业技术培训的 255 户职工家庭中，对培训表示满意和非常满意的占 75.7%，表示一般的占 22.7%，只有 0.4% 的职工家庭对所参加的职业技术培训感觉非常不满意，重点国有林区职工家庭对职业技术培训的满意度平均水平较高，而各森工林区的职工家庭对培训总体上均表示满意(表 27)。

表 27   2016 年职工对职业技术培训的满意度水平   单位:%

项 目	重点国有林区	龙江森工	大兴安岭林区	内蒙古森工	吉林森工	长白山森工
非常不满意	0.4	1.1	0	0	0	0
不满意	1.2	2.3	2.2	0	0	0
一 般	22.7	26.5	26.1	18.5	20.6	17.4
满 意	61.6	55.2	56.5	72.3	67.6	56.5
非常满意	14.1	14.9	15.2	9.2	11.8	26.1
合 计	100.0	100.0	100.0	100.0	100.0	100.0

(六)医 疗

本部分主要描述重点国有林居民对当地医疗条件的评价。居民对当地医疗条件的评价主要包括林区职工看病首选的医疗机构、医疗服务的可及性，这里主要关注的是林业局医院，最后是职工对林业局医疗卫生条件的满意度评价。

1. 职工看病首选医疗机构仍然是林业局医院，但有趋于多元化的趋势

调查发现，78.6% 的被访者表示得病后会选择所在林业局或所在县的医院，11.2%

的被访者表示选择省内知名医院，11.2%的被访者表示会选择去国内三甲医院，只有13.0%的被访者选择的是私人诊所（表28）。

　　分林区看（表28），龙江森工林区中65.6%的被访者会选择所在林业局的医院，其次选择省内知名医院。在大兴安岭林区，被访者多数在所在林业局、所在县和省内知名医院三者之间选择。在内蒙古森工林区，47.0%的被访者选择去所在县的医疗机构看病，26.5%选择在省内知名医院看病，23.0%选择在国内三甲医院看病。吉林森工林区中有四成以上的被访者会选择所在林业局或县的医院。在长白山森工林区，四成以上的被访者选择的是所在林业局或县的医院，而20.3%的被访者选择的是私人诊所。2016年的情况与2015年有所不同，2015年被访者中有55%以上选择林业局医院，与之相比，2016年的选择趋于多元化。总体上林区职工已从当初的首选林业局医院变得更加趋于多元化，尤其是大兴安岭林区和内蒙古森工林区，选择去林业局看病的分别从2015年的67.8%和70.8%下降到2016年的38.4%和13.0%（图25）。

表28　2016年重点国有林区及各林区样本家庭选择医疗机构的基本情况　　　　单位：%

医疗机构类型	重点国有林区	龙江森工	大兴安岭林区	内蒙古森工	吉林森工	长白山森工
所在林业局	47.3	65.6	38.4	13.0	45.3	49.8
所在县	31.3	13.0	35.8	47.0	44.6	47.3
省内知名医院	11.2	35.8	34.4	26.5	17.6	19.0
国内三甲医院	11.2	8.9	10.6	23.0	3.4	5.5
私人诊所	13.0	14.2	10.6	6.5	17.6	20.3
其　他	5.0	5.5	4.6	3.5	6.1	1.7

注：由于是多项选择，故各项占比之和不等于100.0%。

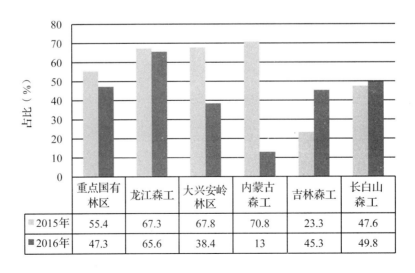

	重点国有林区	龙江森工	大兴安岭林区	内蒙古森工	吉林森工	长白山森工
2015年	55.4	67.3	67.8	70.8	23.3	47.6
2016年	47.3	65.6	38.4	13	45.3	49.8

图25　重点国有林区及各林区看病选择所在林业局医院的情况（2015～2016年）

重点国有林区职工家庭选择医疗机构的原因有多种，主要有医院距离的远近与方便程度、医疗条件、与医生的熟悉程度、医生水平、医院的服务态度、医疗费用、视病情大小、医保指定和其他等原因。调查发现，在重点国有林区，25.6% 的家庭看病时主要考虑的是医疗条件，22.9% 的家庭考虑的是医生水平，17.9% 的家庭考虑的是医院距离的远近，12.0% 左右的人考虑的是病情大小和医保指定，5.6% 考虑的是医疗费用(表 29)。

表 29 2016 年重点国有林区及各林区样本家庭选择看病地点原因的基本情况　　　　单位:%

项　　目	重点国有林区	龙江森工	大兴安岭林区	内蒙古森工	吉林森工	长白山森工
医院距离远近与方便程度	17.9	20.0	17.2	13.0	18.2	18.0
医疗条件	25.6	24.3	32.5	33.5	20.3	11.2
与医生熟悉程度	1.3	1.9	0.7	0	1.4	2.2
医生水平	22.9	18.8	21.9	20.0	33.8	32.6
医院的服务态度	0.5	0.2	0.7	0	1.4	1.1
医疗费用	5.6	3.8	4.0	6.0	9.5	9.0
视病情大小	12.5	11.8	12.6	16.5	6.1	18.0
医保指定	12.6	17.3	10.6	9.5	8.8	7.9
其　　他	1.0	1.9	0	0.5	0.7	0

注: 由于是多项选择，故各项占比之和不等于 100.0%。

2. 医疗服务的可及性比较好

家庭到最近医疗机构的距离这一指标反映的是医疗卫生服务的可及性。为了便于分析，按家庭到最近医疗机构的距离将林区职工家庭分为 5 组: 第 1 组是距离小于 1 千米的家庭，第 2 组是距离在 1 ~ 3 千米的家庭，第 3 组是距离在 3 ~ 5 千米的家庭，第 4 组是距离在 5 ~ 10 千米的家庭，第 5 组是距离在 10 千米以上的家庭。

在重点国有林区，有 61.4% 的家庭到最近医疗机构的距离在 1 千米以内，26.0% 的家庭到最近医疗机构的距离在 1 ~ 3 千米之间，3.4% 的家庭到最近医疗机构的距离在 3 ~ 5 千米之间，1.2% 的家庭到最近医疗机构的距离在 5 ~ 10 千米之间，还有 8.1% 的家庭到最近医疗机构的距离大于 10 千米(表 30)。

表 30 2016 年重点国有林区及各林区样本家庭到最近医疗机构的情况　　　　单位:%

与最近医疗机构的距离	重点国有林区	龙江森工	大兴安岭林区	内蒙古森工	吉林森工	长白山森工
≤1 千米	61.4	63.2	55.6	55.0	69.6	62.9
1 ~ 3 千米	26.0	25.2	35.1	22.0	25.7	23.6
3 ~ 5 千米	3.4	3.8	3.3	3.0	3.4	2.2

（续）

与最近医疗机构的距离	重点国有林区	龙江森工	大兴安岭林区	内蒙古森工	吉林森工	长白山森工
5 ~ 10 千米	1.2	1.0	0.7	3.0	0.7	0
> 10 千米	8.1	6.7	5.3	17.0	0.7	11.2
合　计	100.0	100.0	100.0	100.0	100.0	100.0

分林区看，龙江森工林区有 63.2% 的家庭离最近的医疗机构的距离在 1 千米以内，6.7% 的家庭距离在 10 千米以上；大兴安岭林区有 55.6% 的家庭离最近的医疗机构的距离在 1 千米以内，距离在 10 千米以上的则占 5.3%；内蒙古森工林区中离最近的医疗机构的距离在 1 千米以内的家庭占 55.0%，距离在 10 千米以上的则占 17%；吉林森工林区中 69.6% 的家庭离最近的医疗机构的距离在 1 千米以内，0.7% 的家庭距最近的医疗机构的距离大于 10 千米；长白山森工林区中离最近的医疗机构的距离在 1 千米以内的家庭占 62.9%，距离在 10 千米以上的占 11.2%。

3. 职工对林业局医疗卫生条件的满意度较高

在对重点国有林区医疗卫生条件的满意度调查中，80.8% 的被访者对本林业局现有医疗卫生条件表示满意，比 2015 年提高了 1.9 个百分点，只有 19.2% 的被访者表示不满意，比 2015 年降低了 0.9 个百分点（图 26）。

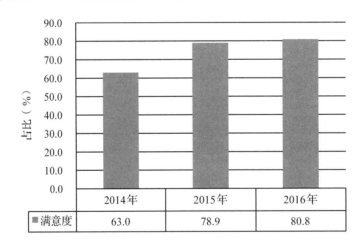

	2014年	2015年	2016年
■满意度	63.0	78.9	80.8

图 26　重点国有林区样本家庭对林业局医疗卫生条件的满意度变化（2014 ~ 2016 年）

分林区看（表 31），龙江森工林区和内蒙古森工林区的满意度较高，分别为 85.9% 和 85.2%，大兴安岭林区的满意度为 73.2%，长白山森工林区的满意度为 71.1%，吉林森工林区的满意度只有 65.7%。

表 31　2016 年重点国有林区样本家庭对林业局医疗卫生条件的满意度　　单位:%

满意度	重点国有林区	龙江森工	大兴安岭林区	内蒙古森工	吉林森工	长白山森工
非常不满意	11.7	8.2	12.2	12.5	23.0	8.5
比较不满意	13.2	10.0	15.7	25.0	18.7	11.0
一般满意	55.9	54.2	64.3	55.0	48.9	64.6
比较满意	15.7	22.1	7.0	7.5	7.9	13.4
非常满意	3.5	5.5	0.9	0	1.4	2.4

重点国有林区职工家庭对本林业局现有医疗卫生条件不满意原因有多种,主要有医生水平差、医疗条件差、交通不便、医院服务水平低、所在医院非医保指定医院、医疗费用高等原因。根据调查,在重点国有林区,59.3%的家庭对医疗卫生条件不满意主要是由于医生水平差,26.8%的家庭因为医疗条件差,由于医院服务水平低和医疗费用高对医疗卫生条件不满意的分别占5.7%和3.6%,仅有1.0%因为医疗机构交通不便和非医保指定医院而不满意(表32)。

表 32　2016 年重点国有林区及各林区样本家庭对医疗卫生条件不满意原因　　单位:%

项　目	重点国有林区	龙江森工	大兴安岭林区	内蒙古森工	吉林森工	长白山森工
交通不便	1.0	0	0	13.3	0	0
医疗条件差	26.8	21.9	43.8	26.7	17.2	50.0
医生水平差	59.3	65.8	40.6	46.7	69.0	43.8
医院服务水平低	5.7	1.4	12.5	3.1	6.9	6.3
非医保指定医院	1.0	1.4	3.1	0	0	0
医疗费用高	3.6	5.5	0	3.1	3.4	0

注:由于是多项选择,故各项占比之和不等于100.0%。

(七)社会保障

本部分主要描述重点国有林区职工及其家庭成员各类社会保险参与情况和"断保"情况,低保户的补助金情况,以及其他政府补助及民间救助情况。并且和2015年进行对比,以反映各类情况的变化趋势。

1. 各类保险参与率保持较高水平且有整体增加趋势

在成年人口就业状况中,除去上学和退休的人,主要分析无工作、有工作以及家庭经营等3类人群,试图分析出这3类人群的社会保险状况。样本总人口中这3类人群共有2009人,占总人数的70.3%。

林业局层面的调查表明,2016年重点国有林区在册职工各类保险方面,职工参保率普遍较高,各类保险参保率都在85%以上,且较2015年有整体扩大的趋势。分保险类别来看，各类保险参保率差距不大，其中在册职工工伤保险的参保率最高，为 90.3%；失业保险的参保率最低，为 85.7%。与 2015 年相比，失业保险的参保率增加幅度最大，增加了 1.7 个百分点；养老保险的参保率增幅最小，增加了 0.3 个百分点（图 27）。

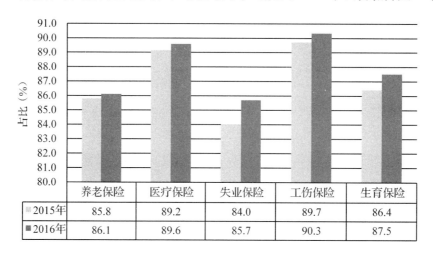

	养老保险	医疗保险	失业保险	工伤保险	生育保险
2015年	85.8	89.2	84.0	89.7	86.4
2016年	86.1	89.6	85.7	90.3	87.5

图 27　重点国有林区在册职工各类保险参保率（2015～2016 年）

样本户调查表明，从 2016 年重点国有林区养老保险和医疗保险方面来看，保险参保率保持着较高水平。87.3% 的被访者参加了养老保险，91.2% 的被访者参加了医疗保险，医疗保险参保率比养老保险参保率高 4.5 个百分点。分林区看，在养老保险方面，除了内蒙古森工林区参保率稍低以外，其他各林区的参保率相差不大，都在 86.0% 至 89.0% 之间。内蒙古森工林区养老保险参保率最低，为 83.7%；龙江森工林区养老保险参保率最高，为 88.9%。在医疗保险方面，吉林森工林区的参保率最低，为 86.6%，其他各森工林区参保率相差不大，都在 91.6%～92.1% 之间（表 33）。

表 33　2016 年重点国有林区及各林区样本家庭保险参保情况　　　　　　　　单位：%

林　区	养老保险	医疗保险
重点国有林区	87.3	91.2
龙江森工	88.9	92.1
大兴安岭林区	87.9	91.8
内蒙古森工	83.7	91.8
吉林森工	87.7	86.6
长白山森工	86.0	91.6

据样本户调查，与 2015 年相比，2016 年重点国有林区养老保险和医疗保险普及工作有较大进展，参保率有扩大趋势（图 28、图 29）。养老保险和医疗保险参保率都有一定幅度的增加，较 2015 年分别增加了 3.6% 和 6.3 个百分点，其中医疗保险增加幅度较大。

分林区看，在养老保险方面，与 2015 年相比除了内蒙古森工林区参保率下降外，其他各森工林区参保率都有不同幅度增加；其中，长白山森工林区 2016 年养老保险参保率增幅最大，增加 6.2 个百分点。内蒙古森工林区 2016 年养老保险参保率与 2015 年相比有所减少，减少了 4.1 个百分点；在医疗保险方面，与 2015 年相比长白山森工保险参保率增加幅度最大，增加了 15.2%。无论是医疗养老保险还是医疗保险，大兴安岭林区保险参与率增加幅度最小，分别为 0.6 和 0.8 个百分点。

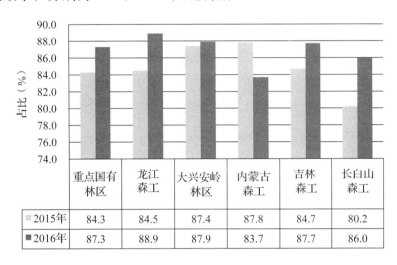

图 28　重点国有林区及各林区样本家庭养老保险参保情况（2015～2016 年）

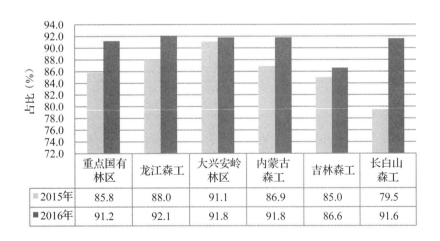

图 29　重点国有林区及各林区样本家庭医疗保险参保情况（2015～2016 年）

2. 养老保险和医疗保险"断保"情况以无工作人群为主，有工作人群"断保"情况多为其他非正式单位就业人员

重点国有林区"断保"的人群中，除了工伤保险较为特殊外，其他各类保险"断保"情况都分别以其他非正式单位就业人员和无工作人群为主。以养老保险为例，有工作而"断保"的占 38.4%，无工作而"断保"的占 57.7%（表 34）。

表 34   2016 年重点国有林区样本家庭养老保险"断保"人员的就业情况   单位:%

就业类型	养老保险	医疗保险	失业保险	工伤保险
家庭经营	3.9	4.5	7.9	6.4
工　作	38.4	37.3	44.2	54.5
无工作	57.7	58.2	47.9	39.1
合　计	100.0	100.0	100.0	100.0

　　与 2015 年相比，在 2016 年养老保险"断保"人群中，从事家庭经营人群的比例下降了 35%，无工作而"断保"的人数比例有小幅增加，增加了 5.3%；有工作而"断保"的比例小幅下降，较 2015 年下降了 2.3%（图 30）。

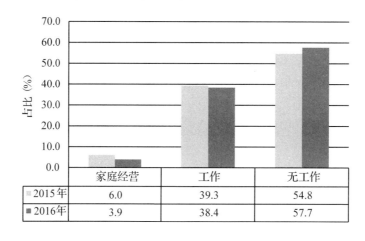

图 30   重点国有林区不同工作情况的养老保险断保人员比重变化趋势（2015～2016 年）

　　从工作身份对有工作的人群"断保"情况进一步考察（表 35），养老保险"断保"的人群以其他非正式单位工作人员为主，占 72.4%，在岗在册的职工所占比例最小，为 1.0%；其次是在册不在岗的职工，"断保"人数比例为 3.1%；其他不在册在岗和在其他正式单位上班的人员所占比例也不大，分别为 7.2% 和 16.3%。医疗保险养老保险"断保"的情况无太大差别，其他非正式单位工作人员、在岗在册职工，其他正式单位工作人员所占比例分别为 75.8%、1.5%、18.2%；失业保险"断保"的人中，在岗在册职工所占比例为 16.7%，在册不在岗职工所占比例为 3.7%，不在册在岗职工所占比例为 12.2%，其他正式单位工作人员和其他非正式单位工作人员所占比例分别为 11.1% 和 56.3%。工伤保险情况较为特殊，"断保"的主要以在岗在册职工和其他非正式单位工作人员为主，所占比例分别为 43.5%、36.3%，其他 3 种职业类型所占比例之和在 20% 左右。以上描述性分析表明除去工伤保险的特殊情况，其他非正式单位的工作人员社会保险"断保"情况较为严重，部分在册在岗职工和在册不在岗职工也存在各类社会保险"断保"情况，但是这部分比例并不大。

表 35　2016 年重点国有林区样本家庭中"断保"人员的工作身份情况　　　　单位:%

工作身份类型	养老	医疗	失业	工伤
在岗在册	1.0	1.5	16.7	43.5
在册不在岗	3.1	1.5	3.7	3.2
不在册在岗	7.2	3.0	12.2	8.5
其他正式单位	16.3	18.2	11.1	8.5
其他非正式单位	72.4	75.8	56.3	36.3
合　计	100.0	100.0	100.0	100.0

3. 低保户数量有整体下降趋势，低保金逐年增加，但各林区分布不均

2016 年重点国有林区样本家庭中，低保户家庭有 34 户，占 3.4%，比 2015 年下降了 15 个百分点。低保户每月领取低保金的均值为 460.3 元，比 2015 年提高了 3.6 个百分点。从各林区低保户数量来看，龙江森工林区低保户数最多，占总数的 52.9%，长白山森工和大兴安岭林区数量最少，都只占 5.9%。与 2015 年相比，低保户数量除了吉林森工和长白山森工有少数提升外，其他 3 个个林区数量都呈现下降趋势，其中内蒙古森工下降幅度最大，比 2015 年数量下降了 41.7%。在低保金方面，与 2015 年相比，除了内蒙古森工林区低保金有较大下降外，其他 4 个林区月低保金均值均有不同程度的增加，其中以大兴安岭林区增加幅度最大，比 2015 年增加了 64.8%（图 31）。

分林区看，龙江森工林区的低保户每月领取低保金的均值为 494.6 元；大兴安岭林区的低保户每月领取低保金的均值为 672.7 元；内蒙古森工林区为 467.1 元，均高于重点国有林区月低保金均值。但是吉林森工林区和长白山森工林区，每月领取低保金分别为 300 元和 315.8 元，低于重点国有林区月低保金均值（图 32、表 36）。

以上分析表明，重点国有林区低保户数量有逐年下降趋势，低保户补助标准逐年有所提高，但存在各林区分布不均的状况。

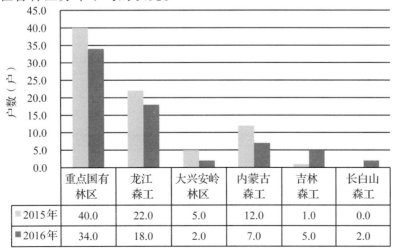

	重点国有林区	龙江森工	大兴安岭林区	内蒙古森工	吉林森工	长白山森工
■2015年	40.0	22.0	5.0	12.0	1.0	0.0
■2016年	34.0	18.0	2.0	7.0	5.0	2.0

图 31　重点国有林区及各林区样本家庭低保户户数变化趋势（2015～2016 年）

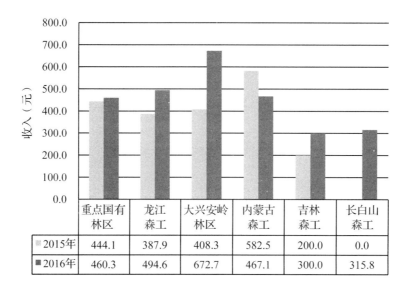

图 32　重点国有林区及各林区样本家庭月低保金变化趋势（2015～2016 年）

表 36　2016 年重点国有林区及各林区样本家庭低保户低保金情况

林　区	户数（户）	月低保金（元）
重点国有林区	34	460.3
龙江森工	18	494.6
大兴安岭林区	2	672.7
内蒙古森工	7	467.1
吉林森工	5	300.0
长白山森工	2	315.8

2016 年重点国有林区样本家庭中，得到政府补助的家庭有 46 户，占 4.6%，较 2015 年增加 7.0 个百分点。年平均补助金额 2192.4 元，较 2015 年减少 4.6 个百分点。他们得到政府补助的主要原因有收入低、基本生活困难；看病住院、孩子上学有困难（表 37、表 38）。

表 37　2016 年重点国有林区及各林区样本家庭政府救助情况

林　区	户数（户）	年平均补助金额（元）
重点国有林区	46	2192.4
龙江森工	8	1462.5
大兴安岭林区	10	930
内蒙古森工	16	3878.1
吉林森工	7	1757.1
长白山森工	5	1100

表38 2016 年重点国有林区及各林区样本家庭接受政府救助原因 单位：户

林 区	收入低，基本生活困难	看病，住院	孩子上学有困难	家里遭灾	其他原因
重点国有林区	14	13	11	0	8
龙江森工	2	3	0	0	3
大兴安岭林区	7	1	1	0	1
内蒙古森工	2	3	9	0	2
吉林森工	3	2	0	0	2
长白山森工	0	4	1	0	0

2016 年重点国有林区样本家庭中，得到了民间救助的家庭有 4 户，占 0.4%，他们得到民间救助的主要原因是看病住院。

（八）生活满意度

生活满意度是衡量重点国有林区人们生活质量的重要指标。本部分不仅包括总体生活满意度还具体到国有林区居民生活的各个方面，包括总体生活满意度、收入满意度、就业状况满意度和教育满意度等。在本次调查中，对生活满意度的测度采取了 5 分评分制，即"非常不满意"记为 1、"不满意"记为 2、"一般满意"记为 3、"比较满意"记为 4 和"非常满意"记为 5。报告除了描述重点国有林区以及各森工林区职工家庭的满意度外，还特别将生活满意度与收入五等份联系在一起。

1. 生活、收入、就业与改革满意度

2016 年的民生监测对职工家庭询问了生活方面的满意度问题，共涉及 1004 个样本户。调查表明，重点国有林区的总体生活满意度有所上升。2016 年总体生活满意度得分是 3.13 分，和 2015 年相比上升了 0.05 分，其中长白山森工林区上升幅度最明显，上升了 0.34 分，内蒙古森工林区和吉林森工林区较 2015 年相比都有所下降，分别下降了 0.08 分和 0.14 分（表 39）。

表39 重点国有林区及各林区的生活满意度变化（2015～2016 年） 单位：分

林 区	2016 年	2015 年
重点国有林区	3.13	3.08
龙江森工	3.26	3.15
大兴安岭林区	3.05	3.00
内蒙古森工	2.96	3.04
吉林森工	2.89	3.03
长白山森工	3.43	3.09

2016 年重点国有林区关于收入的满意度得分是 2.53 分，最高的是长白山森工林区也仅有 2.84 分，这表明重点国有林区职工家庭对于收入不太满意；2016 年重点国有林区就业满意度是 3.32 分，其中最高的是龙江森工林区，为 3.39 分，其次是内蒙古森工林区，为 3.27 分，吉林森工林区对于就业的满意度最低，为 2.32 分；2016 年重点国有林区改革满意度是 3.90 分，其中龙江森工林区对于改革的满意度最高，为 4.84 分，满意度最低的是吉林森工林区，为 3.07 分(表 40)。

表 40   2016 年重点国有林区及各林区收入、就业和改革的满意度   单位：分

项 目	收入满意度	就业满意度	改革满意度
重点国有林区	2.53	3.32	3.90
龙江森工	2.58	3.39	4.84
大兴安岭林区	2.46	3.19	3.15
内蒙古森工	2.50	3.27	3.45
吉林森工	2.32	2.32	3.07
长白山森工	2.84	2.84	3.20

根据收入五等份，2016 年高收入组对于生活的总体满意度最高是 3.58 分，但比去年下降了 0.56 分。随着收入的下降，满意度也呈现下降的趋势，低收入组对生活的总体满意度只有 2.73 分，但比去年上升了 0.13 分(表 41)。

表 41   根据收入五等份划分的生活的总体满意度变化(2015 ~ 2016 年)   单位：分

收入状况	2016 年	2015 年
低收入组	2.73	2.60
中等偏下收入组	2.99	2.57
中等收入组	3.08	3.08
中等偏上收入组	3.27	2.64
高收入组	3.58	4.11

2016 年对收入和就业满意度最高的仍然是高收组，分别是 2.90 分和 3.52 分。但是会发现即使高收入组对于收入的满意度也没有达到 3 分的一般水平。低收入组对于收入和就业的满意度仍然是最低的，分别是 2.25 分和 3.07 分。对于改革的满意度，中等收入组和中等偏上收入组比较高，分别是 4.28 分和 4.30 分(表 42)。

表 42   2016 年根据收入五等份划分的收入、就业和改革的满意度   单位：分

收入状况	收入满意度	就业满意度	改革满意度
低收入组	2.25	3.07	3.67
中等偏下收入组	2.36	3.27	3.30

（续）

收入状况	收入满意度	就业满意度	改革满意度
中等收入组	2.53	3.40	4.28
中等偏上收入组	2.61	3.36	4.30
高收入组	2.90	3.52	3.97

2. 教育、社保、家庭关系等满意度

调查表明，2016 年重点国有林区对于当地中小学教育满意度是 3.03 分。其中长白山森工林区对于教育的满意度最高，是 3.19 分，大兴安岭林区和内蒙古森工林区的满意度比较低，分别是 2.87 分和 2.81 分；2016 年重点国有林区对于社会保障满意度是 3.26 分。各林区的满意度都在 3.18～3.36 分之间，关于社会保障问题的满意度相差不大。

2016 年重点国有林区对于林业局行政服务的满意度是 3.48 分。满意度最高的是龙江森工林区和长白山森工林区，分别是 3.56 分和 3.58 分；2016 年重点国有林区的家庭关系满意度和邻里关系满意度较高，分别是 4.29 分和 4.11 分。长白山森工林区对于家庭关系的满意度和邻里关系的满意度最高，分别是 4.47 分和 4.22 分，其次是吉林森工林区，分别是 4.32 分和 4.15 分；2016 年重点国有林区社会地位的满意度是 3.59 分。其中龙江森工林区和长白山森工林区对于社会地位的满意度较高，分别是 3.75 分和 3.63 分，吉林森工对于社会地位的满意度最低，是 3.45 分；2016 年重点国有林区当地物价水平的满意度是 2.61 分，其中大兴安岭林区和吉林森工林区对于物价水平的满意度最低，分别是 2.41 分和 2.40 分，最高的是龙江森工林区，是 2.84 分（表 43）。

表 43　2016 年重点国有林区及各林区对于教育、社保、家庭关系等满意度状况　　单位：分

林　区	中小学教育	社会保障	林业局行政服务	家庭关系	邻里关系	社会地位	物价水平
重点国有林区	3.03	3.26	3.48	4.29	4.11	3.59	2.61
龙江森工	3.12	3.26	3.56	4.29	4.12	3.63	2.84
大兴安岭林区	2.87	3.18	3.47	4.23	4.09	3.59	2.41
内蒙古森工	2.81	3.26	3.30	4.23	4.06	3.53	2.40
吉林森工	3.14	3.25	3.42	4.32	4.15	3.45	2.54
长白山森工	3.19	3.36	3.58	4.47	4.22	3.75	2.51

（九）未来生活的信心指数

重点国有林区民生监测围绕着居民对未来的生活信心指数情况进行主观评价，主观评价包括 5 个等级，实行打分制原则。即非常没有信心记 1 分，比较没有信心记 2 分，一般记 3 分，比较有信心记 4 分，非常有信心记 5 分。调查表明，重点国有林区对于未来生活信心的平均分为 3.69 分；高收入组对未来生活的信心最高，平均分为 4.00 分；

低收入组对未来的生活信心最低，平均分为 3.45 分；不难发现收入越高的收入群体对于未来的生活信心也越高（表 44）。分林区来看，龙江森工林区对于未来生活的信心最高，为 3.80 分；其次是长白山林区，为 3.79 分；吉林森工林区对于未来生活的信心最低，为 3.53 分（表 45）。

表 44 2016 年根据收入五等分后重点国有林区对未来的生活信心的指数

根据收入状况划分	平均分数
低收入组	3.45
中等偏下收入组	3.59
中等收入组	3.71
中等偏上收入组	3.72
高收入组	4.00

表 45 2016 年重点国有林区及各林区样本家庭对未来生活的信心指数

林 区	平均分数
龙江森工	3.80
大兴安岭林区	3.55
内蒙古森工	3.65
吉林森工	3.53
长白山森工	3.79

（十）民生改善的主观评价

重点国有林区民生监测围绕着居民对收入、就业、社会保障等 12 个领域的民生改善情况进行主观评价，主观评价包括 5 个等级，即变好很多，变好较多，变化不大，变差较多，变差很多。调查表明，就业、社会稳定情况和上访情况变好；收入、社会保障、家庭生活条件、道理、用水、用电、通网情况变化不大；医疗条件和教育条件变差，其中内蒙古森工林区的医疗条件和教育条件变差明显。

1. 收 入

调查表明，重点国有林区的被访者中，15.7% 表示收入变好，比 2015 年减少了 10.0 个百分点；16.8% 表示收入变差，比 2015 年减少了 5.0 个百分点（图 33）。分林区看，内蒙古森工林区和长白山森工林区的被访者中表示收入变好占比相对较高，分别为 26.0% 和 18.0%；吉林森工林区和大兴安岭林区的被访者中表示收入变差占比相对较高，分别为 32.4% 和 22.5%（表 46）。

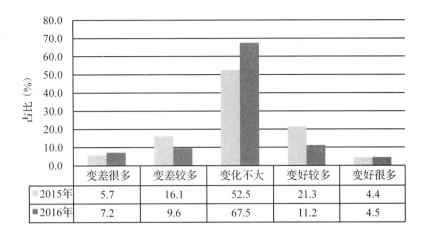

	变差很多	变差较多	变化不大	变好较多	变好很多
2015年	5.7	16.1	52.5	21.3	4.4
2016年	7.2	9.6	67.5	11.2	4.5

图 33   重点国有林区样本家庭对收入变化的认知变化(2015～2016 年)

表 46   2016 年重点国有林区各林区样本家庭对收入变化的认知   单位:%

林 区	变差很多	变差较多	变化不大	变好较多	变好很多	合 计
龙江森工	4.1	8.0	72.3	11.3	4.3	100.0
大兴安岭林区	9.3	13.2	65.5	9.3	2.7	100.0
内蒙古森工	5.0	7.0	62.0	18.0	8.0	100.0
吉林森工	16.2	16.2	62.2	3.4	2.0	100.0
长白山森工	7.9	5.6	68.5	12.4	5.6	100.0

2. 就 业

调查表明,重点国有林区的被访者中,9.0% 表示就业变好,比 2015 年减少了 2.3 个百分点;11.4% 表示就业变差,比 2015 年减少了 24.6 个百分点(图 34)。分林区看, 长白山森工林区和内蒙古森工林区的被访者中表示就业变好的占比相对较高,分别为 15.7% 和 13.5%;分林区来看,吉林森工林区和大兴安岭林区的被访者表示就业变差 的占比相对较高,分别为 15.6% 和 12.6%(表 47)。

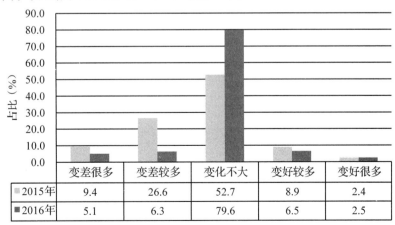

	变差很多	变差较多	变化不大	变好较多	变好很多
2015年	9.4	26.6	52.7	8.9	2.4
2016年	5.1	6.3	79.6	6.5	2.5

图 34   重点国有林区样本家庭对就业变化的认知变化(2015～2016 年)

表 47　2016 年重点国有林区各林区样本家庭对就业变化的认知　　　单位：%

林　区	变差很多	变差较多	变化不大	变好较多	变好很多	合　计
龙江森工	4.1	8.2	78.1	6.0	3.6	100.0
大兴安岭林区	7.3	5.3	81.5	4.6	1.3	100.0
内蒙古森工	3.0	2.5	81.0	10.0	3.5	100.0
吉林森工	9.5	6.1	83.7	0.7	0.0	100.0
长白山森工	3.4	7.9	73.0	13.5	2.2	100.0

3. 社会保障

调查表明，重点国有林区的被访者中，16.2% 表示社会保障变好，比 2015 年减少了 6.9 个百分点；6.6% 表示社会保障变差，比 2015 年增加了 0.3 个百分点（图 35）。分林区看，内蒙古森工林区和龙江森工林区的被访者中表示社会保障变好的占比相对较高，分别为 22.0% 和 18.2%；分林区来看，吉林森工林区和长白山森工林区的被访者中表示社会保障变差的占比相对较高，分别为 10.1% 和 9.0%（表 48）。

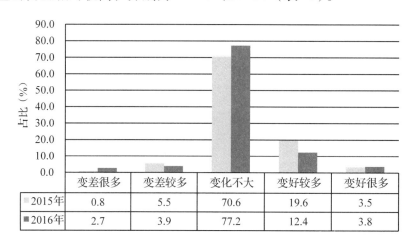

	变差很多	变差较多	变化不大	变好较多	变好很多
2015年	0.8	5.5	70.6	19.6	3.5
2016年	2.7	3.9	77.2	12.4	3.8

图 35　重点国有林区样本家庭对社会保障变化的认知变化（2015～2016 年）

表 48　2016 年重点国有林区各林区样本家庭对社会保障变化的认知　　　单位：%

林　区	变差很多	变差较多	变化不大	变好较多	变好很多	合　计
龙江森工	1.0	4.6	76.1	14.1	4.1	100.0
大兴安岭林区	2.7	4.0	78.1	13.9	1.3	100.0
内蒙古森工	4.5	0.5	73.0	15.0	7.0	100.0
吉林森工	4.7	5.4	85.8	2.7	1.4	100.0
长白山森工	3.4	5.6	76.4	11.2	3.4	100.0

4. 家庭生活条件

调查表明，重点国有林区的被访者中，21.1% 表示家庭生活条件变好，比 2015 年减少了 3.3 个百分点；12.2% 表示家庭生活条件变差，比 2015 年减少了 4.8 个百分点（图 36）。分林区看，内蒙古森工林区的被访者中表示家庭生活条件变好的占比最高，为 26.5%；吉林森工林区和长白山森工林区的被访者中表示家庭生活条件变差的占比相对较高，分别为 21.6% 和 13.5%（表 49）。

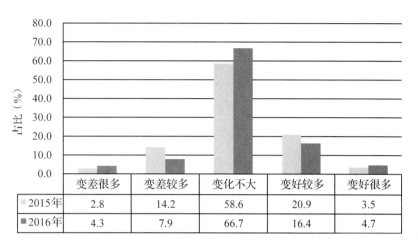

	变差很多	变差较多	变化不大	变好较多	变好很多
■2015年	2.8	14.2	58.6	20.9	3.5
■2016年	4.3	7.9	66.7	16.4	4.7

图 36　重点国有林区样本家庭对家庭生活变化的认知变化（2015～2016 年）

表 49　2016 年重点国有林区各林区样本家庭对家庭生活变化的认知　　　单位:%

林　区	变差很多	变差较多	变化不大	变好较多	变好很多	合　计
龙江森工	2.4	7.2	66.8	17.1	6.5	100.0
大兴安岭林区	6.0	6.6	69.5	16.6	1.3	100.0
内蒙古森工	5.0	4.5	64.0	20.5	6.0	100.0
吉林森工	7.4	14.2	69.6	6.8	2.0	100.0
长白山森工	3.4	10.1	62.9	20.2	3.4	100.0

5. 医疗条件

调查表明，重点国有林区的被访者中，21.2% 表示医疗条件变好，比 2015 年相比没有变化；15.3% 表示医疗条件变差，比 2015 年增加了 6.2 个百分点（图 37）。分林区看，龙江森工林区和长白山森工林区的被访者中表示医疗条件变好的占比相对较高，分别为31.0% 和 21.3%；吉林森工林区和内蒙古森工林区被访者中表示医疗条件变差的占比相对较高，都为 23.0%（表 50）。

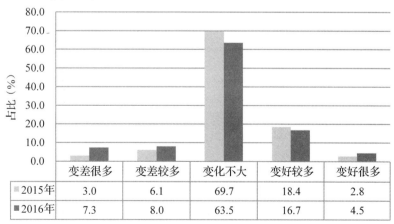

	变差很多	变差较多	变化不大	变好较多	变好很多
■2015年	3.0	6.1	69.7	18.4	2.8
■2016年	7.3	8.0	63.5	16.7	4.5

图 37　重点国有林区样本家庭对医疗条件变化的认知变化（2015～2016 年）

表50　2016 年重点国有林区各林区样本家庭对医疗条件变化的认知　　　　　单位:%

林　区	变差很多	变差较多	变化不大	变好较多	变好很多	合　计
龙江森工	2.4	4.8	61.8	22.6	8.4	100.0
大兴安岭林区	8.6	10.6	65.5	14.6	0.7	100.0
内蒙古森工	14.5	8.5	60.5	14.5	2.0	100.0
吉林森工	9.5	13.5	71.0	4.0	2.0	100.0
长白山森工	7.9	7.9	62.9	19.1	2.2	100.0

6. 教育水平

　　调查表明，重点国有林区的被访者中，25.7% 表示教育水平变好，比 2015 年增加了 1.7 个百分点；10.8% 表示教育水平变差，比 2015 年增加了 4.2 个百分点（图 38）。分林 区看，龙江森工林区和长白山森工林区的被访者中表示教育水平变好的占比相对较高， 分别为 34.9% 和 33.6%；内蒙古森工林区和大兴安岭林区的被访者中表示教育水平变差 的占比相对较高，分别为 14.0% 和 12.6%（表 51）。

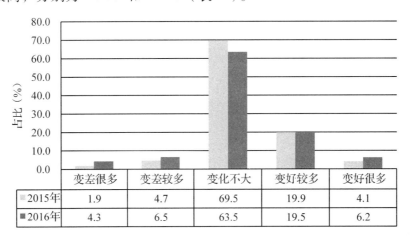

	变差很多	变差较多	变化不大	变好较多	变好很多
2015年	1.9	4.7	69.5	19.9	4.1
2016年	4.3	6.5	63.5	19.5	6.2

图 38　重点国有林区样本家庭对教育水平变化的认知变化（2015～2016 年）

表51　2016 年重点国有林区各林区样本家庭对教育水平变化的认知　　　　　单位:%

林　区	变差很多	变差较多	变化不大	变好较多	变好很多	合计
龙江森工	2.4	6.7	56.0	25.5	9.4	100.0
大兴安岭林区	5.3	7.3	69.5	15.2	2.7	100.0
内蒙古森工	9.0	5.0	68.0	15.0	3.0	100.0
吉林森工	2.7	8.8	75.0	10.1	3.4	100.0
长白山森工	3.4	3.4	59.6	24.7	8.9	100.0

7. 社会稳定情况

　　调查表明，重点国有林区的被访者中，51.3% 表示社会稳定情况变好，比 2015 年增 加了 12.6 个百分点；4.4% 表示社会稳定情况变差，比 2015 年减少了 4.1 个百分点（图 39）。分林区看，龙江森工林区和内蒙古森工林区的被访者中表示社会稳定情况变好的占 比相对较高，分别为 61.0% 和 54.5%；吉林森工林区和长白山森工林区的被访者中表示社会稳定情况变差的占比相对较高，为 11.4% 和 10.2%（表 52）。

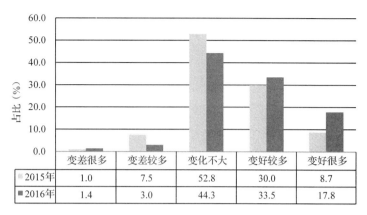

	变差很多	变差较多	变化不大	变好较多	变好很多
2015年	1.0	7.5	52.8	30.0	8.7
2016年	1.4	3.0	44.3	33.5	17.8

图 39　重点国有林区样本家庭对社会稳定情况的认知变化（2015～2016 年）

表 52　2016 年重点国有林区各林区样本家庭对社会稳定变化的认知 　　　　　单位:%

林　区	变差很多	变差较多	变化不大	变好较多	变好很多	合　计
龙江森工	0.5	1.2	37.3	39.4	21.6	100.0
大兴安岭林区	2.0	4.0	48.3	35.1	10.6	100.0
内蒙古森工	0.0	1.0	44.5	30.0	24.5	100.0
吉林森工	4.0	7.4	60.2	20.3	8.1	100.0
长白山森工	3.4	6.8	44.8	31.5	13.5	100.0

8. 上访情况

调查表明，重点国有林区的被访者中，28.5% 表示上访情况变好，比 2015 年增加了 14.4 个百分点；13.0% 表示上访情况变差，比 2015 年减少了 10.5 个百分点（图 40）。分林区看，龙江森工林区和大兴安岭林区的被访者中表示上访情况变好的占比相对较高，分别为 34.8% 和 31.8%；吉林森工林区的被访者中表示上访情况变差的占比相对较高，为 23.6%（表 53）。

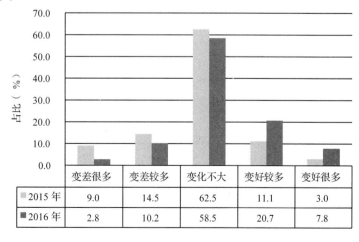

	变差很多	变差较多	变化不大	变好较多	变好很多
2015 年	9.0	14.5	62.5	11.1	3.0
2016 年	2.8	10.2	58.5	20.7	7.8

图 40　重点国有林区样本家庭对上访情况变化的认知变化（2015～2016 年）

表 53　2016 年重点国有林区各林区样本家庭对上访情况变化的认知　　　　单位:%

林　　区	变差很多	变差较多	变化不大	变好较多	变好很多	合　　计
龙江森工	1.4	7.9	55.9	24.5	10.3	100.0
大兴安岭林区	1.3	14.6	52.3	26.5	5.3	100.0
内蒙古森工	2.5	4.5	64.0	21.5	7.5	100.0
吉林森工	7.4	16.2	65.6	7.4	3.4	100.0
长白山森工	4.5	14.6	58.4	14.6	7.9	100.0

9. 道　路

调查表明，重点国有林区的被访者中，66.6% 表示道路情况变好，比 2015 年增加了 6.2 个百分点；9.3% 表示道路情况变差，比 2015 年增加了 3.8 个百分点（图 41）。分林区看，大兴安岭林区和内蒙古森工林区的被访者中表示道路情况变好的占比相对较高，分别为 70.2% 和 71.5%；长白山森工林区的被访者中道路情况变差的占比相对较高，为 22.5%（表 54）。

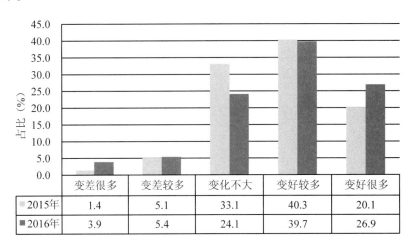

	变差很多	变差较多	变化不大	变好较多	变好很多
2015年	1.4	5.1	33.1	40.3	20.1
2016年	3.9	5.4	24.1	39.7	26.9

图 41　重点国有林区样本家庭对道路情况变化的认知变化（2015～2016 年）

表 54　2016 年重点国有林区各林区样本家庭对道路情况变化的认知　　　　单位:%

林　　区	变差很多	变差较多	变化不大	变好较多	变好很多	合　　计
龙江森工	1.4	3.4	26.7	42.1	26.4	100.0
大兴安岭林区	5.3	4.6	19.9	50.3	19.9	100.0
内蒙古森工	5.5	5.5	17.5	33.0	38.5	100.0
吉林森工	3.4	7.4	27.0	38.5	23.7	100.0
长白山森工	10.1	12.4	29.3	28.0	20.2	100.0

10. 用　水

调查表明，重点国有林区的被访者中，32.3% 表示用水情况变好，比 2015 年减少了 5.9 个百分点；6.8% 表示用水情况变差，比 2015 年增加了 3.3 个百分点（图 42）。分林区看，内蒙古森工林区的被访者中表示用水情况变好的占比相对最高，为 35.5%；龙江森工林区的被访者中表示用水情况变差的占比相对较高，为 9.8%（表 55）。

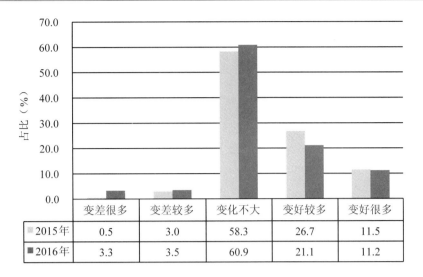

图 42　重点国有林区样本家庭对用水情况变化的认知变化（2015～2016 年）

表 55　2016 年重点国有林区各林区样本家庭对用水情况变化的认知　　　　单位:%

林　区	变差很多	变差较多	变化不大	变好较多	变好很多	合　计
龙江森工	5.5	4.3	57.8	21.4	11.0	100.0
大兴安岭林区	1.3	3.3	66.2	24.5	4.7	100.0
内蒙古森工	2.5	2.5	59.5	18.5	17.0	100.0
吉林森工	2.0	4.7	62.2	21.6	9.5	100.0
长白山森工	0.0	0.0	68.5	19.1	12.4	100.0

11. 用　电

调查表明，重点国有林区的被访者中，28.5% 表示用电情况变好，比 2015 年减少了 11.1 个百分点；3.3# 表示用电情况变好，比 2015 年增加了 1.4 个百分点（图 43）。分林区看，内蒙古森工林区的被访者中表示用电情况变好的占比相对高，为 31.5%；吉林森工林区的被访者中表示用电情况变差的占比相对较高，为 4.1%（表 56）。

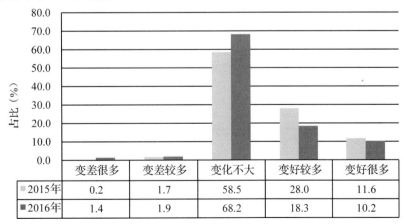

图 43　重点国有林区样本家庭对用电情况变化的认知变化（2015～2016 年）

表56   2016年重点国有林区各林区样本家庭对用电情况变化的认知   单位:%

林 区	变差很多	变差较多	变化不大	变好较多	变好很多	合 计
龙江森工	2.2	1.9	66.3	17.1	12.5	100.0
大兴安岭林区	0.7	2.0	70.1	23.2	4.0	100.0
内蒙古森工	0.5	1.5	56.5	24.5	17.0	100.0
吉林森工	1.4	2.7	82.4	10.8	2.7	100.0
长白山森工	1.1	1.1	76.4	14.6	6.8	100.0

12. 通　网

调查表明，重点国有林区的被访者中，28.5%表示通网情况变好，比2015年减少了11.1个百分点；3.3%表示通网情况变差，比2015年增加了1.2个百分点（图44）。分林区看，内蒙古森工林区的被访者中表示通网情况变好的占比相对最高，为41.5%；吉林森工林区的被访者中表示通网情况变化不大的占比相对最高，为82.4%（表57）。

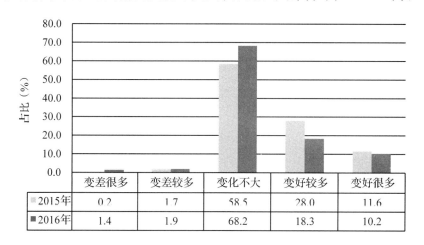

	变差很多	变差较多	变化不大	变好较多	变好很多
■2015年	0.2	1.7	58.5	28.0	11.6
■2016年	1.4	1.9	68.2	18.3	10.2

图44   重点国有林区样本家庭对通网情况变化的认知变化（2015~2016年）

表57   2016年重点国有林区各林区样本家庭对通网情况变化的认知   单位:%

林 区	变差很多	变差较多	变化不大	变好较多	变好很多	合 计
龙江森工	2.2	1.9	66.4	17.1	12.5	100.0
大兴安岭林区	0.7	2.0	70.1	23.2	4.0	100.0
内蒙古森工	0.5	1.5	56.5	24.5	17.0	100.0
吉林森工	1.4	2.7	82.4	10.8	2.7	100.0
长白山森工	1.1	1.1	67.4	14.6	6.8	100.0

三、主要结论与政策建议

（一）主要结论

2016年东北、内蒙古重点国有林区改革并全面停止天然林商业性采伐政策实施一年以来，各林业局仍然面临职工转岗分流工作以及职工工资增长的压力，但就目前监测结果来看，2016 年重点国有林区职工家庭的就业、收入、社会保障等关键领域的民生水平在全面停伐的后并未发生大幅下降，而是大部分指标有增幅。这一方面可归因于各森工集团和各林业局能够有效化解压力；另一方面，中央财政每年增加了天保工程财政资金，这在一定程度上缓解了各林业局民生投入的资金压力。此外，全面停伐政策对重点国有林区民生领域的冲击可能在缓慢释放，需要继续监测，才能得出较为稳健的结论。具体来看，2016 年重点国有林区民生监测得出以下主要结论。

1. 家庭人均收入提高，增幅小，工资性收入减少，转移性收入增加，收入差距不大

2016 年重点国有林区职工家庭人均收入的均值为 20910.9 元，比 2015 年实际增长 2.5%。但据国家统计局公布数据，2016 年全国居民人均可支配收入 23821 元，增幅为 8.4%；城镇居民人均可支配收入 33616 元，增幅为 7.8%；农村居民人均可支配收入 12363 元，增幅为 8.2%。可见，重点国有森工林区人均收入的增幅远低于农村和城镇，人均收入的增幅明显偏低。同时职工家庭的人均收入仍以工资性收入为主，2016 年，重点国有林区职工家庭的人均工资性收入为 15109.3 元，比 2015 减少 2.5%，分析工资性收入下降的原因，可能为 2016 年在其他企事业单位工作人员的工作时间和年工资收入均有较大幅度的下降所导致。2016 年国有林区职工家庭人均转移性收入为 3028.7 元，比 2015 年增加了 28.7%，主要表现在退休金的增加，除龙江森工和吉林森工退休金有小幅度下降外，其他森工林区退休金收入均有较大幅度的增加。

2016 年重点国有林区样本家庭中收入最高的 20% 家庭的人均收入为 39271.2 元，是收入最低 20% 家庭的 4.1 倍，比 2015 年的 4.3 倍有所缩小。而根据国家统计局公布数据，2015 年中国居民收入最高的 20% 家庭的人均收入是收入最低 20% 的 10.7 倍，由此可见，重点国有林区职工家庭的收入差距并不大。其中龙江、大兴安岭、内蒙古、吉林和长白山森工林区中，收入差距最大的是长白山森工林区，人均收入是收入最低 20% 的 4.7 倍，而同时长白山森工林区低收入家庭的收入在所有森工林区的低收入家庭中仍然是最高的，因此长白山森工林区高收入家庭的人均收入较高导致了其收入差距较大。

2. 整体的就业状况好转，但妇女的就业状况仍然较差，外出务工人员选择省外打工的比例大幅度增加

2016 年重点国有林区 16 岁以上的成年人口中，有工作的占 62.3%，无工作的人占 11.6%，比 2015 年下降了 0.4 个百分点，比 2014 年下降了 5.2 个百分点，总体来说重点国有林区成年人中有工作的人员比例在逐年增加，无工作的人员比例在逐年减少，就业状况好转。但在无工作的成年人中，女性占 79.0%，就业状况仍然较差。

在 2016 年外出打工的人员中，56.0% 的人选择去省外打工，比 2015 年增加 18.2 个百分点，18.7% 的人选择县内打工，比 2015 年减少 16.4 个百分点，选择省外打工的比例大幅度增加，同时 30 岁以下的外出务工人员占 65.7%，这可能是因为省外打工的收入高于县内打工收入，据统计在外出务工的人员中，县内打工的人员年收入为 14058.1 元，而省外打工的收入为每年 33722.0 元，是县内的 2.4 倍，因此这可能也成了吸引青年人留在外地或者原本在林业局而最终选择外出务工的主要原因。

3. 从事家庭经营的人口小幅回升，但有老龄化倾向，从事农林经营人员比重减少，但农林生产经营投入大幅回升

从事家庭经营的人口 2013～2015 年呈逐年下降的趋势，2016 年的比例有小幅度回升至 3.5%。但从事农林经营的人员比例下降，以从事农林经营为例，2016 年 30 岁以下的青年人从事农林经营的占 5.9%，比 2015 年减少了 2.9 个百分点，30～39 岁的占 5.9%，比 2015 年下降了 6.4 个百分点，因此一个可能的解释是 40 岁以下从事农林经营人员的减少造成了 2016 年总体从事农林经营占比减少。同时从事家庭经营的人员的平均年龄为 45 岁，40 岁以上的占 78.3%，比 2015 年增加了 17 个百分点，正呈现出老龄化的趋势。

重点国有林区全面"停伐"后将发展林下经济作为经济转型的产业寄托，不过，从 2016 年的民生监测情况来看，职工家庭对于发展林下经济的情况并不乐观，从事家庭经营的人员很少，占比一直在 5% 以下，年轻的劳动力多选择打工挣钱，40 岁以上的劳动力成为从事林下经济生产的主力。从农林经营的收入和投入状况来看，2016 年从事农林经营的家庭中，农林经营收入占家庭总收入的比重上升，同时重点国有林区职工家庭的农林生产投入在 2014、2015 年出现较大降幅后，在 2016 年有较大幅度回升，农林生产投入为 20325.2 元，比 2015 年增长了 62.7%。根据前面提到的从事农林经营的人数占比的减少，与农林经营收入和投入的增加，一个可能的解释是由于 2015 年农林经营的状况并不乐观，2016 年部分人员放弃了经济效益并不理想的林下经济产业，从而只保留了经济效益较好的农林经营，使得平均的农林经营投入和收入较 2015 年有所增加。不过，由于重点国有森工林区发展林下经济的主力是 40 岁以上劳动力，并且平均年龄正在呈增加的趋势，同时相对于农村，职工家庭没有林地的使用权，也享受不到国家财政给予农民发展农业生产的各种补贴，发展的林下经济缺乏产业化支撑，所以林下经济产业的发展仍然面临巨大的挑战。

4. 低收入家庭就业状况差，成年人中劳动力比重低，家庭负担重

将家庭人均收入五等分，收入最低的前 20% 家庭为低收入家庭，这部分低收入家庭的成年人中有 28.6% 的人处于无工作状态，比重点国有林区的平均水平高出 17.0 个百分点；低收入家庭中有工作的仅占 48.1%，比重点国有林区的平均水平低 14.2 个百分点。低收入家庭成年人中身体健康状况差的占 22.8%，高出重点国有林区平均水平 8.6 个百分点，同时低收入家庭成年人中劳动力占比为 82.2%，比重点国有林区的平均水平低 6 个百分点。低收入家庭成员中有子女上学的比例为 60.2%，可见低收入家庭负担较重。

5. 参与造林和抚育任务的人员比重增加，但覆盖面仍然小、工期短

重点国有林区成年人中（除去退休和上学、待业的人），参加了造林生产任务的占

20.1%，比 2015 年增加 2.3 个百分点，参与天数平均约为 26 天，参加森林抚育生产任务的占 16.1%，比 2015 年增加 0.9 个百分点，参与天数平均约为 37 天。2016 年造林和森林抚育的平均日工资约为 90～110 元，与去年的平均日工资 70～80 元相比工资有所增加，这可能也是造成参与造林抚育人员比重增加的原因。但是与当地其他务工相比，工期短以及工资低仍然是覆盖面小的主要原因。此外，参与造林和森林抚育任务的人员年龄偏大，40～59 岁的人占 72.7%。

除了造林和抚育外，森林管护任务一般是全年性的，由专门的管护工人负责，森林管护收入是管护工人工资性收入的主要来源。调查表明，492 人参加了森林管护，占 28.2%，比 2015 年增加 10 个百分点。

重点国有林区全面"停伐"后，林业职工将从伐木工彻底转变为森林管护工人，他们的生产内容主要就是造林、抚育和管护，所以管护工人的增加应该是必然的趋势。中央财政森林抚育补贴政策不仅有利于森林资源的增加和森林生态系统功能的完善，其解决就业和增加收入的经济社会效益也尤为明显。但是就目前的观测情况来看，造林和抚育补贴形式并没有为职工家庭收入做出较大的贡献，职工参与造林、抚育的过程中由于任务量较少，工期较短，能够从中所得到的收入也并不多，更多的职工倾向于其他务工形式。

6. 重点国有林区的社会保障体系普及程度增加，但在非正式单位就业的群体有社会保障的隐患，低保户数量下降

重点国有林区的社会保障体系健全，且普及程度增加。2016 年重点国有林区林业局在册职工各类保险方面，职工参保率普遍较高，各类保险参保率都在 85% 以上，且较 2015 年有整体扩大的趋势。以重点国有林区养老保险和医疗保险方面来看，2016 年参加了养老保险的占 87.3%，比 2015 年增加了 3.6 个百分点，参加了医疗保险的占 91.2%，比 2015 年增加了 6.3 个百分点。分析重点国有林区有工作的"断保"情况，以养老保险为例，"断保"的人群中，其他非正式单位工作人员占 72.4%，在岗在册的职工所占比例最小，为 1%，在册不在岗职工、不在册在岗职工、在其他正式单位上班的人员"断保"人数比例为 3.1%、7.2%、16.3%。

分析社会保障中的低保方面，2016 年低保户数量有整体下降趋势，低保金逐年增加，2016 年重点国有林区样本家庭中，低保户家庭有 34 户，占 3.4%，比 2015 年下降了 15 个百分点，2016 年重点国有林区低保户每月领取低保金的均值为 460.3 元，比 2015 年提高了 3.6 个百分点。

7. 收入满意度较低，生活满意度和未来信心指数较高，均与收入呈正相关

2016 年重点国有林区总体生活满意度平均得分是 3.13 分，比 2015 年上升了 0.05 分，高收入组对生活满意度最高，平均得分为 3.58 分；重点国有林区对于未来生活信心的平均分为 3.69 分；高收入组对未来生活的信心最高，平均分为 4.00 分，低收入组对未来的生活信心最低，平均分为 3.45 分。而 2016 年收入满意度平均得分为 2.53 分，高收入组的收入满意度得分也仅为 2.90 分，可见尽管国有森工林区人均收入有所增加，但大部分职工仍然有所担忧，林业局也将持续面临"停伐"给职工工资增长带来的压力。

8. 改革的满意度较高，但对民生改善的主观评价与去年相比喜忧参半

2016 年是重点国有林区改革全面进入实施阶段的关键一年，5 个森工集团的进展程度不一，职工对改革的满意度与各地的改革进程有关，因为这涉及切身利益是否有所变化。监测结果表明，2016 年，被访者对改革的满意度较高，为 3.90 分。但是被访者对当地民生改善的主观评价与 2015 年相比的结果是喜忧参半。对于收入、就业、和家庭生活条件，认为变好了的下降，认为变差了的也下降，也就是说，认为没有变化的增加了。对于生活保障和医疗条件，认为变化了的下降，认为变差了的上升了。

（二）政策建议

1. 加大改革力度，推进改革进程以惠及民生

2015 年重点国有林区改革以来，吉林和内蒙古两省区的改革进展较快，黑龙江省由于所辖林业局众多，情况较为复杂，因此改革进展稍慢。改革进程中随着原林业局承担的社会职能的移交，对民生的影响将逐步显示出来，职工对民生改革主观评价的结果也反映出重点国有林区这种复杂的改革进程。改革进入攻坚期和深水区，虽然组建了"三分开"框架，基础工作都安排就绪，但由于林区身份性质还没有明确，国有林管理局机关法人无法注册，财务不能独立建账，机构编制没有落实，人员身份无法确定，无法对人员进行实质性剥离，改革进程受阻。建议从国家和省级层面明确重点国有林管理局的身份定性，落实人员编制，明确其经费来源渠道。林场和其他事业单位的编制人员核算清楚。

2. 确保职工家庭增收渠道和增收速度

林区职工生活水平不下降的一个重要表现是要与地方拉齐。根据调查，林区职工家庭收入虽稳步增加，但与地方的差距却越来越大。目前职工家庭增收渠道不多，对林业局工资的依赖仍然很大，发展家庭经营或林下经济致富只有"点"，而没有形成"面"，林区职工收入虽有增加，但与全国、各省区的平均水平的差距却在加大。为此建议：一是有序转移出剩余劳动力；二是明确论证真正能有效促进林区职工家庭增收的产业并给予政策扶持。

3. 重视林区职工家庭将来可能分化的预判，切实防范可能出现的社会矛盾

改革后的重点国有林管理体系人员如能执行参公单位或事业单位工资标准，其收入有可能与地方拉齐，但企业体系由于没有内在机制适应市场化运营，其职工家庭收入提高没有内在保障，林区职工家庭将会出现分化。此外，职工不但担心当前的收入差距，更加担心退休后的收入差距，甚至担心去世后的丧葬费的差距。为此建议：第一，新成立的林业经营公司主要承接原林业局的森林抚育和造林任务，努力探索包括家庭承包、专业队（公司）等多种形式，将生态服务购买与市场化运作有机结合起来。第二，国有林区改革所配套的社会保障政策应力求公平，特别是职工退休后的公平应给予高度重视。

调 研 单 位：国家林业局经济发展研究中心

　　　　　　东北林业大学经济管理学院

调研组成员：王月华　曹玉昆　刘　珉　朱洪革　张　鑫　任　月　赵海兰　　杨博琳

　　　　　　赵广帅　王　蕾　李奕昊　冯孟诗　张少鹏　姚佳琦　孙思博钰　胡琴心

林业供给侧改革与提高林产品综合生产能力研究报告

【摘　要】推进林业供给侧改革是林业产业"十三五"发展的主要任务，加快结构调整，优化产业链条，推动清洁生产。林业产业结构调整的核心是提高传统林产品和生态产品的综合生产能力。本报告从分析林产品综合生产能力与供给侧改革的相关性入手，提出林产品综合生产能力概念和内涵，指出林产品综合生产能力包括传统林产品综合生产能力和生态产品综合生产能力，并总结林产品综合生产能力核算方法。针对木材资源、经济林产品等传统林产品生产、供给现状，给出资源供给侧改革和提升生产能力建议。围绕森林公园、森林旅游、森林康养以及湿地资源等生态产品供给现状，提出供给过程中存在的风险或问题，以及如何进一步提升供给侧改革和生产能力等方面的政策与建议。

一、林产品综合生产能力理论与实践

（一）林产品综合生产能力与供给侧改革

在 2015 年 11 月 10 日召开的中央财经领导小组第十一次会议上，习近平总书记提出了"供给侧结构性改革"概念："在适度扩大总需求的同时，着力加强供给侧结构性改革，着力提高供给体系质量和效率，增强经济持续增长动力"。2017 年 5 月，国家林业局联合国家发改委等 7 个部委印发了《林业产业发展"十三五"规划》，把推进供给侧结构性改革作为林业产业"十三五"发展的主要任务。林业的供给侧改革主要是加快结构调整，优化产业链条，推动清洁生产。结构调整的核心是提高传统林产品和生态产品的综合生产能力，也是优化林业产业链条，推动清洁生产的基础。林产品综合生产能力受自然、社会等诸多条件限制，只有把握我国林产品综合生产能力，才能切实做好林业供给侧结构性改革。当前，对综合生产能力的研究更多集中在农产品，而对林产品综合生产能力研究较少，林产品相比农产品要兼顾生态效益，受制约因素较多，因此开展相关调研具有重要的现实意义。

（二）林产品综合生产能力概念与内涵

林业与农业有相同之处，都可通过生产要素投入，产出人民需要的产品，不同之处在于，林业还承担着维护国家生态安全，改善生态环境的重任，把生态建设放首位，以提高生态效益为主要目标。调研小组在借鉴"中国农业综合生产能力研究"课题组提出的农产品综合生产能力概念的基础上，根据林业发展的特点和现状，将林产品综合生产能力总结为一定地区、一定时期和一定社会经济技术条件下，通过培育、保护、合理的经营等生产要素相互作用后所形成的一种综合产出能力，是衡量一个国家、一个地区林业生产总体水平和生态产品供给实力的主要标志。

林产品综合生产能力包括传统林产品综合生产能力和生态产品综合生产能力。其中，传统林产品综合生产能力主要包括木材资源、竹材资源、林下特色产品、经济林产品、花卉苗木、木材及竹藤加工产品等综合生产能力等。生态林产品综合生产能力包括森林公园、森林旅游、森林康养以及湿地资源等生产能力。

（三）林产品综合生产能力核算方法

林产品综合生产能力核算主要从传统林产品综合生产能力、生态林产品综合生产能力两个方面进行核算。

1. 传统林产品综合生产能力核算

传统林产品的生产能力核算内容主要包括木材、竹材、经济林产品、林副产品、苗木花卉、木材及竹藤加工产品的产量及其经济效益。工业用原木资源核算主要利用各种森林资源数据，针对不同的木材类型建立各种采集预测模型计算其木材产量，不同树种类型以及不同径阶大小的木材的市场价格差异很大。对原木进行加工得到的锯材以及原木加工后的副产品比如木质燃料、木浆都是木材产品综合生产能力核算的范围。传统的竹材资源核算主要通过竹子的大小进行定价核算单位面积内竹材资源的价值；目前已经突破了工艺生产格局和使用范围，进入大工业生产领域，竹材资源的核算包括竹制人造板、竹浆造纸、竹制家具、竹藤加工产品和工艺品等方面。苗木花卉产品综合生产能力核算主要包括苗木、花卉的产量以及相应实现的产值，一般通过计算每株苗木或花卉产品的价格来估计。经济林产品和林副产品的核算主要包括水果、干果、林产饮料、林产调料、森林食品、森林药材、木本油料、林产工业原料等经济林的年产量以及相应实现的产值。

2. 生态林产品综合生产能力核算

生态林产品综合生产能力核算主要包括森林公园、森林旅游、森林康养及湿地资源等综合生产能力的核算。

（1）森林公园、森林旅游、森林康养等综合生产能力核算。森林公园是森林旅游的载体，森林公园中具有高覆盖率的森林，森林中的植物叶片所散发的植物精气及林中瀑布等因电离产生的大量空气负离子形成森林氧吧，空气中负氧离子和植物精气可调节人体内分泌，帮助人体受损免疫系统恢复，具有强大的医疗和保健功能。因此催生了一个新兴的产业——森林康养。森林康养作为新兴产业，其定义可理解为以森林资源开发利用为主要内容，融入森林游憩、休闲、度假、疗养、保健、运动、养老等一系列有益人类身心健康的活动和服务新理念。森林公园的综合生产能力核算理论上应当包括森林旅游、森林康养等方面的经济效益、生态效益和社会效益核算三个方面。现有的研究较多的考虑经济效益的核算，生态和社会效益核算较少。经济效益的核算主要包括森林公园、森林旅游、森林康养所带来的门票收益，周边住宿、餐饮、交通、纪念品收入等相关增值效益，促进劳动力就业、税收和外汇等。核算方法上多选取对游憩人次数、旅游总收入、纯生态旅游景区面积等统计数据按照一定的折算方式进行统计。生态效益核算可以依据《森林生态系统服务功能评估规范》（LY/T 1721－2008），采用分布式测算方法，从涵养水源、保育土壤、固碳释氧、林木积累营养物质、净化大气环境、生物多样性保护和森林防护 7 个方面对森林产生的生态服务功能进行效益核算。森林的社会效益核算尚处于起步阶段，主要包括对社会文明进步的益处、对人类健康的益处和对社会生活的益处等方面。核算方法主要包括实际统计法、问卷调查法、条件价值评估法、支付意愿法、费用支出法、等效益替代法等方法。

（2）湿地资源综合生产能力核算。长期以来，针对湿地资源经济效益核算的研究有很多，湿地资源生态和社会效益核算方面的研究不多。湿地的综合生产能力也包括经济效益核算、生态效益核算以及社会效益核算三个部分。其中经济效益主要包括淡水资源（工业、农业和生态用水），旅游等方面。经济效益的核算主要包括市场价值法、资产价值法和旅行费用法来确定。以淡水资源供给核算为例，可以通过查阅相应的文献资料获取某个区域范围内淡水资源的单位价格以及淡水供给量来核算其经济效益。生态效益主要包括生物多样性、防洪排涝、净化水质、调节气候、美化城市环境等方面。生态效益的核算主要通过影子工程法、生态价值法、碳税法和造林成本法来核算，比如湿地的净化水质的效益核算，可以采用等同的人工污水处理费用来替代。社会效益主要包括区域发展状况，文化科普宣教与遗产价值等方面。湿地社会效益核算方法一般通过资料统计法、理论分析法与专家评价相结合的方法选择评价指标。根据专家打分，构建网络结构模型，确定各个评价指标的权重，对湿地资源的社会效益进行货币化评价。

（四）国内外提高综合生产能力主要措施

在提高生态产品综合生产能力方面，要从产业布局上提升供给能力。加快推动形成绿色发展方式和生活方式，推动构建绿色低碳循环发展的经济体系，不断提升生产领域的科技含量，最大限度地降低生产活动的资源消耗、污染排放强度和总量；从生态产业发展上提升供给能力；从生态技术上提升供给能力；从生态制度上提升供给能力，加快构建政府为主导、企业为主体、社会组织和公众共同参与的环境治理体系，加快推动实现生态环境领域治理体系和治理能力现代化。美国通过渐进立法及体制机制的不断创新，建立了一个务实理性并充分利用市场机制的生态法制体系，并且注重通过公民诉讼制度推动生态问题得以解决。美国通过立法，建立了众多法律法规实现了对林业生态的保护，从而提高生态综合生产能力。

在提高传统林产品综合生产能力方面，一是从依靠劳动力、原材料、土地等传统比较优势向依靠人才、技术、信息等竞争优势转变。在越南、菲律宾等发展中国家，利用低成本的劳动力大力发展劳动密集型木材加工业，能迅速提高木材等林产品的经济效益。从长期来看，应转变比较优势的发展视角，努力实现基于人才、技术、信息等竞争优势的贸易发展，从国际分工的低端向中高端转变，真正增强林产品贸易的国际竞争力。二是促进外贸从规模扩张向质量效益提高转变。加快林业产业战略性调整，促进林业外贸转型升级。三是从单纯追求经济利益为主向经济环境社会效益相结合转变。单纯注重经济利益的发展是不可持续的。在提高经济林产品综合生产能力方面，尤其是果树发展要面向市场，依靠科技；重视加工产业特别是深加工产业的发展；发展区域经济主导产业，注重设施栽培的发展，抓好高效优质果园的建设。进一步发展的方向定位在无公害、无污染的农副产品的生产上，并制定出相应的技术和质量标准。

二、传统林产品综合生产能力

（一）木材资源

1. 木材资源生产、供给现状

中国森林资源分布主要表现为以下特点：森林资源整体分布不均匀，天然林从森林蓄积量来看，西南和东北地区的森林蓄积量最高，华中和华南地区森林蓄积量最少。20世纪以来，我国原木消耗量基本能自我满足，消费量和供给量相当，我国采取限制天然林的采伐措施以后，原木来源仅依靠人工林，导致供给量大幅度下降，随着人工林的大量种植，中国的原木供给量又呈现上升的趋势。随着我国社会经济的不断发展，尤其是建筑业等相关产业的发展导致原木的消耗量逐步增加，数据显示：2012年我国原木消耗量已经达到1.2亿立方米以上。

近些年，受国家政策影响，禁止采伐天然林，因此商品材的总产量大幅度降低。2015年，全国商品材总产量为7218.21万立方米，比2014年减少12.33%。中华人民共和国成立以来，我国一直是世界木材生产大国，木材生产量长期处在世界前5位。2015年，我国工业用原木生产量1.66亿立方米，占世界工业用原木产量的8.97%，在世界工业原木生产量排名中，中国处在美国、俄罗斯之后，处在世界第三位（表1）。

表 1　2015 年工业用木材产量及占世界比例排名表

国　别	2015 年工业用木材产量（立方米）	占世界工业用木材产量比例（%）
美　国	368572412	19.95
俄罗斯	190507000	10.31
中　国	165729000	8.97
加拿大	151357559	8.19
巴　西	136277000	7.38
世界其他国家合计	835276224	45.21

我国原木供给仅仅依靠国内生产远远不够，还需大量从国外进口。表 2 是 1986 ~ 2015 年我国工业用原木供给情况：2015 年我国进口量排在世界第一位，超过 1/3 的工业用原木进口到我国，这一比例还在不断提升。和进口相比，我国原木出口数量有限，从表中可以反映出，我国原木生产能力严重不足。

表 2　1986 ~ 2015 年我国工业用原木生产能力表

年份	生　产					进　口			出　口		
	产量（立方米）	世界排名	占世界总产量（%）	人均产量（立方米/千人）	世界人均产量（立方米/千人）	数量（立方米）	世界排名	占世界总进口量（%）	数量（立方米）	世界排名	占世界出口量（%）
2015	165728992	3	8.97	120.44	251.41	44550000	1	36.09	11954	88	0.01
2014	161016992	3	8.86	117.58	250.25	51199592	1	38.33	14926	86	0.01
2013	167214000	3	9.32	122.72	249.88	44931580	1	35.47	13128	85	0.01
2012	158096000	3	8.95	116.64	248.88	37809696	1	33.54	3569	106	0.00
2011	159462000	3	9.01	118.28	252.22	42302928	1	35.08	14380	81	0.01
2010	160347008	3	9.41	119.58	245.77	34339912	1	31.25	28382	69	0.03
2009	146088000	3	9.48	109.53	225.16	28054024	1	31.12	12736	76	0.01
2008	123510000	4	7.53	93.10	242.36	32092098	1	26.96	5989	86	0.01
2007	100429000	5	5.70	76.10	263.90	37100000	1	26.80	4066	96	0.00
2006	93200000	5	5.37	71.00	263.14	32143000	1	24.44	4282	93	0.00
2005	93200000	5	5.22	71.38	274.03	29368000	1	22.06	6927	91	0.01
2004	93200000	5	5.36	71.77	269.87	26073028	1	20.95	4000	101	0.00
2003	93200000	5	5.53	72.16	264.98	25410000	1	20.98	9417	85	0.01
2002	91260000	5	5.57	71.06	260.64	24331000	1	20.62	11000	76	0.01
2001	92000000	4	5.75	72.03	257.67	16863400	1	14.36	17746	65	0.02
2000	94560000	5	5.61	74.46	275.03	13614200	2	11.81	27000	65	0.02
1999	98500000	4	6.24	78.01	261.13	10126500	4	9.59	25700	63	0.03
1998	105576000	3	6.89	84.11	256.41	5132200	6	5.60	25300	65	0.03

（续）

年份	生产					进口			出口		
	产量（立方米）	世界排名	占世界总产量（%）	人均产量（立方米/千人）	世界人均产量（立方米/千人）	数量（立方米）	世界排名	占世界总进口量（%）	数量（立方米）	世界排名	占世界出口量（%）
1997	105185000	3	6.76	84.33	263.88	4667200	7	5.12	63000	55	0.07
1996	106857000	3	7.10	86.30	258.78	3185500	8	3.84	65300	51	0.08
1995	99769000	3	6.54	81.26	266.15	3597006	9	3.79	459563	30	0.52
1994	97521000	3	6.57	80.19	262.62	3725270	8	4.24	631063	27	0.81
1993	96867016	4	6.53	80.52	266.48	3632522	8	4.76	646606	21	0.89
1992	90931008	4	6.04	76.51	274.36	4393071	8	5.26	693754	18	0.81
1991	88238000	4	5.62	75.27	290.66	4181805	7	4.96	634158	21	0.70
1990	89677008	4	5.25	77.67	321.91	3865000	6	4.68	371000	29	0.44
1989	95119008	4	5.59	83.80	326.16	6444400	4	6.58	43200	46	0.04
1988	96590016	4	5.77	86.69	326.30	7951000	2	7.93	132400	38	0.13
1987	97047008	4	5.87	88.82	328.38	6200000	4	6.26	55200	41	0.06
1986	95135000	4	5.97	88.76	322.18	6500000	2	7.22	31100	47	0.04

1986～2015 年我国锯材产量总体呈现上升趋势。2015 年我国锯材产量为 7430 万立方米，占世界产量 16.43%，排在世界第二位，人均产量达 54 立方米/千人。进出口方面，由于我国是人口大国，锯材消耗量大，因此我国也是锯材进口大国，2015 年我国进口锯材 2608 万立方米，占世界总进口量 19.93%，排在世界第一位。相比进口，我国锯材出口量低，2015 年我国锯材出口仅占世界总出口量的 0.16%，排在世界后列（表 3）。

表 3　1986～2015 年我国锯材供给能力表

年份	生产					进口			出口		
	产量（立方米）	世界排名	占世界总产量（%）	人均产量（立方米/千人）	世界人均产量（立方米/千人）	数量（立方米）	世界排名	占世界总进口量（%）	数量（立方米）	世界排名	占世界出口量（%）
2015	74304000	2	16.43	54.00	61.54	26080000	1	19.93	219440	43	0.16
2014	68370000	2	15.55	49.93	60.49	25732390	1	19.97	285000	41	0.22
2013	63000000	2	14.89	46.24	58.91	24017776	1	19.64	454373	35	0.36
2012	55700000	2	13.76	41.10	57.02	20630944	1	18.23	474438	32	0.40
2011	44600000	2	11.48	33.08	55.40	21554614	1	18.55	538927	31	0.45
2010	37200000	3	9.91	27.74	54.20	14755695	2	13.61	533249	29	0.48
2009	32298000	3	9.38	24.21	50.32	9884987	2	10.45	555865	24	0.55

（续）

年份	生产					进口			出口		
	产量（立方米）	世界排名	占世界总产量（%）	人均产量（立方米/千人）	世界人均产量（立方米/千人）	数量（立方米）	世界排名	占世界总进口量（%）	数量（立方米）	世界排名	占世界出口量（%）
2008	28400000	3	7.34	21.41	57.19	7264858	2	6.50	685269	22	0.58
2007	28291000	4	6.51	21.44	65.00	6503000	6	4.85	747000	24	0.56
2006	24865000	4	5.57	18.94	67.59	6068000	5	4.52	808000	24	0.59
2005	17903000	6	4.09	13.71	67.15	5972000	5	4.42	616000	27	0.45
2004	15325000	7	3.60	11.80	66.05	6000000	5	4.47	475000	28	0.35
2003	11300000	10	2.83	8.75	62.84	5506000	5	4.55	523000	27	0.41
2002	8520000	12	2.17	6.63	62.46	5396000	5	4.59	431000	29	0.36
2001	7638000	12	2.02	5.98	61.09	4016100	6	3.57	433300	28	0.38
2000	6434000	13	1.67	5.07	62.81	3668900	7	3.17	551000	26	0.48
1999	15859000	7	4.08	12.56	64.22	1858000	12	1.70	309500	31	0.29
1998	17875000	6	4.73	14.24	63.33	1728000	12	1.70	310000	31	0.32
1997	20124000	5	5.11	16.13	66.76	1966000	12	1.87	389000	27	0.39
1996	26552000	3	6.87	21.44	66.50	1044800	17	1.07	713700	19	0.74
1995	24745000	4	6.33	20.15	68.13	940500	18	0.98	567000	20	0.59
1994	24745000	5	6.25	20.35	70.03	938974	19	0.96	403111	25	0.44
1993	24851000	5	6.30	20.66	70.82	1157483	17	1.31	341442	25	0.39
1992	18900000	5	4.69	15.90	73.52	738561	20	0.88	636911	20	0.77
1991	20104000	5	4.81	17.15	77.48	222800	33	0.29	100600	39	0.13
1990	22743000	5	4.91	19.70	87.20	257300	33	0.30	65200	42	0.08
1989	24664000	5	5.25	21.73	89.96	123400	38	0.14	71900	42	0.08
1988	25988000	5	5.52	23.33	91.78	289400	29	0.35	100700	37	0.12
1987	26050000	5	5.59	23.84	92.50	77200	48	0.09	42800	45	0.05
1986	26050000	5	5.82	24.30	90.52	59000	54	0.08	65900	39	0.09

　　1986~2015 年，我国木质燃料产量总体呈现下降趋势，占世界总产量比例也不断下降，但因为我国人口基数大，是人口大国，对燃料消耗大，我国木质燃料产量在逐年下降的趋势下仍然排在世界前列，长期居于世界第一位和第二位。我国木质燃料基本上靠国内生产，进出口量均很少，排在世界后列（表4）。

表4　1986～2015年我国木质燃料生产能力表

年份	生产					进口			出口		
	产量（立方米）	世界排名	占世界总产量（%）	人均产量（立方米/千人）	世界人均产量（立方米/千人）	数量（立方米）	世界排名	占世界总进口量（%）	数量（立方米）	世界排名	占世界出口量（%）
2015	172385744	2	9.24	125.28	253.89	8413	34	0.15	644	57	0.01
2014	175533920	2	9.43	128.18	256.23	9790	29	0.15	979	59	0.01
2013	178741120	2	9.62	131.18	258.65	7051	34	0.11	66	92	0.00
2012	182008496	2	9.85	134.29	260.33	3546	41	0.06	618	62	0.01
2011	185337168	2	10.18	137.47	259.55	3640	39	0.06	1239	46	0.02
2010	188728288	2	10.35	140.74	263.12	4212	35	0.08	1732	46	0.03
2009	192291504	2	10.62	144.17	264.47	2733	35	0.06	1767	46	0.03
2008	195924000	2	10.77	147.68	268.86	13000	23	0.36	500	54	0.01
2007	199628000	2	10.98	151.28	272.01	24000	19	0.68	1000	43	0.02
2006	203402432	2	11.25	154.96	274.04	8000	24	0.20	2000	40	0.04
2005	207251104	2	11.52	158.74	275.90	5000	23	0.15	1000	42	0.02
2004	211148400	2	11.67	162.60	280.90	5600	24	0.17	4000	34	0.10
2003	215121344	2	11.91	166.57	284.03	5600	22	0.17	4000	31	0.09
2002	219171424	2	12.20	170.65	285.95	5600	23	0.22	4000	31	0.11
2001	223300112	2	12.59	174.84	285.81	6600	23	0.32	8900	27	0.23
2000	227508960	2	12.85	179.14	289.03	100	60	0.00	41	46	0.00
1999	231704192	2	12.86	183.50	297.80	1500	32	0.09	7700	27	0.22
1998	235973056	2	13.14	187.99	300.69	1400	31	0.08	7700	27	0.17
1997	240853504	2	13.38	193.11	305.50	800	33	0.06	11000	23	0.30
1996	245463216	2	13.78	198.24	306.37	2800	27	0.19	9000	21	0.37
1995	250635696	2	13.94	204.13	313.57	2400	28	0.21	26000	13	1.24
1994	256794512	2	14.30	211.17	317.59	4307	24	0.30	34128	14	1.53
1993	264696304	2	14.68	220.03	323.75	3926	21	0.22	101111	5	5.92
1992	273606560	2	14.91	230.22	334.46	6684	20	0.50	25809	10	2.15
1991	282686208	1	15.17	241.13	345.18						
1990	287194304	1	15.72	248.74	344.09						
1989	286744384	1	15.92	252.61	345.08						
1988	285964352	1	15.96	256.66	349.49						
1987	290291520	1	16.36	265.68	352.57						
1986	294469088	1	16.54	274.73	360.16						

　　1986～2015年我国木浆产量呈现上升趋势，2015年我国木浆产量为986万吨，占世界总产量的5.62%，排在世界第六位，其中人均木浆产量7.17吨/千人。由于我国木浆

产量少，基本没有出口，主要依赖进口，2015 年，我国木浆进口 1979 万吨，占世界总进口量的33.71%，占据近1/3 的世界进口份额，排在世界第一位，并且我国木浆进口常年居于世界首位(表5)。

表5　1986～2015 年我国木浆生产能力表

年份	生 产					进 口		
	产量（吨）	世界排名	占世界总产量（%）	人均产量（吨/千人）	世界人均产量（吨/千人）	数量（吨）	世界排名	占世界总进口量（%）
2015	9864000	6	5.62	7.17	23.90	19794748	1	33.71
2014	9984000	6	5.69	7.29	24.13	17893958	1	31.30
2013	9175000	6	5.34	6.73	23.92	16781790	1	30.08
2012	8439000	7	4.92	6.23	24.15	16380762	1	30.52
2011	8482000	7	4.89	6.29	24.74	14354612	1	27.93
2010	7160000	8	4.20	5.34	24.62	11299951	1	23.61
2009	5510000	8	3.43	4.13	23.44	13578423	1	29.42
2008	6718000	8	3.79	5.06	26.22	9461000	1	20.03
2007	6052000	8	3.34	4.59	27.09	8385100	1	18.12
2006	5259000	8	2.99	4.01	26.63	7881000	1	17.00
2005	3708000	9	2.13	2.84	26.69	7520700	1	16.71
2004	3695000	9	2.11	2.85	27.14	7196518	1	16.39
2003	3695000	9	2.17	2.86	26.73	5988591	2	14.68
2002	3695000	9	2.21	2.88	26.63	5233000	2	12.97
2001	3695000	9	2.25	2.89	26.45	4873000	2	12.45
2000	3320000	9	1.94	2.61	27.95	3107700	4	8.23
1999	3210000	8	1.96	2.54	27.04	2967200	5	8.11
1998	1860000	13	1.16	1.48	26.77	2179200	5	6.26
1997	1830000	14	1.13	1.47	27.59	1541500	8	4.50
1996	1397000	17	0.89	1.13	26.93	1529400	8	4.71
1995	2250000	10	1.39	1.83	28.20	958800	8	3.00
1994	2286000	10	1.41	1.88	28.65	801030	11	2.58
1993	2021000	11	1.34	1.68	27.16	474538	13	1.67
1992	1844000	12	1.21	1.55	27.88	580830	11	2.06
1991	1738000	12	1.12	1.48	28.76	657200	9	2.50
1990	1693000	12	1.09	1.47	29.16	333800	14	1.33
1989	1700000	13	1.09	1.50	29.91	556100	9	2.14
1988	1695000	12	1.12	1.52	29.54	787000	8	3.07
1987	1625000	12	1.11	1.49	29.11	664000	8	2.65
1986	1610000	11	1.15	1.50	28.36	576000	9	2.48

2. 木材资源生产、供给风险或问题

（1）木材供给结构不均衡，过分依赖木材进口。虽然我国一直是世界上的木材、木质燃料、木浆生产大国，但随着我国社会经济的不断增长，我国的木材消耗量逐年增加，木材、木质燃料、木浆的国内供给不能满足国内市场的需要。尤其是随着国家全面禁止天然林商业性采伐政策，现有的人工林难以承担国内日益增长的各类木材的需求。当前工业用原木、锯材、木质燃料、木浆主要依赖进口，各类木材的进口量居世界第一位。

（2）人工林供给树种单一、木材供给质量低。第八次森林资源连续清查结果表明，我国人工林增长势头较快，人工林面积接近7000万公顷，排在世界首位。但人工林的单位蓄积量52.76立方米/公顷，远小于104.62立方米/公顷的天然林单位蓄积量。与林业发达国家人工林产量相比，单位面积的蓄积量远低于日本179立方米/公顷，以及德国336立方米/公顷。人工林供给质量不高的原因主要是人工林栽培密度过大，栽培树种单一，比如杨树、桉树和杉木人工种植面积占到人工乔木林面积的75%；此外，我国的人工林多为中幼林，抚育管理措施过于简单，林相稳定性差，灾害频发导致人工林质量较低。

（3）珍贵树种生产能力不足。珍贵大径材生产能力不足，木材进口压力大，遭遇国际指责。根据国家林业局的统计结果，我国大径级优质材，特别是家具和装修装饰用的阔叶材资源将严重不足。珍贵大径材的供给主要依赖进口，这一情况已引起国际社会普遍关注，一些极端环保主义者甚至指责中国滥伐别国森林，参与国际木材走私，制造中国木材威胁论。另一方面，出于国家环境利益的需要以及国际环保组织对天然林和物种保护的压力，一些木材出口国普遍加大了保护本国森林资源的力度，限制了珍贵大径材对我国的出口。以进口柚木原木为例，2013年，我国进口柚木原木16.3万立方米，进口金额1.26亿美元，平均每立方米773.81美元，折合人民币4697元/立方米，根据国内木材市场价格监测，2015年进口柚木原木价格达8621元/立方米。热带地区的天然林保护，木材采伐减产将是未来各国的主要目标，必将影响我国木材供给。同时，由于珍贵大径材的培育周期长，很难在短期内获得收益，国内企业、个人不愿投资培育大径材。

3. 木材资源供给侧改革和提升生产能力建议

（1）推进人工林可持续经营，加快国家储备林基地建设。人工林是国家全面禁止商业性天然林采伐之后解决木材供需矛盾的重要途径。国内现有人工林栽培密度过大，树种单一，抚育管理措施过于简单，推进多树种混交造林，加强人工林幼林、中龄林的抚育与间伐，是实现人工林可持续经营的重要手段。同时，要加快建设国家储备林基地的建设，储备林基地的建设既是全面保护天然林的重要举措，也是保障国家木材安全的重要途径，同时也是推进林业供给侧结构性改革的重要抓手。

（2）积极利用竹材，发展竹材的深加工和综合利用。我国的竹类资源品种丰富，面积分布较广。同时竹子生长快、成熟周期短、产量高，如果利用合理，加上合理的经营管理，利用竹材替代部分木材供给是可以实现的。同时竹子可以用于建筑、材料和化工各个领域，也可以用来制造家具、人造板和地板，发展竹材的深加工和综合利用也是缓解木材短缺的一种有效途径。

（3）加强木材供需的宏观调控，提高木材的综合利用效率，寻求木材节约代用缓解木材供给压力。先进国家的木材利用在 80% ~ 90% 之间，我国的木材利用率在 60% 左右，因此我国需要提高木材的综合利用效率。同时要加强废木材、纸张、一次性筷子的回收与循环利用，节约木材的使用量。此外，还要积极寻求木材替代资源缓解木材供给压力，比如利用秸秆、棉秆、甘蔗渣、花生壳等农业剩余物发展非木质资源人造板。

（4）大力培育珍贵大径级木材。树种的选择是培养珍贵大径级用材林的前提，各地区根据当地的实际情况，选择木材硬度大、颜色深、纹理优美、直干性能好的特色类乡土珍贵树种，同时对现有的国家储备林基地进行适当的改造，通过控制合理的经营密度、修枝和疏伐等措施为珍贵大径级目标树释放出足够的生长空间。在经营模式上，对现有林分进行改造，坚持数量和质量并重、质量优先，宜改则改、宜抚则抚、宜造则造，改、造、抚相结合，尤其是要加大林种树种结构优化，储备一大批能和国际市场接轨的珍贵树种用材林、优质乡土大径材林，满足国内木材需求并替代进口用材。

珍贵大径材林的培育时间长，国家需要制定长期稳定的政策，鼓励国有林场、企事业单位、社会力量以及林农个人参与大径材的培育。国家要安排部分配套资金用于造林种苗补助、优良种质资源开发、抚育和病虫害防治等。对于大径材培育定点或试点基地，要进行财政补助或提供优惠的贷款，适当延长贷款偿还期限，降低林业生产者的融资成本，创造良好的发展环境，提高其市场竞争力。

（5）大力推进信息化，促进森林资源管理水平提高。我国大多数林区地处偏远，交通不便而且信息匮乏，制约着林业的发展与管理水平的提升。结构性产能过剩、效率低下、信息不对称等矛盾制约着林业产业的转型升级。大力推进林区信息化，充分利用空间信息技术、互联网和大数据等新兴技术，是提高林业行业发展质量，促进林业可持续发展的重要手段。各地区要充分运用地理信息技术掌握森林资源的本底数据，弄清森林资源的空间分布和利用或发展潜力。在林区大力推广林业机械化作业，提高生产效率，降低成本，提升林业产业化水平。依托"互联网 +"，实施精准造林，加强资源监管和野生动植物保护，强化森林病虫害诊断与防治、火灾灾害预警，运用物联网技术对木材产品进行追踪管理。充分发挥政府搭台、企业唱戏的模式，构建林产品电商交易平台，创新林业宣传。通过森林资源数字化，作业机械化和管理科学化来提高林业资源管理水平。

（二）经济林产品

1. 经济林产品生产、供给现状

截至 2015 年年底，全国经济林栽培总面积达 35880070.7 公顷，其中，结果面积 19614791.2 公顷，占经济林栽培总面积的 54.67%（表 6）。栽培类别分别有水果类、干果类、经济林饮料、调料、食品、药材和工业原料等。栽培面积最大的类别是水果，总面积达到 10804161.7 公顷，占全国经济林栽培总面积的 30.11%；其次木本油料，栽培总面积达 10746018.5 公顷，占全国经济林栽培总面积的 29.95%；第三为干果，栽培总面积达 8335363.6 公顷，占全国经济林栽培总面积的 23.23%；其余五种类型的经济林所占比例较小，均不到 5%，最少的为林产调料，栽培总面积 707709.5 公顷，占全国经济林栽培总面积的 1.97%。

表 6　截至 2015 年经济林栽培情况

栽植类别	栽培总面积（公顷）	占全国经济林总面积比（%）	结果面积（公顷）	占该类经济林总面积比（%）
水　果	10804161.7	30.11	7498025.6	69.40
干　果	8335363.6	23.23	4603471.7	55.23
林产饮料	1766988	4.92	676536.6	38.29
林产调料	707709.5	1.97	161913	22.88
森林食品	1319942.8	3.68	735934.2	55.76
森林药材	1215144.5	3.39	399710	32.89
木本油料	10746018.5	29.95	5020419.4	46.72
林产工业原料	984742.1	2.74	518780.7	52.68
合　计	35880070.7	100.00	19614791.2	

经济林种植与采集业在实现产量和产值方面，2015 年，全国经济林总产量达 173562693 吨，经济林种植与采集业实现年产值 119488112 万元（表 7）。其中：水果产量 146124304 吨，占经济林总产量的 84.19%；干果产量 10435165 吨，占经济林总产量的 6.01%；木本油料产量 5600282 吨，占经济林总产量的 3.23%。水果种植产值为 59377741 万元，占经济林总产值的 49.69%；坚果、含油果和香料作物种植产值为 20202817 万元，占经济林总产值的 16.91%；森林食品种植产值为 10877365 万元，占经济林总产值的 9.10%。

表 7　2015 年经济林产量和实现产值结构分布情况

类　别	经济林产量		类　别	经济林实现产值	
	产量 （吨）	占百分比 （％）		实现产值 （万元）	占百分比 （％）
水　果	146124304	84.19	水果种植	59377741	49.69
干　果	10435165	6.01	坚果、含油果和香料作物种植	20202817	16.91
林产饮料（干重）	2161369	1.25	茶及其他饮料作物的种植	10986200	9.19
林产调料（干重）	671697	0.39			
森林食品	4235865	2.44	森林食品种植	10877365	9.10
森林药材	2452871	1.41	森林药材种植	8391408	7.02
木本油料	5600282	3.23	林产品采集	9652581	8.08
林产工业原料	1881140	1.08			
合　计	173562693		合　计	119488112	

2. 经济林产品生产、供给风险或问题

（1）经济林产品供给结构不均衡。我国经济林的栽培面积较大，栽培的类别较多，但供给数量以水果、干果和木本油料 3 类为主，占全国经济林栽培面积的 80% 以上，森林药材，林产饮料、调料、森林食品以及林产工业原料的比例偏低。经济林产品实现的产值当中，水果种植的产值最高，但是栽培面积较少的森林食品、森林药材等经济林产品却实现了较高的产值。从产值和栽培面积分析来看，我国目前经济林产品供给结构不均衡的矛盾十分明显。

（2）经济林产品种植规模化、集约化、标准化水平低。现有的经济林产品种植多以农户为主，大规模成片开发与种植比较少，规模化程度不高；种植过程中重视前期的栽培，中期的管护以及挂果后期的管理比较粗放；经济林的经营管理水平落后，经济林产品的管理过程中不施肥、不修剪、不防治病虫害的现象比较普遍，与国外相比，标准化程度较低；同时也存在着品种不纯、良莠不齐、产量低、质量差，经济效益和社会效益不高的问题，导致经济林供给能力不足。此外，经济林发展面临人才和技术相对落后问题，面临激烈的市场和技术竞争。

（3）经济林发展区位优势不足、产品同类化严重、发展资金短缺。我国经济林树种丰富，用于栽培的树种不多。在种植和推广过程中，品种趋同的现象严重，生产缺乏科学合理规划，缺乏对市场需求的长远考虑。一些地区存在树种和品种不合理种植的现象，没有考虑当地的实际情况，没有考虑适地适树原则，没有考虑地方特色，盲目扩大规模，造成部分产品供大于求，阻碍了经济林的发展。此外，林地承包确权到户之后，经济林产业的规模化、特色化需要大量的资金投入，发展资金短缺的现象比较严重。

3. 经济林产品供给侧改革和提升生产能力建议

（1）建立经济林良种选育技术体系，推动品种结构优化升级。充分利用中国极为丰富的野生经济林树种资源，在深度挖掘各具特色优异种质基础上，将现代生物技术与传统育种手段相结合，探索建立融高效种质创新和快速筛选评价于一体的快速育种技术体系，加速培育速丰、优质、抗病虫、易管理、综合性状优异、熟期和用途多样的新一代优良品种，推动经济林品种更新换代和结构优化升级。

（2）特色发展、统筹规划、科学经营、生态补偿。经济林产品的发展要考虑其栽培习性和生态适应区域。地方政府及林业管理部门要科学的制定经济林发展统筹规划，遵循适地适树原则，要从当地的经济林产品特色出发，开发当地特有的、具有潜在优势的、符合生产加工要求的、在国内国际可能具备较强竞争力的地方特色产品。合理布局，避免产品同类化。强化造林，控制好经济林的合理种植密度，开展营林标准化生产管理，细化经济林分类经营类型。以市场需求为向导，以高效优产为基础，以追求最大的综合效益为目标，加强经济林资源的结构调整和集约化、现代化管理，提高经济林资源的产品质量。此外，国家要重视经济林的生态效益，尤其是对边缘山区的经济林产业纳入生态补偿范畴，有利于调整经济林生态效益和经济效益的关系，推动经济林产业发展生态化，同时也可以带动林农脱贫致富。

（3）大力发展经济林产品深加工，提高产品附加值和供给能力。根据经济林品种及不同地域等条件因素进行贮藏工艺、工艺参数及不同处理方法的科学研究，以确定不同品种、不同地域经济林产品的科学合理的贮藏工艺及参数，采用气调式冷藏设备和冷藏技术，以减少产品贮藏时病虫危害造成的损失。充分利用现有的设备和技术力量，研制开发特色鲜明、深受欢迎的加工新产品，提高我国经济林深加工、精加工的能力。此外，加强质量安全控制，加强药物和其他有害物质残留检测方法的研究和实施，自觉监测和监控技术队伍及从业人员的培训；按照与国际接轨的农产品安全卫生和质量等级标准生产、加工，并根据进口国实际需求的变化而不断调整，尽快健全和完善产品安全卫生和质量监控体系。

三、生态产品综合生产能力

（一）森林公园、森林旅游、森林康养

1. 森林公园、森林旅游、森林康养供给现状

我国的森林风景资源排在世界前列，为了合理利用和保护我国丰富的森林风景资源，目前我国形成了以国家森林公园为核心，国家、省和市3级森林公园相结合的发展框架。2016年我国森林公园数量达3392个，森林公园面积达1886.7万公顷，其中，国家森林公园数量828个，其面积为1320.1万公顷；省级森林公园1457个，其面积为429.9万公顷；县级森林公园1107个，其面积为136.7万公顷，国家级森林公园数量少，但占地面积大。森林公园以及全国旅游业在时间序列上具有加速发展现象，展现了我国森林公园

以及旅游业的提升现象。2017 年全国森林旅游游客量达到 13.9 亿人次，占国内旅游人数的比例约 28%。森林公园不光生产"旅游产品"，森林公园在吸引和保护野生动物，培育和发展珍贵树种等方面具有特殊的优势。

我国森林康养产业还处在起步摸索阶段，2016 年国家林业局印发《关于启动全国森林体验基地和全国森林养生基地建设试点的通知》，据统计，目前国家林业局批准了 135 家森林康养基地开展先行试点，国家林业局积极开展与德国、日本和韩国等国家的国际合作，在北京建立了八达岭森林体验中心。各省也积极推动森林康养产业发展，2017 年 4 月，湖南省印发了《湖南省森林康养发展规划 (2016～2025 年)》，根据湖南省的森林康养实践，分别从健康检测、疾病预防、疾病康复、疾病治疗、动静结合 5 个方面构建了"一个中心、四种途径"的森林康养模式，即以健康管理为中心，以森林养生、疗养、康复和休闲为途径；从森林康养管理、政策、技术、环境、基地、标准、人才和宣传 8 个方面探究森林康养产业的未来发展方向。四川省通过了《四川省森林康养基础评审标准》(草案)，南京游子山国家森林公园编制了《游子山森林公园森林体验系统总体规划》等。在园区内规划设计步道、文化观光区、森林保育观光区、生态休闲区等，在充分利用自然资源的同时，使人与自然充分接触，以达到森林养生和疗养的功效。江西贵溪青茅境景区利用自己充足的森林自然资源和生态环境，开发众多康养功能景区，侧重发展休闲旅游项目，受到众多游客的欢迎。

2. 森林公园、森林旅游、森林康养供给风险或问题

(1) 森林公园重建设与经济收益，缺乏科学的规划与经营理念，森林公园的竞争力不强。我国现有的大多数森林公园大多脱胎于国营林场，森林公园的林相单一，以人工林为主，原生的次生林很少，森林景观效果欠佳。森林公园的建设与开发缺乏科学的理念，很多地方只是作为国有林场转型的一种方式，从木材生产为主的林场转为以生态保护为主的公园。在经营方式上注重门票等经济收益，没有彰显地方特色，与民族特色的人文景观结合较少，导致森林公园的竞争力下降，森林公园的社会效益没有得到有效体现。同时，过度开发，破坏森林风景资源的现象依旧存在。

(2) 森林旅游的生态与人文环境出现恶化。森林公园具有生态、社会和经济三大效益。良好的生态环境是生物多样性的保护的前提和保障；良好的生态环境也是一个重要的旅游资源。生态旅游热的兴起，导致许多地方把森林旅游发展成为新的林业经济增长措施，而常常忽视了对森林公园、森林景观的保护。地方政府或公园经营实体不计成本开发景观资源、扩张与景观规划不一致的建筑设施、扩大服务规模，导致接待过于饱和，垃圾成堆，部分地区出现水体污染，引发的森林景观资源的破坏。另一方面，森林公园没有建立完善的人才队伍，管理与服务人员的培训上岗没有完全落实，不能胜任森林旅游的管理工作，导致服务意识不强，服务水平不高。

(3) 森林康养产业建设经验不足，还没有建立统一的技术标准体系。森林康养从某种程度上讲是森林生态旅游的升级版本。利用森林良好的生态和地理环境，以及森林公园内的低噪声、丰富的负氧离子对人类的心理进行调节作用。森林康养的目的是突出森林的治疗、康复、保健、养生功能，融入森林游憩、休闲、度假、疗养、保健、运动、养老等健康服务新理念。森林康养产业在我国还处于起步和摸索阶段，目前为止还没有建立统一的技术标准体系。

3. 森林公园、森林旅游、森林康养供给侧改革和提升生产能力建议

（1）合理控制森林公园的开发强度，挖掘特色、加大宣传打造精品工程。森林公园的建设不能片面的追求经济效益，公园的规划与建设要坚持以自然与生态景观为核心，辅以适当的人造景观与建筑设施，在建设的过程中要充分挖掘地方人文资源景观与民族特色，提高森林公园的品味和档次。在建设完成后，地方政府或经营实体要借助媒体进行适当的宣传，扩大森林公园的影响力；同时也需要坚持以治污为核心，在保护中求发展，不断提升森林旅游生态产品发展的质量与效益，提升人民群众的获得感。

（2）提升森林公园从业人员的素质与服务水平。当前，森林公园管理工作人员数量不足，从业人员的素质与服务水平参差不齐，森林公园的发展受到一定程度的限制。地方政府或森林公园必须设立一个完整的从业人员素质提升计划；建立健全的服务标准，同时加强安全与防火管理。定期举办培训班，邀请行业专家或学者来讲课，介绍国内外的管理与服务理念，同时要组织考察学习，适应时代发展的需要。

（3）做好森林康养顶层设计、总体规划和产业布局。森林康养在我国是个新兴产业，发展森林康养不仅有利于调整林业产业结构，而且可以更多的带动林业职工转型。这就需要国家林业管理部门要做好康养产业的顶层设计，省级政府应当做好各省的总体规划，出台相应的政策，地方政府应为森林康养产业发展制定必需的规划和方案，以期产业发展符合规范，能够满足人民需求。从生态制度上提升供给能力，加快构建政府为主导、企业为主体、社会组织和公众共同参与的森林康养标准体系。另一方面，要从产业布局上提升供给能力，加快推动形成绿色发展方式和生活方式，最大限度地降低生产活动的资源消耗、污染排放强度和总量。

（二）湿地资源

1. 湿地资源供给现状

湿地是位于陆生生态系统和水生生态系统之间的过渡性地带。湿地在除南极洲的世界各地分布很广，包含众多野生动植物资源，是重要的陆地生态系统，也是重要的自然资源。湿地在环境保护方面具有重大意义，能够保护小气候、维持区域生态平衡。因此保护湿地资源，维护湿地的基本生态过程具有重大意义。

我国湿地类型多，主要包括近海与海岸湿地、河流湿地、湖泊湿地、沼泽湿地和人工湿地 5 个类型。湿地面积分布广、不同区域范围差异显著、生物多样性丰富，是世界上湿地类型齐全、数量较多的国家之一。其中，河流湿地、湖泊湿地、沼泽湿地和人工湿地保存了全国 96% 的可利用淡水资源，维持着约 2.7 万亿吨淡水，湿地是淡水安全的生态保障；湿地生态系统中现有湿地植物 4220 种、湿地植被 483 个群系，脊椎动物 2312 种，隶属于 5 纲 51 目 266 科，其中湿地鸟类 231 种，是名副其实的“物种基因库”。我国于 1992 年加入湿地公约后，积极开展湿地保护工作。国家林业局专门成立了“湿地公约履约办公室”，负责推动湿地保护的规划和执行工作。1995～2003 年完成全国第一次湿地资源调查。2014 年 1 月公布的第二次全国湿地资源调查结果显示，全国湿地总面积为 5360.26 万公顷，湿地面积占国土面积的比率（即湿地率）为 5.58%。受保护湿地面积为 2324.32 万公顷。两次调查期间，受保护湿地面积增加了 525.94 万公顷，湿地保护率由 30.49% 提高到现在的 43.51%。青海、西藏、内蒙古、黑龙江等 4 省（自治区）湿地面积约占全国湿地总面积的 50%。与第一次湿地调查结果比较，湿地面积减少了 339.63 万公顷。截至 2016 年年底，我国已建立国家湿地公园 836 处、湿地自然保护区 600 多处，指定国际重要湿地 49 处，同时建立了长江、黄河、沿海湿地保护网络，基本形成全国湿地保护网络体系。

近年来，随着旅游业的不断发展和国内外可持续旅游的逐渐开展，湿地旅游业也迅速发展起来。但是，由于人口激增和社会经济的迅速发展，人口与环境、资源方面的矛盾日益尖锐。有些地区的湿地生产力已经明显下降，湿地生物多样性面临威胁。加之人们普遍缺乏对湿地生态功能的认识，同时，湿地的综合生产能力还受到农业、自然植被、水资源和渔业等各个部门的制约，湿地资源综合生产能力提高与湿地资源的可持续利用与发展需要多学科和综合的努力加以解决。

2. 湿地资源供给风险或问题

（1）不合理的开发利用，导致湿地资源的面积日益缩小，蓄洪和防洪能力降低。由于人口数量与社会经济的快速发展，人口、经济发展与资源、环境之间的矛盾日益凸显，大量的湿地资源的功能发生了改变，导致湿地资源大面积的缩小。不合理的农业开发，比如泥炭开发和农用地开垦造成沼泽湿地面积缩小，围湖造田造成内陆湖泊面积的减少，围塘养殖造成沿海地区红树林湿地面积的萎缩，城市群和快速城镇化建设等一定程度上破坏了湿地的生境。另一方面围湖造田、围垦、流域内的滥砍滥伐，造成湿地河流湖泊含沙量增大，加速湖泊泥沙淤积，在一定程度上降低了蓄洪和防洪能力。

（2）湿地污染日益加剧，生物多样性减少，生态功能下降。工农业生产及城市群的建设规模的扩大，大量的污水被排入湿地当中，对湿地的生物多样性造成严重危害，破坏了野生动物的栖息环境，对湿地环境带来负面影响。同时，鱼类滥捕现象严重，影响着这些湿地的生态平衡，威胁着其他水生物种的安全，造成湿地生物群落结构的改变和生物多样性的减少。同时，也要注意到，全球性的气候变化也是导致湿地生物多样性丧失的原因之一，气温的持续上升，加剧陆地冰川融化，影响河川径流向海洋的输送。

3. 湿地资源供给侧改革和提升生产能力建议

（1）重视湿地的恢复与重建，控制污染，治理污染。湿地的萎缩与退化影响到当地群众的生活质量，不合理的污水排放威胁到生态系统的安全。为此，全社会必须引起高度的重视，政府管理部门要严格控制污染湿地的情况出现，对已经受到污染的湿地，采取必要的措施进行治理；同时，要充分利用国家退田还湖，退田还沼泽政策，做好湿地的恢复与重建工作，实施湿地生态修复工程。

（2）加大国家湿地公园的监管力度，严格控制国家湿地公园湿地的流失和破坏。到目前为止，我国已经建立了覆盖的全国湿地保护网络体系，建成了一批国际、国家和地方湿地公园，湿地保护的态势正从抢救性保护向全面保护转变；在保护湿地的同时，要加大国家湿地公园的监管和监督力度，不能申报成功之后，而不进行后续的管理与生物多样性的恢复，或者以保护湿地为名，大搞旅游开发或土地开发，因此要严格控制国家湿地公园湿地的流失和破坏。

（3）增加资金投入，扩大国际合作，加强宣传与立法，加大湿地生态效益补偿力度。虽然，国家已经对部分国际和国内重要湿地开展生态补偿的试点工作，生态补偿取得较明显的成效。对湿地的保护与生态补偿可以增加资金的投入，发挥科研机构与高等院校的科技优势，加强湿地资源的基础理论与应用技术研究，开展科学研究和技术推广，提高整个湿地保护管理工作的科学化水平；充分调动各级湿地保护协会与广大群众的积极性参与保护湿地，加大湿地保护宣传力度，营造一个良好的湿地保护氛围。继续深化湿地保护国际合作，参加《湿地公约》缔约方组织的各类国际会议。同时，协调相关部门，积极推动湿地保护立法工作，尽快制订全国湿地保护条例。

调 研 单 位：中南林业科技大学
调 研 人 员：孙　华　蒋馥根　雷思君　陈川石　王俞明

林业领域政府与社会资本合作模式项目
试点的浙江省调研报告

【摘　要】运用政府与社会资本合作(PPP)模式推进林业建设,有利于创新林业投融资机制,促进投资主体多元化,提高资金使用效率。目前,PPP模式在基础设施建设等领域已经得到了较好的应用,但在林业领域尚不成熟。本报告以浙江省为例,通过实地调研,分析浙江省发展林业PPP合作模式的优势,即林业发展基础良好、社会资本供给充裕、社会消费需求旺盛、体制机制创新优势;以及发展林业PPP的不足,即政策规范缺位、社会资本的认识偏差、专业中介咨询服务机构的缺乏等。以华东药用植物园PPP项目为典型案例,分析林业PPP合作模式的基本原则、限入条件、林业PPP合作模式发展的重点领域。基于上述调研与研究,提出林业PPP项目发展的建议:加强组织领导协调,设立专门管理部门;调整相关政策法规,制定实施指导意见;设立政府引导基金,培育专业咨询机构;建立风险防控机制,确保PPP健康发展。

一、推进林业 PPP 模式的背景与重要意义

浙江省是"全国深化林业综合改革试验示范区"和"全国现代林业经济发展试验区",林业改革、生态建设与产业发展一直走在全国前列,社会资本投资林业积极性高。据统计,截至"十二五"末,全省共有8600多家非公有制单位投资林业,累计投资额近500亿元,有效拓展了林业投资渠道。然而与现代林业发展对资金的需求相比,林业资金投入依然不足。2014年,浙江省委、省政府《关于加快推进林业改革发展全面实施五年绿化平原水乡十年建成森林浙江的意见》中提出,要破解林业体制机制障碍,走出以推进制度创新、激活社会资本为基本特征的浙江"林改"之路。《浙江省林业发展"十三五"规划》中也提出要"建立健全林业项目分类投资制度,对于公益类项目政府全额投资,对于非公益类项目,实行'政府＋实施主体'模式,积极探索林业PPP融资模式。"

党的十九大提出了农业、农村优先发展，实施"乡村振兴"战略；浙江省委、省政府制定了"大花园"建设行动纲要；赋予了林业更为重要的历史使命与更多的战略机遇。浙江作为林业改革与发展的先行省份，理应通过深化林业制度改革，积极探索包括林业PPP模式在内的林业投融资机制，让林业在推进落实"乡村振兴"与"大花园"建设战略目标中，发挥更大更好的作用，为浙江省实现高水平全面建成小康社会建设目标提供强有力支撑。

运用政府和社会资本合作（PPP）模式推进林业建设，有利于创新林业投融资机制，拓宽社会资本投资渠道，促进投资主体多元化，提高资金使用效率。2016年，国家发展改革委、财政部、国家林业局等部门先后联合颁发了《关于运用政府和社会资本合作模式推进林业建设的指导意见》（发改农〔2016〕2455号）、《关于运用政府和社会资本合作模式推进林业生态建设和保护利用的指导意见》（林规发〔2016〕168号）等政策文件；浙江省发改委也下发《浙江省重点建设项目采用招标方式选择社会资本的若干规定》的通知，旨在积极推进PPP模式在基础设施建设与林业建设领域的发展与应用。

目前，浙江省在基础设施建设等领域，PPP模式已经得到了较好的应用，并积累了一定的经验，如杭绍台高铁PPP项目。但是，到目前为止，浙江省还没有开展真正意义上的林业PPP项目。为了推进浙江省政府和社会资本合作模式在林业行业的推广运用，受林业厅委托，课题组先后赴浙江义乌、浙江丽水、安徽宁国等地就PPP项目开展情况进行实地调研，与当地政府、社会资本方、当地林农进行座谈，深入了解林业领域开展PPP项目开展的条件、所存在的问题。

二、国内外 PPP 发展现状分析

（一）PPP 的定义与内涵

PPP 是英文 Public-Private Partnerships 的缩写，意为"公私合作伙伴关系"，即公共部门（通常为政府部门）和私人部门为提供公共产品和服务而形成的各种合作伙伴关系，是一个较为宽泛的概念。国际上，不同机构或组织对其定义与内涵的表述有所不同，见表1。

表 1　PPP 的定义与内涵

机构名称	定义与内涵
联合国发展计划署	政府、营利性企业和非营利性组织基于某个项目而形成的相互合作关系
加拿大 PPP 国家委员会	公共部门和私人部门之间的一种合作经营关系，基于双方各自经验，通过适当的资源分配、风险分担和利益共享机制，以满足事先清晰界定的公共需求
美国 PPP 国家委员会	介于外包和私有化之间并结合两者特点的一种公共产品提供方式，表现为充分利用私人资源进行设计、建设、投资、经营和维护公共基础设施，并提供相关服务以满足公共需求

（续）

机构名称	定义与内涵
联合国培训研究院	包含两层含义，一是为满足公共产品需求而建立的公共和私人之间的各种合作关系；二是为满足公共产品需求，公共部门和私人部分建立的伙伴关系
欧盟委员会	为提供公用项目或服务而形成的公共部门和私人部门之间的合作关系
世界银行	PPP 是私营部门和政府机构间就提供公共资产和公共服务签订的长期合同，而私人部门须承担重大风险和管理责任
中国(财政部、政府和社会资本合作中心)	政府和社会资本合作模式是在基础设施及公共服务领域建立的一种长期合作关系。通常模式是由社会资本承担设计、建设、运营、维护基础设施的大部分工作，并通过"使用者付费"及必要的"政府付费"获得合理投资回报；政府部门负责基础设施及公共服务价格和质量监管，以保证公共利益最大化

（二）PPP 模式及特点

PPP 模式可以从不同维度进行分类。根据 PPP 模式中社会资本参与程度的不同，世界银行将其划分为外包类、特许经营类和私有化类三大类。《国家发展改革委关于开展政府和社会资本合作的指导意见》(发改投资〔2014〕2724 号)将 PPP 模式分为购买服务、特许经营、股权合作三种方式。尽管两者称谓有所不同，但实质内容是一致的。

1. 购买服务

项目投资完全由政府承担，社会资本仅负责整个项目中的一项或几项职能，例如项目设计、工程建设等，或者在政府的委托下代为管理维护设施。又可细分为委托运营(O&M)、管理合同(MC)等模式。采取这类模式的项目，主要目的不是为了融资，而是为了引入私人部门先进的管理技术和经验，提升运营效率和服务质量。

2. 特许经营

特许经营是目前最常见的一类 PPP 模式，是指政府采用竞争方式依法授权法人或其他组织，通过协议明确权利义务和风险分担，约定其在一定期限和范围内投资建设运营基础设施和公用事业并获得收益，提供公共产品或者公共服务。根据项目是存量项目还是新建项目，以及是否需要追加投资等，可将特许经营进一步划分为转让—运营—移交(TOT)、改建—运营—移交(ROT)、建设—运营—移交(BOT)、建设—租赁—移交(BLT)、建设—拥有—运营—移交(BOOT)、设计—建设—融资—运营—移交(DBFOT)等多种类型。其中，TOT 和 ROT 适宜于存量项目；BOT 则适用于新建项目，是目前中国应用最多的 PPP 模式。

3. 股权合作

股权合作，即让渡一部分国有公司的股权给私人部门持有，是广义私有化的一种表现形式。其中，建设—拥有—运营(BOO)模式，因私人部门持续拥有项目所有权，在理论界仍然有争论，但从广义上来说仍属于 PPP 范畴，实务操作中往往采取适当改进的方式。

除上述三种形式的分类外，根据 PPP 项目自身盈利能力状况不同，可以划分为经营性项目、准经营性项目和非经营性项目 3 类。经营性项目是指具有明确的收费基础，并且经营收费能够完全覆盖投资成本的项目。准经营性项目是指经营收费不足以覆盖投资成本、需政府补贴部分资金或资源的项目。非经营性项目，是那些缺乏"使用者付费"基础、主要依靠"政府付费"回收投资成本的项目。表 2 为不同类别 PPP 模式的主要特点对比情况。

表 2　不同类别 PPP 项目的主要特点

方式	类型	适用项目种类	合同期限	项目阶段	主要目的
购买服务	委托运营（O&M）	非经营性	≤8 年	存量	引入管理技术
	管理合同（MC）	非经营性	≤3 年		
特许经营	转让—运营—移交（TOT）	经营性/准经营性	20~30 年		引入资金，化解地方政府性债务风险
	改建—运营—移交（ROT）	经营性/准经营性	20~30 年		
	建设—运营—移交（BOT）	经营性/准经营性	20~30 年	新建	引入资金和技术，提升效率
	建设—租赁—移交（BLT）	经营性/准经营性	20~30 年		
	建设—拥有—运营—移交（BOOT）	经营性/准经营性	20~30 年		
	设计—建设—融资—运营—移交（DBFOT）	经营性/准经营性	20~30 年		
股权合作	建设—拥有—运营（BOO）	经营性/准经营性	长期		

（三）国内外 PPP 模式发展概况

1. 国外 PPP 模式发展概况

PPP 模式的雏形最早出现在 19 世纪初的英国，经过 100 多年的发展，目前国际上不少国家已经形成较为成熟的 PPP 法律制度框架与运行模式，并在基础设施建设等领域得以广泛应用。

图 1 为 1990~2015 年全球 PPP 项目总体发展情况。据统计，1990~2015 年，全球 PPP 项目总计达 5152 个，投资金额总计达 17401 亿美元。

图 1　1990~2015 年全球 PPP 项目发展情况

　　图 2 为 1990~2015 年全球 PPP 项目的地区分布情况。从地区分布来看，欧洲是 PPP 项目最为主要的市场，占全球总量的 45.6%，其次是亚洲，占 24%；从单个国家来看，加拿大、美国、英国、法国位居全球前 4 位；中国、巴西、印度、哥伦比亚等发展中国家近年来也有较快发展。

　　图 3 为 1990~2015 年全球 PPP 项目的行业分布情况。从行业分布来看，PPP 项目主要集中在交通领域，约占 60%，其次分别是医疗和环境领域，分别占 10%、9.83%。

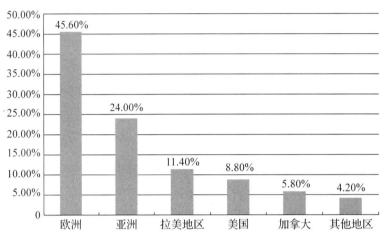

图 2　1990~2015 年间全球 PPP 项目地区分布情况

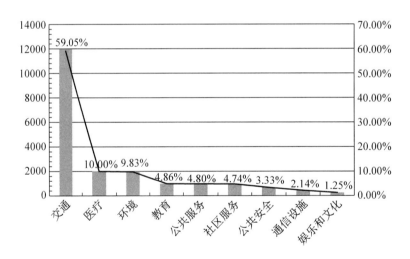

图 3　1990~2015 年全球 PPP 项目行业分布情况

2. 国内 PPP 模式发展概况

　　改革开放之前，中国基础设施与公共物品几乎完全由国家投资建设；改革开放后，随着外资的不断涌入，开始探索政府与社会资本合作模式来提供公共服务。1983 年，香港合和集团在深圳投资建设的沙角 B 电厂项目被认为是中国第一个具有现代意义的 PPP 项目。大体而言，国内 PPP 发展大致经历了探索起步（1984~1992 年）、试点推广（1993~2002 年）、大力推广（2003~2008 年）、调整发展（2009~2012 年）和全面推进（2013 年至今)等五个发展阶段。

　　根据财政部全国政府和社会资本合作(PPP)综合信息平台项目库信息,截至2017年6月末,全国入库项目共计13554个,累计投资额16.3万亿元,覆盖31个省(自治区、直辖市)和19个行业领域。其中,已签约落地项目2021个,投资额达3.3万亿元,项目落地率为34.2%。

　　图4和图5分别为我国PPP项目的地区与行业分布情况。从地区分布情况来看,PPP项目以西部地区为主,约占总项目数的50%,其次分别是东部地区占25%和中部地区占20%;从具体省份情况来看,排在前三位的分别是贵州、新疆、内蒙古,占入库项目总数的31.7%。

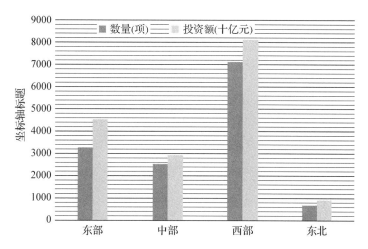

图4　我国 PPP 项目地区分布情况

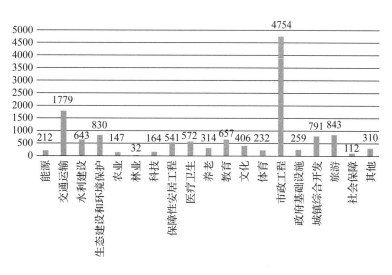

图5　我国 PPP 项目行业分布情况

　　就PPP项目行业分布来看,入库项目数排前三位的分别是市政工程(4754项)、交通运输(1779项)、旅游(843项),占入库项目总数的54.1%。落地项目数排前三位的分别是市政工程、交通运输、生态建设和环境保护,合计占落地项目总数的64.3%。值得注

意的是，随着我国绿色发展战略的确立和改善民生需求的增加，绿色低碳和幸福产业
PPP 项目增速很快。

3. 浙江省 PPP 模式发展概况

截至 2017 年 6 月底，浙江省入库项目共计 363 个，累计投资额 6001.48 亿元，覆盖
11 个地级市和除农业之外的 18 个行业领域。图 6 为浙江省 PPP 项目的地区分布情况。
其中，丽水（64 项）、温州（61 项）、台州（41 项）和杭州（38 项）的项目数居于前四位，
占全省总数的 56%；项目投资总金额的前四位分别是杭州（910 亿元）、台州（900 亿元）、
温州（888 亿元）和湖州（869 亿元），占全省 PPP 项目投资总金额的 59%。

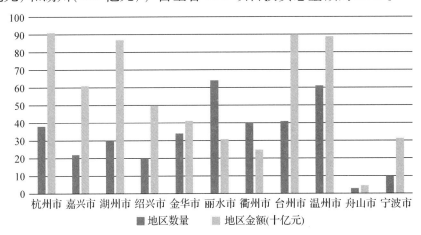

图 6   浙江省 PPP 项目地区分布情况

浙江省 PPP 项目的行业分布情况如图 7 所示。项目数排前四位的分别是市政工程
（115 项）、交通运输（67 项）、教育（25 项）和城镇综合开发（22 项），占入库项目总数的
63.1%。项目总投资金额排前四位的分别是市政工程（1809.87 亿元）、交通运输
（1226.24 亿元）和城镇综合开发（1156.02 亿元）和旅游（486.75 亿元），合计占入库项目
总投资金额的 77.96%。

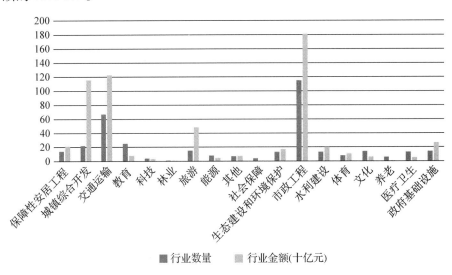

图 7   浙江省 PPP 项目地区分布情况

三、浙江省发展林业 PPP 合作模式的优势与不足

（一）浙江省发展林业 PPP 合作模式的优势

1. 林业发展基础良好

浙江省地处我国东部沿海，素有"七山一水两分田"之称，生态建设、生态保护、生态文化和林业产业发展均走在全国前列，为林业 PPP 合作模式发展奠定了良好的基础。据统计，浙江省现有森林面积605.91万公顷，森林蓄积3.14亿立方米，森林覆盖率达61%，森林生态服务价值达4805亿元。截至2017年10月底，全省共建有省级以上自然保护区23个，其中国家级11个；省级以上森林公园123家，其中国家级41家；省级以上湿地公园31处，其中国家级11处；国家级森林城市10个、省级森林城市69个、省级森林城镇316个。形成了木、竹、花卉苗木、森林旅游等六大特色优势产业，2016年全省共实现林业总产值5121亿元，森林生态旅游收入超过700亿元，农村居民人均林业纯收入超过3000元。

2. 社会资本供给充裕

浙江是我国经济大省，民营经济发达。据统计，截至2015年年底，全省共有规模以上私有企业28050家，民营上市公司282家，占全省上市公司数量的80%；2016年中国民营企业500强中，浙江省上榜企业134家，占比26.8%，居全国首位。2016年，全省 GDP 总额达4.65万亿元，其中，民营经济贡献了全省60%以上的税收，70%以上的GDP，80%以上的对外贸易出口和90%的就业岗位。

发达的民营经济，不仅为浙江经济健康持续发展奠定了扎实的基础，同时也积累了大量的民间资本。据估计，目前浙江约有750万浙商，遍布全球130多个国家和地区。随着"浙商回归工程"的启动，海内外浙商纷纷响应，仅2016年浙商回归到位资金就达3500亿元，社会资本得以进一步丰富。

如何选择发展前景良好、预期回报稳定的项目，已成为社会资本普遍关注的问题。随着党的十九大"乡村振兴"与浙江省"大花园"发展战略目标的提出，以及绿色发展理念的确立，林业 PPP 项目，作为实施"乡村振兴"和"大花园"战略的重要举措和生态绿色生态产业的重要组成部分，必将成为社会资本理想的投资目标。如丽水"华东药用植物园"、义乌"华西森林公园"等项目均为社会资本参与的 PPP 项目，社会资本表现出了强烈的投资意愿。

3. 社会消费需求旺盛

浙江省经济发达，2016年人均GDP达83157.39元，城乡居民纯收入分别达到47237元和22866元，居民消费恩格尔系数为0.29，浙江省已整体步入中等发达国家行列。随着收入水平的不断提高，城乡居民消费需求结构开始发生根本性变化，已经从过去的"盼

温饱"向目前的"盼环保"，由过去的"求生存"向目前的"求生态"转变，城乡居民对生态旅游、乡村旅游、森林康养等生态服务型需求与消费日益高涨。

加之，浙江地处上海、南京等特大城市周边，区位优势明显，而且境内生态环境条件优越，已经成为上海、南京等城市居民休闲旅游的最佳目的地，市场前景十分广阔。据统计，2016 年全省接待国内游客 5.84 亿人次，旅游总收入达到 8093.23 亿元，其中，森林生态旅游收入超过 700 亿元；全省健康产业产值达到 5800 亿元，已成为浙江省七个万亿产业之一。但是，与城乡居民的生态服务需求相比，浙江省生态产品与服务的供给能力依然不足，还无法满足城乡居民的需求与期望。

林业具有十分明显的公共物品性质，社会公众对生态产品与服务的强劲需求，为我省林业 PPP 合作模式的发展提供了强劲的内生动力，必将进一步提升浙江省生态林业、富民林业、人文林业建设水平。

4. 体制机制创新优势

浙江省是我国改革实践探索的"试验田"，是体制机制创新的"发源地"，是引领中国经济社会发展的"排头兵"。2003 年，浙江省委十一届四次全体(扩大)会议全面系统地总结了浙江省发展的八个优势，提出了面向未来发展的八项举措，即"八八战略"。其中，"进一步发挥体制机制优势，大力推进公有制为主体的多种所有制经济共同发展，不断完善社会主要市场经济体制"是浙江发展的首条经验与优势。

纵观浙江经济社会发展的历程与取得的成就，每一次的突破都与体制机制的创新有关。从全国首家股份制企业在浙江温州设立，到浙商遍布世界各地誉满全球；从温州永嘉 20 世纪 50 年代全国最早的包产到户改革，到成为现代农业建设试点省份；从"美丽乡村"省级探索实践，到"美丽中国"国家战略，处处都体现了浙江在体制机制创新方面敢为人先的胆略与不断超越的精神。

浙江林业作为"全国深化林业综合改革试验示范区""全国现代林业经济发展试验区"，理应继承与发扬浙江省体制机制方面的优势，积极开展包括林业 PPP 合作模式在内的林业投融资模式创新，真正走出一条"绿水青山就是金山银山"的现代林业发展路子。

(二)浙江省发展林业 PPP 合作模式的不足

1. 省级林业 PPP 合作模式政策规范缺位

2016 年，国家财政部、国家发展改革委、国家林业局等联合下发了关于 PPP 模式推进林业生态建设和保护利用的指导意见，浙江省政府也出台了推广运用 PPP 合作模式的相关政策文件。在浙江省，PPP 合作模式已经在市政建设、交通等领域得以应用，但至今尚未出台省级层面林业 PPP 项目发展相关政策文件与指导意见，林业 PPP 项目发展尚无章可循。尽管，社会资本有投资林业的意向，但因林业 PPP 项目有其行业特殊性，主要表现为投资周期长、公益性强、盈利能力弱、林业用地政策限制多。在具体实践中，要想开展林业 PPP 项目，并获得社会资本方的积极响应，往往需要依托资源优势，通过林业一二三产融合发展，突破现有林业建设用地指标限制，才具有可行性。丽水调研时社会资本方反映，现有有关林地使用规定（在不改变林地用途前提下，不超过 0.3% 的林地可用于生产设施建设），难以满足项目建设用地指标需求，制约了林业 PPP 合作模式的发展。

2. 社会资本方对林业 PPP 项目存在认知偏差

目前，最为常见的 PPP 合作模式是社会资本方与政府通过合作建设项目，并获得政府对该项目的特许经营权，通过特许经营获得正常的投资回报。然而，在实际调研中发现，社会投资方对 PPP 项目收益预期与我国对 PPP 项目运行规定之间存在较大的偏差。尤其是对于林业 PPP 项目而言，由于其具有很强的公益性，自身盈利能力往往较差，社会投资方在参与涉林 PPP 项目时，对项目收益关注的重点，并非是项目建成之后的实际运营收益，而是 PPP 项目之外的其他收益。比如，在安徽宁国市"城市公园绿地 PPP 项目"中，根据项目合同测算，社会投资方项目建成后运营收益几乎为零，其所期望的投资收益主要来源于工程建设利润。目前处于谈判阶段的义乌"华溪森林公园 PPP 项目"，社会资本方也表示期望通过项目建设，带动周边土地升值，进而参与项目边界之外的土地开发，来获得投资回报。这种操作方式与认知，与目前我国明确规定的 PPP 项目必须有实际运行业务要求是相违背的，并增加了 PPP 项目建设后续风险。

3. 缺乏专业中介咨询服务机构的有力支撑

PPP 项目开发涉及环节多，操作流程较为复杂，往往需要专业中介咨询服务机构的有力支撑，才能够推动项目顺利开展，并降低开发设计成本。据统计，目前浙江省已有相关 PPP 咨询机构 41 家，但主要从事市政工程、交通等领域 PPP 项目的设计与咨询服务。

由于林业 PPP 项目具有行业的特殊性、专业性很强，一般的 PPP 项目咨询服务机构，往往难以为林业 PPP 项目开发提供专业的咨询与服务，这也在一定程度上制约了林业 PPP 项目的发展。因此，迫切需要培育一定数量既熟悉林业行业特点，又懂 PPP 运营的专业性 PPP 项目中介咨询服务机构。

四、林业 PPP 合作模式发展的重点领域

（一）林业 PPP 合作模式的基本原则

依据国家林业局、财政部发布的《关于运用政府和社会资本合作模式推进林业生态建设和保护利用的指导意见》和国家发展改革委、国家林业局发布的《关于运用政府和社会资本合作模式推进林业建设的指导意见》，结合林业发展的基础与特点，林业 PPP 合作模式应坚持以下原则：

（1）生态优先，分类指导。林业 PPP 合作模式发展，首先要选择生态区位重要或生态资源基础良好，需要较大投资规模，并且通过项目建设能够有效提升生态服务功能或者能够实现林业三产融合发展，从而产生较好的生态或综合效益的林业项目。同时，可根据项目自身盈利能力状况，选择多种不同的 PPP 合作模式，实施分类指导。

（2）市场运作，适度盈利。PPP 合作模式是政府与私人部门的合作伙伴关系，政府部门需要转换角色，从行政管理角色转向市场主体角色，要严格遵循市场竞争规则，坚持用市场化运作方式，处理合作过程中的各自事务；同时，应该按照"盈利不暴利"的原则，确保社会资本方获得合理回报，激发社会资本参与林业 PPP 项目的热情。

（3）多方参与，成果共享。林业 PPP 项目生态效益明显、社会公益性强；项目建设与运行使用往往涉及政府、企业、当地林农和社会公众等多方主体。因此，在项目建设中，应让参与各方，特别是当地林农有充分的参与权、知情权，确保当地林农自身合法利益不受损失；在项目建成运行使用中，应让社会公众参与监督，真正实现成果共享。

（二）林业 PPP 项目的限入条件

根据国家发展改革委发布的《关于开展政府和社会资本合作的指导意见》(发改投资〔2014〕2724 号)和财政部新发布的《关于规范政府和社会资本合作(PPP)综合信息平台项目库管理的通知》规定，包括林业 PPP 项目在内的 PPP 项目必须满足以下条件：

（1）项目必须属于公共服务领域。PPP 项目必须属于公共服务领域。对于不属于公共服务领域，政府不负有提供义务的，如商业地产开发、招商引资项目等不得纳入 PPP 项目；因此，林业 PPP 项目必须以提供公共生态服务为主，具有较强社会公益性，纯产业类项目不宜作为林业 PPP 项目。

（2）项目必须有实际运营内容。文件规定 PPP 项目必须有实际运营内容，对于仅涉及工程建设，无运营内容的，不能通过项目自身实现自身盈利的项目、社会资本不实际承担项目建设运营风险的项目，不得安排财政资金。因此，在筛选林业 PPP 项目时，除了项目的社会公益性以外，还需要注重该项目是否具有实际经营内容，能否实现盈利。

（3）项目必须开展"两个论证"。PPP 项目必须开展"物有所值评价"和"财政承受能力论证"，建立健全风险管控机制。物有所值评价是判断是否采用 PPP 模式代替政府传统投资的重要依据；财政承受能力论证要求本级政府当前及以后年度财政承受能力不得超过 10% 上限，这也是政府财政"红线"的硬性约束。

（4）项目必须建立按效付费机制。文件规定在 PPP 项目实施过程中，政府不得向社会资本承诺固定收益回报，政府必须建立项目绩效考核机制，并按照绩效评价结果给予社会资本方付费或可行性缺口补助，且付费和可行性缺口补助部分与绩效考核结果必须超过 30%。

（5）项目不得进行违法违规举债担保。针对目前一些地方政府通过 PPP、政府购买服务等方式，变相举借债务，导致债务规模增长较快，形成潜在的风险触发点。文件明确指出要严控政府或政府指定机构不得回购社会资本投资本金或兜底本金损失；政府及其部门不得为项目债务提供任何形式担保；不得存在其他违法违规举债担保行为。

（6）其他不适宜采用林业 PPP 模式实施的情形。另外，违法国家既定法律法规、违法国家重大安全或公众利益的不能采用 PPP 模式。比如，因涉及国家安全或重大公共利益等，其他违法国家相关法律法规规定的情形，不适合采用 PPP 模式。

（三）林业 PPP 合作模式的重点领域

如前所述，PPP 项目根据社会资本方参与程度不同，可以分为购买服务、特许经营、股权合作三种方式。但在实际运行中，我国 PPP 项目主要以特许经营为主。

基于我国林业发展基础与林业 PPP 合作模式特点与限制条件，结合《全国林业"十三五"发展规划》和《全国深化林业综合改革试验示范区》相关重点任务。建议推广林业 PPP 项目时，重点选择属于具有公共服务属性，且通过一、二、三产业综合开发，具备实现运营潜力并能够实现盈利的项目，率先开展 PPP 合作模式试点。具体合作模式则可以特许经营为主，具体见表 3。

表 3　林业 PPP 合作模式的重点领域

重点领域	购买服务	股权合作	特许经营
湿地公园、森林公园的建设与开发利用			√
国家公园建设与开发利用			√
两山综合体建设与运营			√
碳汇林业开发			√
珍贵树种基地建设与运营			√

五、推进林业 PPP 项目发展的相关建议

（一）加强组织领导协调，设立专门管理部门

林业 PPP 项目开发涉及发改、国土、财政、林业等多个部门协同，政策性很强；同时，需要政府、社会资本方、当地林业经营者多主体参与，开发环节多，建设周期长，操作流程较为复杂；再则，林业 PPP 模式又是一项创新性探索工作，诸多配套政策与管理尚不健全。因此，需要加强组织领导与协调，并设立专门管理部门。具体包括：

一是成立林业 PPP 专门领导小组。建议由地方省委省政府主要领导牵头，会同林业、发改、财政、国土、审计、城规组建林业 PPP 专门领导小组，负责林业 PPP 项目开发所涉及相关部门的沟通与政策协调。

二是设置专门的林业 PPP 项目管理部门。林业 PPP 项目专业性强，需要在林业 PPP 专门领导小组下，由林业厅设置专门的林业 PPP 项目管理部门，具体负责林业 PPP 项目

标准制定、项目筛选、审批、评估与管理等工作。

（二）调整相关政策法规，制定实施指导意见

在基础设施和公共服务领域，PPP 模式已有较为广泛的应用，已经积累了不少实践经验。相比而言，林业 PPP 模式，目前尚处于刚刚起步探索阶段，许多配套政策法规尚不健全；同时，与一般 PPP 项目相比，林业 PPP 项目具有生态外部性强、盈利性弱，林业用地转变用途受政策限制强等特点。因此，亟须制定完善相关政策法规，主要包括：

一是放宽林业建设用地限制。对于基于林业生态资源建立森林（湿地）公园等项目，往往需要配套建设部分附属设施，以真正实现林业一、二、三产业融合发展，但现有政策规定，林业经营主体流转林地 200 亩以上实施林业规模经营的，允许不超过 0.3% 用于林业生产用房及相关附属设施建设，往往无法满足项目开发建设用地需要。因此，需要会同国土等部门，根据林业 PPP 项目性质不同，对建设用地政策做出相应的调整。实际调研中，项目参与方也普遍反映建设用地指标不足是制约 PPP 项目开展的主要障碍。

二是财政税收优惠政策。林业项目具有很强的公共外部性，而盈利能力相对较弱，因此，需要政府在财政与税收方面给予一定支持与优惠。可根据项目盈利性强弱，制定不同的财政补贴标准，并对 PPP 项目实施优惠税收政策。

三是出台省级层面林业 PPP 项目实施指导意见。由林业主管部门牵头研究制定林业 PPP 项目实施标准，对项目筛选、审批、评估与管理等工作具体规定，为林业 PPP 项目开发提供指导意见。

（三）设立政府引导基金，培育专业咨询机构

由于林业领域长期以来资金投资不足，在开展林业 PPP 项目初期，应建立引导基金对其进行引导。并培育一定数量专业化的林业 PPP 项目咨询服务中介机构，推进林业 PPP 项目健康发展。

一是可以考虑设立专门的政府引导基金。在林业 PPP 开展初期，用于支持林业 PPP 项目的发展，以增强对社会资本参与林业 PPP 项目的吸引力。

二是培育专业化的林业 PPP 项目咨询服务机构。PPP 项目开发涉及环节多，操作流程较为复杂，往往需要专业中介咨询服务机构的支撑，才能够推动项目顺利开展。加之林业 PPP 项目具有行业的特殊性、专业性很强，亟须培育一批既熟悉林业又懂 PPP 运营的专业中介机构，为林业 PPP 项目发展提高专业化的咨询服务，降低林业 PPP 项目开发风险与前期投入成本。

（四）建立风险防控机制，确保 PPP 健康发展

建立健全林业 PPP 项目风险评估与风险防控机制，规范林业 PPP 项目运营管理。按照风险共担、利益共享、物有所值、绩效导向的原则，在项目入库、前期论证、政府采购、预算管理、绩效监管、信息公开等方面，坚定执行相关政策法规，规范林业 PPP 项目运营。

一是严控地方政府债务风险。严防地方政府通过 PPP 项目、政府购买服务等方式，变相举借债务与担保；政府必须开展"物有所值评价"和"财政承受能力论证"，确保本级政府当前及以后年度财政承受能力不超过 10% 上限；政府必须建立按效付费机制，对于无运营内容、无绩效考核机制、社会资本不实际承担项目建设运营风险的项目，不得安排财政资金。

二是坚守生态保护和农民利益不受损。要防止地方政府与企业，利用 PPP 项目名义变相圈地，违规改变林地用地性质，导致生态破坏。同时，要注重在项目开发过程中，对当地参与林农合法权益的保护，确保当地农户对项目开发的知情权、参与权。

三是建立 PPP 项目退出机制。根据财政部于 2017 年发布《政府和社会资本合作（PPP）综合信息平台信息公开管理暂行办法》，建立林业 PPP 项目信息披露平台与机制，接受政府与社会公众监督。同时，对于项目合作遇不可抗力或违约事件导致项目提前终止，要做好接管与维护运行工作；政府和社会资本合作期满后，要按照合同约定，做好项目移交。

附件一：华东药用植物园 PPP 项目典型案例

华东药用植物园是以药用植物为特色，集科普旅游、观赏、养生为一体的特色植物园，也是浙江省首个以林业为背景的 PPP 项目，并被财政部纳入 PPP 示范项目名单。

1. 项目概况

华东药用植物园项目位于丽水市老城区西北部，省级森林公园白云森林公园的南山麓，占地面积约 180 公顷，建设内容主要包括植物园核心区（植物展示游览区、引种繁育区、森林运动游憩区）及森林康养体验区等 4 个区域，项目用地 2911 亩，投资估算 8.4 亿元。项目采用的运作方式为 BOT（建设—运营—移交）模式。项目实施周期为 15 年（建设期 3 年，运行期限 12 年），运行期前三年采取门票保底机制，允许项目公司进行拓展经营，但方案需经丽水市林业局批准。

2. 主要做法

项目由丽水市政府授权丽水市林业局担任实施机构，由中选社会投资人与政府方出资代表合资成立项目公司，由丽水市财政局将项目的政府付费义务纳入中长期财政预算。项目协议期满或提前终止时，项目公司按照协议约定将项目所有资产和设施无偿移交给政府指定机构。项目股权结构为：政府出资代表丽水市林业建设发展有限公司占股为 10%，中选社会投资人绿地地铁投资发展有限公司和上海绿地建设（集团）有限公司占股比例为 90%。

项目的回报机制为"使用者付费"+"可行性缺口补贴"：①使用者付费部分主要为植物园门票收入及商业出租收入。②可行性缺口补贴包括两部分：一部分是合作区域内配套商业部分的开发经营权，未来由项目公司在不违背药用植物园主题的情况下，允许其拓展经营并取得相应收入；另一部分是财政补贴，包括可用性服务费和运维绩效服务费。

3. 经验启示

作为浙江省首个林业背景 PPP 项目，之所以能够顺利推进，并成为财政部第三批示范项目，主要得益于：

一是政府高度重视。华东药用植物园项目从项目谋划以来，丽水市林业局就将其定为"1 号工程"，成立了以局长为组长的领导小组，集全市林业系统之力，及时跟踪项目审批情况，遇难及时讨论、研究和对接，全力推进项目进程。

二是机制设置恰当。项目业主会同咨询机构，在完成初步项目文本方案与合同条款后，通过市场测试的方式，与多家意向投资人进行充分的沟通，收集并吸收了投资人的合理意见与建议，形成了相对合理的利益与风险分配机制，确保了项目招标与后续执行的顺利开展。

三是团队协同作战。作为省内首个林业背景 PPP 项目，可供借鉴的经验不多。为此，项目业主方选择国内最好的咨询机构来设计项目文本方案，并组建由市林业局、市林科院、市林建公司等多部门人员组成的专家咨询与执行团队，确保项目实施各环节顺利推进与质量保障。

附件二：PPP 项目操作流程

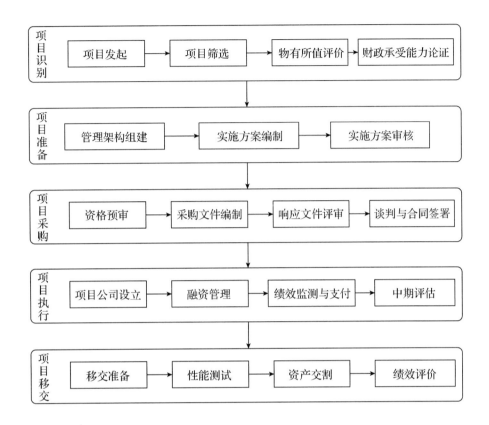

研 究 单 位：国家林业局经济发展研究中心
　　　　　　浙江农林大学
研 究 人 员：赵金成　朱　臻　李　想　陈雅如　吴伟光　王　磊

"一带一路"建设的林业合作战略研究云南调研报告

【摘　要】随着"一带一路"国际合作高峰论坛在北京成功召开，以防沙治沙和野生动植物保护为两大重点的林业"一带一路"建设刻不容缓。调研组选定云南省重要口岸的四个边境县和两个保护区作为案例点，分别有南部口岸的勐腊县和勐海县，西部口岸的腾冲市、盈江县、高黎贡山国家级保护区和铜壁关省级保护区为案例调查点，收集社会、经济、基础设施建设、林业产业发展、跨境合作和保护的本底数据，了解跨境合作的制约因素，寻求推进"一带一路"建设框架下的林业跨境合作对策。

一、研究目的和意义

围绕"一带一路"建设，林业确定了防沙治沙和野生动植物保护两大重点，努力建设防沙治沙和野生动植物保护两大平台。鉴于中国在全球沙漠治理的典范作用，《联合国防治荒漠化公约》第十三次缔约方大会启动了"一带一路"防治荒漠化合作机制，为我国开展"一带一路"沿线野生动植物联合保护提供了经验。

鉴于云南在"一带一路"建设中的重要地位及其独特的生物多样性条件和野生动植物保护经验，国家林业局经研中心课题组将云南省确定为"一带一路"建设林业合作战略研究的案例省。从野生动植物保护的角度积极探索林业服务"一带一路"建设发展的重点领域。

该研究是基于课题组对云南省边境口岸的摸底调研后，2017年集中在南部边境选定2个边境县勐腊、勐海(前者有边境保护区，同时为重点开发开放试验区，后者只有边境保护区，做前者的对照样本)和西部边境选定腾冲市和盈江县；2个保护区高黎贡山国家级保护区和铜壁关省级保护区(前者已开展国际保护合作，后者作为其对照样本)开展定点跟踪监测，主要通过调查表填报和座谈两种方式收集开展。为进一步探索林业在"一带一路"建设中的定位和发展方向，提出林业在南亚和东南亚"一带一路"合作中的重点和潜力。

二、国家"一带一路"建设工作进展

党的十九大报告指出,"中国开放的大门不会关闭,只会越开越大。要以'一带一路'建设为重点,坚持引进来和走出去并重,遵循共商共建共享原则,加强创新能力开放合作,形成陆海内外联动、东西双向互济的开放格局"。这不仅是对多年来我国经济开放政策实践成果的积极肯定,而且标志着"一带一路"建设将在新的历史起点上继续发挥其开放引领作用。

2017年5月10日,推进"一带一路"建设工作领导小组办公室发布《共建"一带一路":理念、实践与中国的贡献》,以增进国际社会对共建"一带一路"倡议的进一步了解,展示共建成果,增进各国战略互信和对话合作。

2017年5月14~15日,中国在北京主办"一带一路"国际合作高峰论坛,习近平主席主持本次会议并致辞。这是各方共商、共建"一带一路",共享互利合作成果的国际盛会,也是加强国际合作,对接彼此发展战略的重要合作平台。

2017年5月,我国农业部、国家发展改革委员会、商务部、外交部四部委联合发布《共同推进"一带一路"建设农业合作的愿景与行动》,该文件是农业合作领域的顶层设计和长远规划,涵盖了中国与沿线国家的农业合作重点、合作机制、重点工程,为相关领域实践提供指导。

2017年12月12日,国务院关税税则委员会发布《2018年关税调整方案》,继2017年12月1日降低部分消费品进口关税之后,自2018年1月1日起,我国还将对其他进出口关税进行部分调整。

三、林业在"一带一路"倡议下的政策及进展

截至2016年,围绕"一带一路"建设,林业确定了防沙治沙和野生动植物保护两大重点,建立了中国—中东欧国家(16+1)、大中亚地区、中国—东盟等林业合作机制,成功举办世界防治荒漠化日全球纪念活动暨"一带一路"高级别对话,发布了《"一带一路"防治荒漠化共同行动倡议》。

2017年5月,环境保护部发布《"一带一路"生态环境保护合作规划》。文中指出生态环保合作是绿色"一带一路"建设的根本要求,是实现区域经济绿色转型的重要途径并制定目标,到2025年,推进生态文明和绿色发展理念融入"一带一路"建设,夯实生态环保合作基础,形成生态环保合作良好格局。到2030年,推动实现2030可持续发展议程环境目标,深化生态环保合作领域,全面提升生态环保合作水平。

2017年5月,为进一步推动"一带一路"绿色发展,环境保护部、外交部、国家发展

和改革委员会、商务部联合发布了《关于推进绿色"一带一路"建设的指导意见》，明确提出"突出生态文明理念，加强生态环境、生物多样性和应对气候变化合作，严格保护生物多样性和生态环境，共建绿色丝绸之路"。

2017 年 10 月 31 日，国家林业局计财司外经处、金融处与北京林业大学、中林集团、华融信托、海尔金控、惠农资本等机构就建立"一带一路"林业发展基金事宜进行研究磋商。

四、样本县（保护区）基本情况介绍

本轮调查选择了 4 个边境县和 2 个自然保护区。其中，勐腊和勐海县位于西双版纳傣族自治州，腾冲市隶属保山市管辖，盈江县位于德宏傣族景颇族自治州；高黎贡山自然保护区属于国家级自然保护区，有较丰富的国际合作经验，铜壁关自然保护区属于省级自然保护区，但丰富的物种资源使得保护区正不断获得国际关注。各县和保护区基本情况如下。

（一）样本县社会发展基本情况

总体而言，4 个边境样本县人口密度小，自然资源丰富，少数民族聚居，边境线长。两个自然保护区内物种丰富，国家一、二级保护动植物多，由于和老挝（或缅甸）山水相连，动物跨境迁徙使得保护面临较多挑战。

勐腊县位于云南省最南端，隶属西双版纳傣族自治州，东、南部与老挝山水相连，西与缅甸隔澜沧江相望，国境线长 740.8 千米，北与江城县毗邻，有着独特的区位优势，是背靠祖国大西南，面向东南亚重要的陆路和水路口岸，行政区总面积 6860.84 平方千米（表 1）。勐腊县是云南省实施"中路突破，打开南门，走向亚太"经济发展战略的前沿，是澜沧江—湄公河次区域经济技术合作的门户，亦是云南建设"两强一堡"的前沿阵地。勐腊距国家一级口岸磨憨 58 千米，距"澜沧江上第一港"——关累码头 70 千米，距著名的"金三角"230 千米。现有 5 条公路直抵老挝、缅甸边境口岸，其中有 3 条柏油公路直通老挝北部三省省会。 勐腊还是素有"东方多瑙河"之美称的澜沧江—湄公河黄金水道的

表 1　样本县基本情况表

	勐腊县	勐海县	腾冲市	盈江县
县行政区域的土地面积（平方千米）	6860.8	5368.1	5845	4429
接壤国	老挝	缅甸	缅甸	缅甸
接壤边境线长度（千米）	740.8	146.556	148.075	214.6
人口（万人）	28.97	32.56	67.8	31.39
人口密度（人/平方千米）	42.23	60.65	116	70.87
少数民族人口占比（%）	70.00	85.58	7.47	55.87

结合部，是中国大陆通向中南半岛的走廊。从关累码头沿澜沧江顺流而下可达缅甸、老挝、泰国、柬埔寨和越南各国，进而出太平洋到南亚各国。全县辖 8 镇 2 乡 4 个农场管委会，7 个居委会，52 个村民委员会，529 个村民小组。共有 26 个少数民族在这里繁衍生息，主要少数民族有傣、哈尼、瑶、彝。2016 年，全县常住人口 29.19 万人。

勐海县位于云南省西南部，西双版纳傣族自治州西部，东接景洪市，东北和西北与普洱市思茅区和澜沧县相邻，西部和南部与缅甸接壤，国境线长 146.556 千米，行政区总面积 5368.1 平方千米。该县距省会昆明 648 千米，距州府及国家一类口岸景洪机场和景洪港 53 千米。该县所辖国家级一类口岸打洛镇距缅甸重镇景栋仅 86 千米，距泰国北部口岸米赛仅 240 千米，是我国通往缅甸、泰国及整个东南亚距离最近的陆路通道，是"一带一路"建设之孟中印缅经济走廊和大湄公河次区域经济合作的重要通道。勐海县是国家级生态县。全县辖区面积 5368 平方千米，辖 6 镇 5 乡 1 个农场，85 个村民委员会，949 个村民小组，一个省级科研单位。2016 年年末，全县常住总人口 34.32 万人，辖区内居住有 25 个民族，少数民族人口 28.94 万人，占全县户籍人口的 88.2%。世居着傣、哈尼、拉祜、布朗等 8 个少数民族，其中布朗、拉祜、景颇、佤 4 个民族属直过民族。勐海县是全国布朗族人口最多的县。

腾冲市位于云南省西南部，东与隆阳区相连，南与龙陵县、梁河县接壤，西与盈江县、缅甸联邦共和国毗连，东北与怒江傈僳族自治州泸水市相邻。腾冲与缅甸山水相连，国境线长 148.075 千米，行政区总面积 5845 平方千米。市中心距省会昆明 606 千米，距缅甸密支那 200 千米，距印度雷多 602 千米，是中国陆路通向南亚、东南亚的重要门户，是中缅贸易的重要前沿。腾冲市有两条二级国际公路通往缅甸克钦邦；由昆明出发经腾冲至缅甸密支那到印度雷多的中缅印国际大通道（即著名的史迪威公路）是连接中、缅、印三国中里程最短、条件最优、最为便捷、辐射人口最多的一条陆路大通道。这条大通道的昆明—腾冲—密支那段目前已全部实现高等级化，密支那—缅印边境班哨段晴通雨阻。腾冲机场 2009 年 1 月建成通航，现已启动二期改扩建及航空口岸建设。保山至腾冲（猴桥）铁路已列入《国家中长期铁路网规划》和云南省"五出境"铁路网发展规划，正在争取列入国家"十三五"规划。腾冲全市辖 11 镇 7 乡，2016 年年末总人口 67.8 万人，居住着汉、回、傣、佤、傈僳、阿昌等 25 个民族。

盈江县位于云南省西部，德宏州西北部，隶属云南省德宏傣族景颇族自治州，行政区总面积 4429 平方千米，其东北面与腾冲市接壤，东南面与梁河县接壤，南面与陇川县接壤，西面、西北、西南面与缅甸为界，国境线长 214.6 千米。县城距缅甸密支那 197 千米，距缅甸八莫 131 千米。盈江县为德宏州最大的县，辖 7 乡 8 镇、1 个农场，103 个村（居）委会、1152 个村民小组。2016 年年末总人口 31.69 万人，有傣族、景颇族、傈僳族、德昂族、阿昌族等 26 个少数民族，少数民族占总人口的 55.87%。

（二）样本县经济发展基本情况

从地区生产总值来看，四县生产总值增速均值 10.11%，高于全国 6.9% 的水平，除勐海县略低外，其他三县高于全省 9.5% 的水平，表现出较为强劲的发展势头。四个县的第三产业都呈现两位数增长，勐腊县第二产业增速达 19.17%（表 2）。

表 2　样本县地区生产总值情况表

指　　　标	年份	勐腊县		勐海县		腾冲市		盈江县	
		数值	同比增长（%）	数值	同比增长（%）	数值	同比增长（%）	数值	同比增长（%）
地区生产总值（亿元）	2015	72.51	12.41	86.40	7.09	145.90	9.73	72.21	11.20
	2016	81.51		92.53		160.10		80.30	
第一产业增加值（亿元）	2015	29.77	7.66	23.76	7.54	32.17	4.45	21.88	11.20
	2016	32.05		25.55		33.60		24.33	
第二产业增加值（亿元）	2015	10.15	19.17	29.89	-0.45	52.25	9.76	26.00	11.18
	2016	12.09		29.76		57.35		28.91	
第三产业增加值（亿元）	2015	32.60	14.64	32.75	13.65	61.48	12.49	24.33	11.23
	2016	37.37		37.22		69.16		27.06	

（三）样本县基础设施建设情况

从整体上看，4 个边境县因为处于边陲，地理位置偏僻，交通建设比较落后，公路虽形成路网覆盖，但道路级别低，道路条件不理想（表 3）；铁路建设仍是空白，航空运输潜力有待进一步挖掘。

表 3　样本县公路通车里程

2015 年	勐腊县	勐海县	腾冲市	盈江县
一级公路（千米）	17.6	0	49.5	0
二级公路（千米）	109.2	215.7	383.1	2.5
三级公路（千米）	11.6	15.7	18.6	25.2
四级公路（千米）	2970.4	2330	1915.8	1072.3
等外公路（千米）	783.5	1379	1470.7	311.7
行政村通公路率（%）	100	100	100	100

总体上，4 个边境县的一、二、三级公路建设都较为落后，处于起步阶段，表明样本城市缺乏与外界大、中城市的物流沟通，严重滞后的交通设施建设影响这些边境城市的国境内外沟通能力，更阻碍样本县的林业跨境合作和保护工作的开展。样本县公路通车里程表明，代表国家干线的一级公路通车里程数极少，且勐海、盈江没有一级公路，表明尚未融入国家主干路网。代表地区干线的二级公路在盈江县的里程数很短，沟通县及县以上城市的三级公路里程数在四个样本县都较少，说明路面质量相对较低。沟通县、

乡、村等的四级及等外公路仍是交通运输的主力,虽然行政村公路通达率都为100%,但路面多以泥石路面为主,通达情况受天气影响较大。交通条件落后对当地经济发展和一带一路倡议的实施必然有阻碍作用,还需加大投入。根据云南省高速公路规划网"五纵五横一边两环二十联"建设规划,勐腊、勐海被列入五纵建设,腾冲被列五横建设,盈江被列入沿边高速建设,到2030年,道路通达条件应有较大改善。

铁路方面,四个样本县目前均没有开通铁路运输。但保山至腾冲(猴桥)段铁路建设已列入《国家中长期铁路网规划》和云南省"五出境"铁路网发展规划。

航空运输方面,仅腾冲市有机场,2016年旅客吞吐量1165万人次,较上一年增长8.98%,略低于全国11.1%的增长水平;货邮吞吐量1170万吨,较上一年增长9.96%。高于全国7.9%的增长水平。勐腊、勐海、盈江虽然没有机场,但在较近的范围内都有机场存在。勐腊县距离景洪嘎洒机场有2小时车程,已实现高速公路通达,勐海县距离嘎洒机场1.5小时车程,高速公路正在修建中。盈江县到芒市机场3小时,到瑞丽机场2.5小时。未来伴随高速公路网的建设,航空运输的潜能应会得到较好发挥。

(四)样本县/保护区物种资源及保护情况

勐腊县辖区内有国家一级保护植物3种、国家二级保护植物12种、国家三级保护植物37种,有经济药用植物1200多种,野生脊椎动物539种,其中受国家重点保护的亚洲象、印支虎、鼷鹿、印度野牛、峰猴、白颊长臂猿等珍稀野生动物52种(表4)。

表4 样本县国家级保护动物种类

保护等级	勐腊县	勐海县	腾冲市	盈江县
国家一级保护动物(种)	30	12	16	9
国家二级保护动物(种)	79	36	55	10
国家重点保护植物(种)	52	20	60	

勐海县辖区内国家一级保护野生动物8种,国家二级保护野生动物19种;有1865种植物,其中,国家重点保护植物20种(国家一级保护植物3种,国家二级保护植物17种);蔬菜30多种;水果20多种;花卉近100种;中药材有大黄藤、黄姜、鱼腥草等1000多种;可食野菜50多种。境内珍稀哺乳动物有象、野牛、虎、长臂猿、猴、熊等67种;鸟类有绿孔雀、犀鸟、喜鹊、乌鸦、画眉、百灵鸟、白鹇、原鸡、相思鸟等249种;爬行动物有巨蜥、穿山甲、蟒蛇等45种;昆虫有蜂、蝶、蝉、蜈蚣等1136种。

腾冲市辖区内有高等植物2000多种,水生浮游植物55种,主要有秃杉、鹅毛树、铁树、山茶树等。其中,有国家重点保护珍稀野生植物60种,如大树杜鹃、长蕊木兰、云南红豆杉、桫椤、银杏等。横贯全境的高黎贡山物种丰富,种类繁多,誉为"物种基因库",被联合国教科文组织列为"生物多样性保护圈",被世界野生动物基金会列为A级保护区。

盈江县辖区内有高等植物 318 科 1886 属 6032 种，有陆生野生动物 719 种。属国家一级保护动物有：蜂猴、白眉长臂猿、印度支那虎。属国家二级保护动物有：云豹、水鹿、猕猴、蟒蛇、绿孔雀、原鸡、冠斑犀鸟。

西双版纳国家级自然保护区是我国最早建立的 20 个自然保护区之一，由勐养、勐仑、勐腊、尚勇、曼稿五个子保护区组成，总面积 24.251 万公顷，是一个以保护热带森林生态系统和珍稀野生动植物资源为主的大型综合性自然保护区，保存了我国最大面积、最完整的热带雨林生态系统。保护区内生活有 2100 余种野生动物，其中，亚洲象、印支虎、绿孔雀、印度野牛、白颊长臂猿、蜂猴等 120 种国家重点保护动物更是保护物种中重点的重点。在五个子保护区中，勐腊和尚勇子保护区边境与老挝接壤，边境线长达 108 千米，该跨境区域正处于全球 12 大生物多样性热点之一的印支半岛生物多样性热点地带，生物多样性极为丰富。

高黎贡山国家级自然保护区位于云南西部边陲世界著名的横断山区，行政区域跨保山市的隆阳区、腾冲市和怒江傈僳族自治州的贡山县、福贡县、泸水市。以行政区域设保山、怒江两个管护局，分别管理辖区内的自然保护区。高黎贡山属森林和野生动物类型自然保护区，总面积 40.555 万公顷，是云南省面积最大的自然保护区。2000 年被联合国教科文组织批准接纳为世界生物圈保护区，2003 年作为三江并流重要组成部分，被联合国教科文组织列为世界自然遗产名录。保护区内已知有种子植物 210 科 1086 属 4303 种，脊椎动物 36 目 106 科 582 种。共设置野外巡护线路 120 条，约 1000 千米。2004 年以来，与相关单位合作开展了长蕊木兰、保山茜、金铁锁、云南黄连、石斛等 52 种珍稀濒危、特有植物近地保育工作。从南到北共建立 5 条动物固定监测样线，全长 71521 米，总抽样面积达到 435 万平方米。高黎贡白眉长臂猿约 150 只，目前已建立大板场、自然公园两个研究基地开展白眉长臂猿监测保护研究。收集整理植物标本 10000 份，动物标本 2000 余件，收集整理出版了高黎贡山研究丛书 5 本，编辑出版《高黎贡山蛾类图鉴》，共采集到蛾类 1005 种标本。

铜壁关省级自然保护区位于云南省最西边的德宏傣族景颇族自治州，与缅甸接壤，靠近印度的东阿萨姆，是中国唯一具有伊洛瓦底江水系热带生物区系的地区。在我国地缘上处于古北界与印度—马来亚界的分野过渡地带界线部位，是多个动植物区系单元的交汇过渡部位，独特的地理位置造就了其丰富的生物多样性，保存了许多古老原始的动植物种类，是中国印 - 缅热带生物地理区系资源最集中、最典型的区域。在 1992 年就被原国家林业部、世界自然基金会列为我国最具保护价值的 40 处 A 级保护区之一。保护区总面积 5.16 万公顷，内有高等植物 333 科 1628 属 4951 种，有陆生和水生脊椎动物 114 科 379 属 725 种。分布有盈江龙脑香、萼池藤等 157 种国家级、省级保护的野生植物，及高黎贡白眉长臂猿、花冠皱盔犀鸟等 89 种国家一级、二级保护野生动物。保护区相继与科研院所合作开展了"跨喜马拉雅植物区系组成与散布机制研究""兰科植物石解属调

查研究""自然影像中国·美丽生态德宏摄影"和"生物多样性调查研究"等项目。出版了
2 部专著。

5. 样本县口岸和边境贸易情况

4 个样本县都有国家级的陆路口岸，但经济发展的不平衡、政治局势的变动等导致
中缅、中老之间的口岸级别不对等。其中属于国家一类口岸的有磨憨口岸、打洛口岸和
猴桥口岸，盈江口岸为国家二类口岸。邻国对应的口岸中，只有缅甸甘拜地口岸是国家
一类口岸，其他的邻国对应口岸与我国口岸相比，级别都较低（表5）。

表5 样本县口岸基本情况

	勐腊县	勐海县	腾冲市	盈江县
口岸名称	磨憨口岸	打洛口岸	猴桥口岸	盈江口岸
批准时间	1992 年 3 月	2007 年 11 月	2000 年 4 月	1991 年 8 月
口岸级别	国家一类	国家一类	国家一类	国家二类
口岸类型	公路（陆路）	公路（陆路）	公路（陆路）	公路（陆路）
邻国与之对应口岸	老挝磨丁口岸	缅甸勐拉口岸	缅甸甘拜地口岸（国家一类）	缅甸歪莫口岸

从 4 个口岸的贸易分析发现，口岸贸易以边境小额贸易和边民互市贸易为主，贸易
通关量较小。进口贸易以农副产品为主，出口贸易以轻工业产品为主。2016 年与 2015 年
相比，四个口岸的贸易总量均呈现下降趋势，但情况有所不同，磨憨、打洛和腾冲猴桥
口岸都是因为出口大幅减少导致，盈江口岸则由进口减少导致（表6）。

表6 样本县边境口岸贸易基本情况

指 标	时间	磨憨口岸		打洛口岸		猴桥口岸		盈江口岸	
		数值	同比增长（%）	数值	同比增长（%）	数值	同比增长（%）	数值	同比增长（%）
贸易总额（亿美元）	2015	20.31	-14.35	1.88	-34.03	2.45	-22.66	3.30	-16.63
	2016	17.40		1.24		1.89		2.75	
进口总额（亿美元）	2015	7.14	2.22	0.10	170.41	0.74	45.95	3.16	-19.62
	2016	7.29		0.27		1.08		2.54	
出口总额（亿美元）	2015	13.18	-23.32	1.78	-45.45	1.71	-52.26	0.14	50.00
	2016	10.10		0.97		0.82		0.21	

磨憨口岸进口商品以鲜竹、玉米、橡胶为主，出口商品也主要是农产品。2016 年和
2015 年相比，进口小幅增加 2.22%，但出口下降了 23.32%。

打洛口岸进口商品以大米、原糖为主，出口商品以百货、啤酒、摩托车等日用品为
主。2016 年和 2015 年相比，进口大幅增加的同时，出口大幅下降 45.45%。

腾冲猴桥口岸主要进口农副产品和铁矿，出口商品以工程机械和建材为主。2016 年
和 2015 年相比，进口增加 45.95% 的同时，出口下降了 52.26%。

盈江口岸主要进口木材、电力和橡胶，出口商品以轻工业品为主。2016年和2015年相比，进口减少19.62%，出口增加50.00%。

为响应"一带一路"倡议，实现通关便利化，各口岸都在"大通关"以及电子口岸便利化、海关管理业务便利化、检验检疫管理便利化方面进行了改进。但目前仍受口岸货物功能不完善、基础设施建设不完善等问题困扰。

五、样本县林业发展概况

(一)森林资源基本情况

勐腊县林业用地面积943.35万亩，占全县总面积的91.52%，全县林木绿化率89.04%，森林覆盖率88%(表7)。勐海县林业用地面积597.23万亩，占全市土地总面积的74.13%。全市林木绿化率为66.82%，森林覆盖率为66.2%。腾冲市林业用地面积707.79万亩，占全市土地总面积的80.73%，全市森林覆盖率70.7%。盈江县林业用地面积530.1万亩，占全县土地面积的81.82%，；全县林木绿化率76.2%，森林覆盖率73.9%。

表7　样本县森林资源情况

指　标	勐腊县	勐海县	腾冲市	盈江县
林地总面积(亩)	628900.2	398151.3	471857.9	530100
森林覆盖率(%)	88	66.2	70.7	73.9
森林蓄积量(万立方米)	443.74	3730.13	5247.37	3311

尽管样本县森林资源丰富，但受天然林禁伐政策影响，各样本县森林资源采伐利用不多，2016年盈江县年采伐木材量下降幅度较大(表8)。

表8　样本县木材采伐情况

时　间	勐腊县		勐海县		腾冲市		盈江县	
	数值(万立方米)	同比增长(%)	数值(万立方米)	同比增长(%)	数值(万立方米)	同比增长(%)	数值(万立方米)	同比增长(%)
2015	20.93	−28.66	9.44	25.42	32.16	3.97	9.82	−53.16
2016	14.93		11.84		33.44		4.60	

(二)林业产业发展情况

从林业产业发展来看(表9)，腾冲林业总产值增长迅猛，四个县的第三产业都呈现出快速发展的趋势。从产品结构来看，勐腊县对橡胶种植依赖程度高，且以橡胶种植和采收的第一产业为主，勐海县则表现为以茶叶加工为主要特色和重点的第二产业，腾冲市的发展相对均衡，随着德宏傣族景颇族自治州生态旅游的推介和发展，盈江县第三产业增长迅速。

表9　样本县林业产值情况

指　标	年份	勐腊县		勐海县		腾冲市		盈江县	
		数值	同比增长（%）	数值	同比增长（%）	数值	同比增长（%）	数值	同比增长（%）
林业总产值（亿元）	2015	49.70	8.01	41.64	5.72	22.10	31.22	19.00	10.00
	2016	53.68		44.02		29.00		20.90	
林业第一产业产值（亿元）	2015	42.92	6.70	9.36	-4.59	10.20	7.84	13.39	-8.86
	2016	45.79		8.93		11.00		12.21	
林业第二产业产值（亿元）	2015	6.20	15.08	31.95	8.69	7.20	38.89	4.47	33.27
	2016	7.13		34.73		10.00		5.96	
林业第三产业产值（亿元）	2015	0.59	28.69	0.32	11.68	4.70	70.21	1.14	140.81
	2016	0.75		0.35		8.00		2.74	

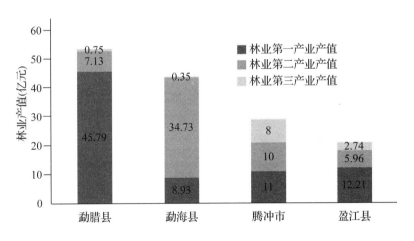

图1　样本县林业产值及三产分布

四个边境样本县的林业产业发展现状表明（图1），云南南部边境的林业产业强于西部边境县；勐腊县资源发展呈现较迅猛的态势、勐海县林产加工较活跃、腾冲市林业产业发展均衡、第三产业发展最好、盈江县林业产业最弱。勐腊县与勐海县相比，勐海县的加工业产值高、加工业发展胜于勐腊县。勐腊县林业总产值最高第一产业产值占比高达85%，勐海县第二产业产值占比约79%，腾冲市林业三产比值分别为38∶34∶28，盈江县林业三产比值分别为58∶29∶13。勐腊县林业总产值最高，2016年为53.7亿元，三产比值85∶14∶1，第一产业产值占绝对优势与其优越的温湿环境适宜多种经济林产品生产有关；尽管拥有较大比例的国家级保护区，第三产业产值占比仅为1%，说明勐腊县林业产业发展需调整发展思路，从满足社会日益增长的生态服务需求角度，加强林业服务产业发展。

　　腾冲市 2016 年实现林业产业总产值 29 亿元，其中第一产业、第二产业和第三产业产值分别为 11 亿、10 亿和 8 亿元，同比增长分别为 7.8%、38.9% 和 70.2%。林业第二、三产业的迅速发展离不开地方政府大力支持农民发展林下经济和做优做强林产加工业的鼓励政策。腾冲是滇西重要的木材集散地，缅北地区大量木材需经猴桥、胆扎、滇滩等口岸进口到腾冲，再从腾冲运输到全国及世界各地。当地政府鼓励林产品加工不断做优最强，同时，多措施并举鼓励发展特色林产业和林下经济多样化。2016 年核桃产业实现产值 1.84 亿元，产量 8000 吨；油茶产业实现产值 0.524 亿元，产量 1310 吨。先后开展石斛、草果、乌龙茶产业基地建设和林下中草药种植试验，目前石斛种植面积 362.13 万平方米、草果 13.98 万亩、乌龙茶 1800 亩、试验种植龙胆草 4500 亩、天麻 838 亩和重楼 4554 亩。同时，稳步推进林下生态养殖，建成腾冲独龙牛种源扩繁基地 1 个，黄牛生态养殖基地 1 个，集中养殖独龙牛、黄牛、水牛、羊、马等 1500 余头。

六、样本县（保护区）林业跨境合作现状

（一）中老林业跨境合作项目开展情况

1. 中老跨生物多样性边境联合保护区域合作项目

　　中老跨境联合保护是由中方的西双版纳国家级自然保护区最早提出并实施开展的。西双版纳国家级自然保护区由勐养、勐仑、勐腊、尚勇、曼稿五个子保护区组成，总面积 24.251 万公顷。其中的勐腊和尚勇子保护区与老挝接壤，边境线 108 千米，为我们调研的勐腊样本点区域。

　　西双版纳保护区森林覆盖率 85.64%、天然林覆盖率 80.02%，有记录的种子植物约 1700 多种，隶属 160 多个科，分布有紫树科植物等珍稀濒危保护植物和特有植物；动物 3 目 103 科 469 种，其中列为国家濒危保护的 Ⅰ、Ⅱ 级保护种达 46 种。中老边境线有众多的世居少数民族，传统上有靠山吃山和狩猎的习俗，砍伐森林、烧荒轮耕时有发生，使得该区域的野生动植物资源保护面临越来越大的压力。

　　2006 年，西双版纳国家级自然保护区首先提出"生物多样性跨边境联合保护"的构想。并开始与老挝南塔省农林厅、南木哈国家级自然保护区、丰沙里和乌多姆塞省农林厅、资源环保厅及相关管理部门合作谋划。

　　2009 年 11 月，正式划定"中国西双版纳尚勇—老挝南塔南木哈生物多样性联合保护区域"，标志着"中老跨生物多样性边境联合保护区域合作项目"的开始。

　　2012 年 12 月，在老挝丰沙里省举办的"第七次中老生物多样性跨边境保护交流年会"上，中国与老挝南塔、乌都姆塞和丰沙里省的自然资源和保护区管理部门签订了合作协议，在中老边境一线新增三片联合保护区域。

　　2006～2016 年，中老共同举办了 7 次边民交流会，边民保护意识明显提高；双方每

年轮流举行一次中老跨境生物多样性联合保护交流年会，现已举办 10 次中老跨境生物多样性联合保护交流年会。

2017 年 4 月底，中老跨境联合保护区域野外联合巡护在尚勇保护区举行，西双版纳国家级自然保护区、尚勇森林公安、老挝南塔省农林厅南木哈国家级自然保护区项目人员共计 25 人参加了此次野外联合巡护。

2017 年，西双版纳国家级自然保护区与老挝北部三省林业保护部门间的合作上升到西双版纳傣族自治州人民政府与老挝北部三省政府间的合作。

2017 年 6 月底，西双版纳国家级自然保护区管护局在勐腊县组织实施了中老跨境联合保护区域野外监测技术与野生动物保护主题分享暨珍稀濒危物种调查培训班。培训班邀请了老挝南塔省农林厅南木哈国家级自然保护区、丰沙里省农林厅项目工作人员 10 名到勐腊县参加培训。有效地推进了中老跨境生物多样性联合保护各项工作。

2. 跨境亚洲象保护行动

亚洲象属长鼻目象科象属，是亚洲现存最大的陆生动物。亚洲象是我国国家 I 级保护动物，被国际自然和自然资源保护联盟列为濒危物种。目前，国内的亚洲象分布在云南省临沧市、普洱市和西双版纳傣族自治州。

2009 年 12 月，西双版纳国家级自然保护区管理局与老挝南塔省农林厅共同签订了"中国西双版纳尚勇——老挝南塔南木哈联合保护区域"合作协议，标志双方将携手保护生物多样性。该协议尝试开创以亚洲象和印支虎等关键保护对象为实施主体的边境自然保护区跨境联合新思路。该协议分三个阶段。第一阶段将对相关人员在技术、技能等方面进行培训，对两国边民的保护意识开展强化宣传教育，同时研究、探寻缓解人象冲突的解决方法。第二、三阶段将对保护区进行联合巡护和资源监测，开展生物多样性调查，强化双边沟通交流并使其制度化，最终建立"联合保护区域"地理信息系统。

由于亚洲野象常常游走于中老边境，为了解决人象冲突，同时更好地对野象进行保护，十九大之后，中方主导启动了"中老跨境亚洲象联合保护调查"工作。通过此次跨境亚洲象调查，中老双方团队发现了两条野象跨境迁徙廊道，并交流野象保护方面的经验。

（二）中缅林业跨境合作项目开展情况

2016 年 12 月 13～14 日，在国际山地综合发展中心、中国科学院昆明植物所、中国科学院昆明动物研究所、中国科学院西双版纳植物园、中国科学院东南亚生物多样性研究中心等单位支持下，高黎贡山自然保护区保山管护局在昆明成功召开"中缅边境北段生物多样性保护与可持续发展合作"研讨会。来自中缅双方以及国际山地综合发展研究中心的代表 45 人出席会议（其中，缅甸代表 11 人，分别来自缅甸自然资源与环保部林业司、克钦邦林业厅、林业研究所等单位）。研讨会有"中缅边界地区生物多样性保护与发展现状""跨境保护和发展的问题""过去的合作经历、经验和存在的问题"三个专题，中缅双方就缅甸一侧北段、南段，中国一侧怒江段、保山段生物多样性保护与发展现状进行了交流，通过研讨总结出了"偷猎盗伐生物多样性、野生动植物非法贸易、森林火灾、管护能力、社区贫困、关键物种的保护、生物多样性信息不全、跨境旅游"等 8 个需要跨境合作的方面。

(三)广义跨境合作项目开展情况

1. 中国香港社区伙伴助力高黎贡山实施社区为本的生物多样性保护

高黎贡山国家级自然保护区以社区为本的生物多样性保护为核心，开展跨地区合作。在 NGO 组织香港社区伙伴的支持下，腾冲分局实施了"自治傈僳族传统社区组织建设与生物多样性保护""自治傈僳族'上刀杆，下火海'传统民族文化体验""大塘大树杜鹃生态导赏社区组织建设与生物多样性保护""界头东华社区传统美德挖掘及教育社区组织建设与生物多样性保护""林家铺本土文化与生态向导社区组织建设""养蜂兴趣小组社区组织建设与生物多样性保护""整顶自然村生态道德观社区组织建设与生物多样性保护"等 7 个小基金项目，共计投入资金 36 万元。

2. 高黎贡山国家级自然保护区保山段开展"网护森林——社区种植项目"

保护区保山段在中国绿化基金会、美国联合技术有限公司的 75 万元资助下，开展辖区内种植产业扶贫。先后在隆阳区潞江镇白花村帮助 63 户贫困农户种植高黎贡山糯橄榄 320 亩；在腾冲市界头镇大塘村帮助 62 户贫困农户种植白花木瓜 400 亩。希望通过开发乡土树种带动产业发展，助力社区建设，最终达到保护森林的目的。

3. 高黎贡山国家级自然保护区保山段开展小母牛社区养殖项目

高黎贡山保护区管护局隆阳分局组织实施了国际小母牛"云南高黎贡山少数民族社区可持续发展子项目"，惠及农户 730 户。项目主要用于发展农户养殖业、建立社区公共活动室和举办农村实用技术培训，总投资 151 万元。

4. 高黎贡山国家级自然保护区保山段开展自然学校建设项目，推动自然教育

高黎贡山保护区管护局隆阳分局在自然之友的支持下，编印了《走进高黎贡山》地方教材 2000 册，发放到周边的 28 所小学使用，并组织开展了学校环保教育活动和社区集市宣传活动。

同时，争取资金 40 万，与香港社区伙伴共同实施"高黎贡山自然学校建设及自然教育推动项目"，建立了中国大陆第一个自然学校，举办了近 20 期的自然教育体验实践课，编写完成近 10 万字的《高黎贡山自然教育实践与探索》自然教育教材并顺利出版。

5. "保护高黎贡山行动"二期项目实施

由中国绿化基金会支持的"保护高黎贡山行动"二期项目开始实施。一是资助高黎贡山保护区、小黑山保护区、大理大学等单位青年科技人员开展"高黎贡山小额科研基金——腾讯网友专项捐款项目"小型科研项目 6 个，收集保护区本底资料，培养锻炼保护区技术人员，充分发挥科学技术在高黎贡山自然保护区的支撑作用；二是开展"守护千年生灵——古树保护"公益项目，在高黎贡山保护区选择 8 株大树杜鹃，采取多种保护措施，挂牌警示，巡护管理，监测观察，保护生物多样性；三是支持大理大学（中山大学）开展白眉长臂猿习性、生态、行为学研究，探索高黎贡白眉长臂猿保护与研究方向。

七、林业跨境合作的阻碍因素

1. 临国政局不稳，合作意愿弱，缺乏对接机制

勐海、腾冲、盈江三县（市）与缅甸接壤，因缅甸国内形势动荡，缅中央政府与民地武装之间存在冲突，阻碍了跨境合作的深入开展，仅局限于民间浅层的防火合作和座谈讨论，较难上升到国家间的深度合作，许多跨境合作备忘（或框架协议）难以真正落实。2016 年年初，保山市成立了保山市中缅联合保护区前期工作领导小组，但由于缅甸政局不稳，缺少相关的林业政策支持，保护区管理体制不顺畅，我方保护区管理部门找不到对方可对接的部门。因此，"一带一路"建设没有相应的部门政策支持，从保护区和地方政府的角度很难开展跨境合作，即便对林业跨境合作有认识、有思考，也无法开展实际行动，推动相关工作。

其次，由于邻国的社会经济发展水平相对滞后，基础设施建设缺口较大，对于跨境合作，对方更欢迎基建、教育类的合作项目，而对生物多样性保护类的项目积极性不高，合作意愿弱。

2. 国境线两侧生态保护法规和意识差距较大，打击跨境偷猎盗伐和野生动植物非法贸易难以触及源头

我国一直重视野生动植物的管控和保护，并有相关的行政机构和法律法规。但缅甸、老挝两国法律法规不健全，特别是缅方对偷猎盗伐、野生动植物非法贸易等多采取放任不管态度，在野生动植物保护的警务协作上未能达成共识。中方民警能在管辖范围内严厉打击走私野生动植物的犯罪，但无法触及源头，治标不治本，境外依然是野生动植物走私犯罪的温室，影响边境线上野生动植物的保护。同时，国内市场对野生动植物制品的需求和高额利益的存在，相关犯罪难以控制。

3. 边境线上社区发展落后，森林资源保护和火灾防控压力大

两国边境一线众多世居少数民族历来有靠山吃山的风俗和狩猎的习俗，砍伐森林烧荒现象时有发生，使得中缅跨境区域资源保护难度大。一是缅甸边民防火意识薄弱，森林防火无组织管理，毁林开荒、刀耕火种，极易引发森林火灾。每到森林防火期，需投入大量的人力、物力和财力，严防境外森林火灾蔓延；二是语言障碍和通信不畅，双方低效交流、工作开展缓慢；三是边境线上各种隐蔽、复杂的非法通道给管控增加难度，违法犯罪人员很容易偷渡。

4. 国内有关部门基础设施落后，管护能力不足

一是资金不足造必要的基建项目难以实施，保护区管护局办公用房老化。高黎贡山国家级自然保护区建立 30 多年，先后实施了国家级自然保护区一、二、三期基础设施建设项目，其中中央投资仅 900 余万元，不能满足相关基础设施建设的资金需求。基础设施建设严重滞后，高黎贡山和铜壁关保护区管护局普遍存在基层管护站点没有办公用房或房屋老化严重；管护装备不但落后而且不足，缺乏科研设施。

二是人员编制不够，查勘、定损、保护、管控和执法等压力大、任务繁重。高黎贡山管护局腾冲分局自 2004 年，已 12 年未招录到新职工，职工平均年龄 47 岁，人员结构相对老化。高黎贡山和铜壁关保护区都坐落在中缅边境，边境线长，保护区与村寨交错分布，社区经济发展滞后，地方经济发展与资源保护矛盾突出，毁林种林、毁林种农作物的现象屡禁不止。

三是野外交通、通讯工具缺乏、调查设备不足影响管护活动的推进。保护区临近边境一带没有森林防火和巡护通道，通讯信息不畅，巡护设施设备老化、缺乏，严重制约着边境林火、资源破坏等案件的应急处置，边境资源管理的压力较大。高黎贡山保护区管理局每年开展边境武装巡护，由管护局、森林公安、森警部队共同参与，但由于道路条件差，到达保护区边境一带，缅方只需徒步半小时，而我方徒步 7 小时，且区域内无通讯信号。

八、样本县/保护区需要的政策支持

1. 中央政府完善顶层设计，有效推动跨境联合保护区建设

跨境联合保护的开展对于树立中国的绿色"一带一路"建设意义重大，为弘扬中国开放、合作、共赢理念，构建人类命运共同体的目标树立绿色发展的正面形象非常重要的。推动建设跨境联合保护区，改变外界对于中国"资源破坏者"形象认知的机制。目前，对缅跨境联合保护区建设的障碍主要来自沟通交流的不对等和渠道不畅，依靠保护区自身的力量也不可能实现跨境联合保护。因此，从国家层面完善顶层设计，通过外交途径，促进缅甸政府与特区在该问题上达成一致共识，形成"国家—省—边境县"三级自上而下的沟通协调机制。

2. 设立专门的跨境合作专项资金，通过项目援助实质推动跨境合作

当前中缅、中老地方政府层面的跨境合作框架协议已经签署，但因地方财政较弱、资金有限，缅甸和老挝方面希望开展合作，但是自身经济实力不足以给予资金支持，跨境合作没有实质性进展。建议我国通过开展生物资源调查、生物多样性监测、生态保护软硬件建设等援助项目，实质推动跨境合作。

3. 提高公益林补助标准，改革保护区内公益林补偿费用的划拨和使用方式

边境地区生物资源丰富，生态价值决定了保护的重要性与开发的限制性。为此，当地社区居民的增收来源受到很大限制。建议提高区域范围内生态公益林的补助标准，补偿社区居民失去发展的机会成本，让他们安心由森林资源的消耗者转变为森林资源的守护者。

4. 提升保护区的等级更有利于资源保护和跨境合作

作为云南省的首批自然保护区，铜壁关自然保护区是我国唯一的建立在伊洛瓦底江流域的自然保护区，也是我国面积最大的龙脑香热带雨林分布地区。保护区自成立以来，一直致力于将保护区建设成国家级自然保护区。铜壁关省级自然保护区 2012 年 12 月高票通过晋升国家级评审，但因与"大盈江——瑞丽江国家级风景名胜区(较前者晚 8 年成立)"存在重叠(重叠区域面积 2800 多公顷，占保护区面积的 54%)，2013 年年初国务院公示之后，并未晋升。将云南铜壁关省级保护区提升为国家级保护区，有助于保护以阿萨姆要罗双、东京龙脑香林为代表的我国境内面积最大的龙脑香热带雨林和其他 5 种国家一级保护植物、25 种国家二级保护植物、15 种国家一级保护动物和 74 种国家二级保护动物的保护和研究；也有助于对云南蓝果树、尊翅藤、白眉长臂猿、伊江巨蝴等 27 余种极小种群物种的保护和对从热带雨林到亚高山灌丛草甸的完整山地植被垂直带谱的保护和研究。

5. 建立中缅跨国境保护地

建议由我国外交、林业部门提出，由中国出资、缅甸中央政府积极协商民地武装，在与高黎贡山、铜壁关保护区对应的缅甸一侧，划定距边境线纵深 10 千米的范围建立中缅跨国境保护地。这样可以使保护对象从生物多样性保护走向景观保护、从消极保护走向积极保护、从一方保护走向多方协同配合，保护空间从点状保护走向系统保护，中缅跨国境保护地可共同保护边境线两侧丰富的物种资源，为两国人民乃至世界保留极其珍贵的物种基因库和遗传基因，提供学术研究及环境教育基地、促进地方经济的繁荣。

九、推进林业跨境合作的建议

1. 突出生态保护特征，理顺政府层级间的合作关系，畅通林业部门的工作渠道

一是完善林业法律法规与政策体系，制定符合"一带一路"南亚、东南亚沿线国家林业法律法规的对外合作与援助的引导政策及相关配套指南，特别是针对缅甸、老挝、越南等国家。

二是优化林业国际合作的顶层设计，完善生态外交工作机制。通过顶层设计，与缅甸、老挝、越南形成固定联络和合作机制，开展援助项目，加大省级层面和地方层面之间的合作。

三是建立经常性沟通、联络机制。达成国家对国家，省(州)对省(州)，县级对县级的同级对应的联络机制和沟通共识，先由国家、省、市级政府层面对接沟通协调，后由部门对接行动，进而开展工作。

四是建议在控制偷猎盗伐生物多样性和野生动植物非法贸易、防控森林火灾、管护能力培训、改善社区贫困状况、建设生物多样性信息库和关键物种保护、跨境生态旅游等领域重点开展跨境林业合作。

2. 跨国境与跨行政区域的生态合作并重，联合形成大项目，争取获得丝路基金支持

相比于基础设施建设项目，单个的林业建设项目或生态保护项目规模小，所需资金少，不满足"一带一路"建设项目申报的资金水平要求。边境各县和相邻保护区应该仔细体会"一带一路"倡议思想，不但思考与边境国之间的合作，还应该思考与相邻各县之间、相邻保护区之间的合作，形成内外联动、内外合作的大区域的生态保护理念，结合相关的林业项目共同申请获得"一带一路"建设资金支持。

跨国境合作方面，建立中缅跨国境的保护地以及建设跨境生物多样性保护廊道，共同保护边境线两侧的物种资源，为两国人民及世界保留珍贵的物种基因库。跨区域合作方面，在高黎贡山保护区与铜壁关保护区之间开展合作，建设更大范围的生态保护圈，使得生境的完整性能更好保留，整合提升现有保护区级别和建设能力。通过加强森林资源保护和利用，推动跨境森林生态系统综合治理。

3. 开展保护和改善生态的林业合作项目，重塑中国形象

一段时间以来，由于红木家具消费在华人文化圈内有较大市场，而加工所需原料多进口自缅甸老挝等经济不发达的边境国家，给世界造成了因中国人的消费导致缅甸、老挝等地森林资源遭到大量破坏的负面形象。因此，应积极推动基于资源调查、生态保护和营造林等为基础的林业合作项目，为国家生态外交战略提供支持，重塑中国形象。

4. 加深林业跨境合作范围，开展多方面合作

除了项目层级的合作外，中国与缅甸和老挝之间还可以开展相关法律法规建设、管理能力和机制等方面的合作交流。缅甸、老挝发展相对落后，关于林业、生态保护方面的法律法规不健全，甚至空白；同时随着保护意识的增强，缅甸、老挝也希望进行资源普查，但资金、技术和人才都是问题。

针对上述问题，加强跨境联合培训，各层面能力培训和邻国的林业人才教育有利于边境资源的保护。通过开展主题培训、奖学金留学生项目和访问学者项目，推动林业高等教育和人力资源合作交流，加强边境邻国的林业管理能力建设。我方可以协助开展各种培训，不仅是中央层面分享中方建设经验和立法经验，同时开展对邻国地方政府、林业管理机构和自然保护区管理机构的职员培训。同时，也可建立与资源普查相关工作合作机制，中方予以资金、技术援助，双方共同参与完成资源调查。

扩大林业科技领域的交流与合作，支持科研机构加强信息分享交流和人员互访，共建联合实验室、技术试验示范基地和技术中心、林业合作信息网等，推动邻国生物多样性资源保护的科研能力。

建立边境合作村级交流机制。由于特殊的地理位置，云南边境与缅甸、老挝山水相连、陆路相通，民族跨境而居，一寨两国、边境线犬牙交错等情况较常见，因此应该注重村级层面开展的跨境合作，通过举办村长论坛等形式，畅通最基层的合作渠道。

5. 结合当地社区发展设计跨境林业合作，实现可持续的生态保护

跨境合作机制设计时需要将境内外当地社区经济改善和社会发展能力的提升摆在重要位置，通过生态产品获得可持续发展能力应是一种趋势。建议在跨境合作区域内积极开发森林生态旅游、专业生态旅游和特种生态旅游等产品，通过规范培训、认证和管理的基础上，让当地村民依托丰富的自然资源，提供设施、向导和配套住宿餐饮等服务来获得收入，建立起边境地区的特种生态旅游区，当地村民同时也是资源保护的志愿者和监测者。例如，在高黎贡山自然保护区和铜壁关自然保护区，利用丰富的鸟类资源探索观鸟生态旅游；西双版纳国家级自然保护区开展的古茶树探源、森林徒步探险、科学考察等生态旅游活动，也为当地社区提供了绿色发展的动力源泉。在与境外社区的合作中，提供科技支撑，改变对方以砍树伐木为主的森林资源利用方式，通过营造林、发展林下经济、科学经营和采割橡胶、沉香等经济树种的方式，帮助边境社区发展经济。探讨共建林业产业合作园区，引导社会民间力量参与合作园区建设和运营。

6. 加大边境内外宣传力度和防范措施，建立完善长效管理机制

一是充分发挥各部门职能作用，形成合力，经常性深入林区开展巡查监督，设立监督和举报电话，加强综合整治，建立完善长效管理机制，预防各类破坏森林生态及野生动植物资源违法犯罪活动的发生。二是建立境外信息员。为有效开展境外防火和野生动植物保护，在境外聘请当地村民担任信息员，及时提供相关信息。三是通过相关职能部门的大力宣传，城区群众对生态及野生动植物资源保护工作认可度高，参与程度高，但在部分偏远山区、边境村寨，宣传工作还有盲点，宣传的方法和形式还需更有针对性，减少边境村寨中参与或协助走私野生动植物的行为。四是加强林业执法与治理，合作打击非法砍伐和相关贸易，在重点区域开展"缴获野生动物及其制品销毁大会"，让群众切实感受打击破坏野生动植物行为的高压态势。五是借助非政府组织的力量，如亚太森林组织，将保护的理念传输给对方。

调 研 单 位：国家林业局经济发展研究中心
　　　　　　西南林业大学
调研组成员：张　坤　王　见　张书赫　王紫恒　谢　晨　聂　杨　王佳男

"一带一路"防治荒漠化合作机制研究报告

【摘　要】"一带一路"沿线许多国家地区是荒漠化危害较为严重、生态环境亟须改善的地区。这些国家和地区遭受着不同类型的荒漠化、土地退化和干旱危害。推动该区域可持续发展，加强"一带一路"沿线国家和地区之间的合作，加大绿色、低碳基础设施建设，推进区域内荒漠化治理共同行动，保护生物多样性，共建绿色丝绸之路，共商区域生态修复模式与行动，共享生态红利已成为共识。本报告主要从高层会晤、科研平台、防治工程三大板块着手，从板块建设和板块协同两个角度论述了"一带一路"防治荒漠化合作机制的构建。"一带一路"荒漠化防治国际合作机制是顶层设计与微观实践相结合的机制，也是一个产学研一体的创新机制。高层会晤负责顶层设计，做好工程项目规划，实现国际合作的金融创新、政策创新；科研平台和防治工程是在顶层设计前提下的微观实践，科研平台致力于技术创新和推广，满足防治工程中的实际技术需求，防治工程则在实际操作中结合技术成果实现工程创新和工程实施；微观实践为高层会晤提供实践依据，不断完善顶层设计。三大板块互联互通，有效推动"一带一路"荒漠化治理。

一、研究背景和研究意义

荒漠化是指包括气候异变和人类活动在内的种种因素造成的干旱地区的土地退化。1992 年里约联合国环境与发展大会通过的《21 世纪议程》，强调了应"治理脆弱的生态系统，防治荒漠化和减缓干旱灾害"，从而将"荒漠化和干旱"与 21 世纪人类所面临的其他重大问题放在了同等重要的地位，标志着国际社会在环境问题上迈出了重要的一步。2012 年 6 月 17 日，联合国公布的数字显示，荒漠化影响到世界 36 亿公顷的土地(约占地球陆地总面积的 25%)，110 个国家面临土地退化的危险。每年有 1200 万公顷土地消失，这些土地如果得到合理利用，可以产出 2000 万吨谷物，足够养活地球上数以百万计的人口。每年由于荒漠化和土地退化造成的经济损失达到420亿美元。全世界有21亿人口居住在沙漠或者旱地中，10多亿人口正在遭受土地荒漠化威胁，其中1.35亿人面临流离失所的危险。其中，90%属于发展中国家。全球44%的可耕地为旱地，30%的耕植作物生长在旱地上[①]。

中国是全球荒漠化面积大、分布广、危害严重的国家之一。根据第五次全国荒漠化和沙化土地监测情况的数据显示，截至2014年，全国荒漠化土地面积261.16万平方千米，占国土面积的27.20%；沙化土地面积172.12万平方千米，占国土面积的17.93%；有明显沙化趋势的土地面积30.03万平方千米，占国土面积的3.12%。实际有效治理的沙化土地面积20.37万平方千米，占沙化土地面积的11.8%。主要分布在新疆、内蒙古、西藏、甘肃、青海5省(自治区)，面积分别为107.06万平方千米、60.92万平方千米、43.26万平方千米、19.50万平方千米、19.04万平方千米，5省(自治区)荒漠化土地面积占全国荒漠化土地总面积的95.64%[②]。土地荒漠化不仅是一个重大的生态环境问题，也是我国社会经济可持续发展所面临的非常严峻的问题。荒漠化不仅导致土地退化，改变生态系统并使其服务功能下降，破坏原有生态系统平衡，造成生活贫困，甚至将导致难民的出现，而难民迁徙又会加剧城市压力，进而影响全球稳定。

荒漠化的影响还具有跨界性和全球性。例如发生在我国西北地区的沙尘风暴可以影响到朝鲜、韩国、日本甚至北美地区；撒哈拉沙漠的沙尘暴可以影响到北美及加勒比地区[③]。要解决土地荒漠化问题，需要在全世界范围内推动开展国家之间、区域之间的合作。"一带一路"在空间走向上与第二条欧亚大陆桥和中国西行远洋航线基本重合，良好的生态环境是"一带一路"沿线可持续发展的基础，是实现"一带一路"倡议期许的愿景的保障，而荒漠化是制约"一带一路"沿线部分荒漠化较为严重的国家可持续发展的重要因素之一。

党的十九大上，习近平总书记提出，"发展必须是科学发展，必须坚定不移贯彻创新、协调、绿色、开放、共享的发展理念""坚持人与自然和谐共生""构筑尊崇自然、绿色发展的生态体系""着力解决突出环境问题""加大生态系统保护力度"，强调以"一带一路"建设为重点，坚持引进来和走出去并重，遵循共商共建共享原则，积极促进"一带一路"国际合作，努力实现政策沟通、设施联通、贸易畅通、资金融通、民心相通。"一带一路"防治荒漠化与修复退化土地共同行动，符合"一带一路"愿景，契合沿线各国发展需要，是实现联合国可持续发展目标以及实现土地退化零增长的重要途径。推动"一带一

---

① 数据来源：各国如何面对荒漠化和旱灾[J]. 农家参谋，2012，(6)：45。

② 数据来源：国家林业局. 中国荒漠化和沙化状况公报[Z]. 中国林业网，http://www.forestry.gov.cn/zsxh/3443/content-833160.html。

③ 引自：张克斌，杨晓晖. 联合国全球千年生态系统评估——荒漠化状况评估概要[J]. 中国水土保持科学，2006.4(2)：47-52.

路"可持续发展，需要沿线各国和相关国际组织联手，坚持共商、共建、共享原则，推进各国发展战略相互对接，采取共同行动，重视生态保护和恢复，遏制荒漠化。通过合作推动改善全球生态环境，通过防治荒漠化共同行动，不仅可以达到政策沟通，还可以达到资金融通和民心相通，全面提升荒漠化地区生态保护、恢复和沙漠绿色经济发展水平，为"一带一路"沿线可持续发展提供生态保障、技术支持和合作动力。

二、研究回顾

1977 年联合国防止荒漠化大会（UNCOD），使全世界认识到了荒漠化的严重性和防治的紧迫性，各国学者针对荒漠化治理及合作问题展开广泛研究。完善《中华人民共和国土地管理法》《荒漠化防治法》等法律法规，加快技术创新及荒漠化地区植被恢复速度是荒漠化治理的基础（克日亘，2011）。孙钰（2012）认为，完善防沙治沙政策体系，创新治理机制，采用造、封、飞结合的方式加强重点地区治理，并调动社会各界共同参与，进行生态移民与沙区封禁保护是荒漠化治理的关键。耿国彪（2013）提出新思路，认为可以基于沙区优势发展沙区特色产业。乌日嘎（2013）深入分析内蒙古荒漠化治理制度，认为退耕还林工程后续政策的关键在于如何有效激励农户参与退耕还林工程行为，且不存在可以绝对解决生态环境治理问题的制度安排，以及政府可以委托代理企业进行生态产品生产。

荒漠化问题已成为超越国界的全球性环境问题，国际合作治理是必然趋势（刘景一，2000；骆雯娟，2007），单靠一国力量很难达到荒漠化治理预期效果（耿进，1997；刘友华，2002）。吕一河等（2011）更是将国际合作共同治理荒漠化任务上升到国家战略高度。松下和夫（2007）围绕中日韩三国的荒漠化和沙尘问题进行研究后，认为国际间生态环境依存度提升，强调加强国际环保合作的必要性。全球荒漠化治理需要在国际合作层面探讨防治荒漠化的国家行动计划，只有通过合作才能成功实施《联合国防治荒漠公约》（Stringer et al.，2007）。

"一带一路"沿线很多国家的生态脆弱，遭受着不同类型的荒漠化、土地退化和干旱危害，这一区域已经成为世界上荒漠化问题最严重的区域之一。然而这些国家荒漠化治理并不总是十分有效，相关措施也不有待改善和提高。协同"一带一路"上的国家协作治理荒漠化，也是"一带一路"战略的重要内容之一。边明明和陈幸良（2016）指出"一带一路"战略不仅要解决当代人的贫困和生计问题，更应着眼于子孙后代的长远和可持续发展。但荒漠化问题严重阻碍了"丝绸之路"建设，加大防沙治沙造林绿化力度，构建"一带一路"建设安全屏障的意义更加突出（李元，2016）。所以，推进"一带一路"合作，必须加强荒漠化防治与合作，着力保护和建设好沿线国家的林草植被和生态环境，为这一区域的可持续发展提供必需的生态容量和承载能力（耿国彪，2016）。

2015 年，我国政府发布《"一带一路"愿景与行动》，旨在加强"一带一路"沿线国家和地区之间的合作，推动绿色、低碳基础设施建设。2016 年 6 月 17 日，世界防治荒漠化日纪念活动暨"一带一路"共同行动高级别对话在北京举行，除国务院副总理汪洋、时任联合国秘书长潘基文，芬兰前总统、联合国防治荒漠化公约旱地亲善大使塔里娅·哈洛宁，联合国防治荒漠化公约秘书处执行秘书莫妮卡·巴布，尼日尔环境和可持续发展部部长瓦萨尔克·布卡里，纳米比亚环境与旅游部部长汉巴·希菲塔，世界自然保护联盟主席章新胜，联合国开发署驻华代表文霭洁，联合国环境规划署驻华代表张世刚等有关国家和国际组织代表出席活动外，"一带一路"上的国家吉尔吉斯斯坦农业与土地复垦部部长土尔德纳兹·贝克博韦，土耳其林业与水务部副部长塞达特·卡迪奥格鲁，韩国山林厅次长金勇夏，阿根廷环境和可持续发展部国务秘书迪戈·莫雷诺，蒙古自然环境、绿色发展与旅游部国务秘书策·青格勒，也出席了活动。会上，汪洋副总理指出，"一带一路"沿线作为世界上荒漠化最为严重的地区之一，应致力于推进荒漠化治理共同行动。《"一带一路"防治荒漠化共同行动倡议》也于当天在北京发布，旨在推动"一带一路"荒漠化治理的国家合作，共同遏制土地荒漠化，保护生物多样性，共建绿色丝绸之路，共建生态安全保障体系。

"一带一路"各国及相关国际组织应全面加强荒漠化治理领域的沟通协商，广泛凝集共识，深化务实合作，促进防治荒漠化技术难题攻克、创新经验共用、治理成果共惠，加快筑牢生态安全共同体，建设绿色丝绸之路。但有关荒漠化治理的国际合作研究并不多，相关机制、合作方式和合作内容还有待探索和实践。本项目旨在深入研究"一带一路"防治荒漠化的国际合作机制和方式，以深化"一带一路"倡议，为"一带一路"沿线国家和地区解决荒漠化问题提供决策参考。

三、国际合作治理"荒漠化"存在的问题及中国经验

(一)国际合作治理"荒漠化"的形式及内容

荒漠化治理的国际合作方式依主体不同可分为双边合作、多边合作及区域合作。Wilkening(2006)表示中国、蒙古等国家科技水平落后、财力与技术人员短缺、土地管理法律不完善，需要发达国家如日本等国提供资金及技术支持。Yoshimatsu(2010)认为东北亚地区具有强环境依托性特点，中日韩应以区域合作为基础开展荒漠化治理工作，以国际合作形式切实解决东北亚地区荒漠化等环境问题。在第四次中 - 日 - 韩三边环境部长会议(TEMM)上，三国联合蒙古以及亚洲开发银行、联合国防治荒漠化公约委员会、联合国环境计划署委员会与联合国亚洲及太平洋经济社会委员会，就荒漠化和沙尘暴治理问题达成多边国际合作，主张建立一个总体规划合作中心(Wilkening，2006)。为解决中国荒漠化、酸雨等环境问题，中日达成建立中日友好环境保护中心(SJC)的双边合作，

主要通过日方提供资金与技术支持，加强环境政策合作，完善管理制度及基础设施（Hirono，2007）。张克斌（2006）论述了中日韩俄蒙五国形成多边合作机制，通过技术经验交流大会以及区域监测活动，构建区域信息网，推动荒漠化防治的全面合作；黄淼等（2008）指出当前在东北亚地区荒漠化治理的国际合作中，主要以国际机构主导与政府主导的多边合作为主，在区域内建立监测合作机制。

在合作内容方面，主要包括资金合作与技术援助、签订合作协议或公约、开展特色合作项目等。美国、加拿大围绕太平洋盆地沙尘暴粉尘问题与亚洲进行科研合作，如开展跨太平洋科学院协作的气溶胶表征实验（Seinfeld et al.，2004）；亚洲开发银行（ADB）与全球环境基金（GEF）分别提供了 50 万美元的资金支持，进行区域技术援助与荒漠化监测项目，预防和控制东北亚沙尘暴与荒漠化的恶化（Wilkening，2006）；在特色项目合作方面，我国联合日本在贵阳、重庆、大连等地区推出多项项目合作与示范工程，日方不仅提供相应的无偿资金援助，更与政府、科研院校、企业及其他机构合作，提供专业的培训（Hirono，2007）。在陕西西部造林工程中，中国积极引入德国先进技术、管理模式与人员培训，有效遏制了荒漠化（黄雪菊，2005）；王俊波（2006）指出采用"项目管理"方式与国际接轨；白万全（2009）认为可以通过配套资金、农户参与规划或签订共同造林合同等方式进行荒漠化合作治理。

（二）国际合作治理"荒漠化"存在的问题

国际合作治理"荒漠化"在环境保护、资源开发、工程项目开展以及联合监管等已经采取了一些做法，已经取得了一些成绩。但由于合作机制的设计存在缺陷以及合作中存在的利益冲突，导致合作机制并未发挥出所期望的效果。

1. 筹资渠道单一，缺乏资金保障

现有的国际合作机制中经费来源主要有发达成员国自愿捐助以及世界银行和亚洲开发银行援助两种渠道。但这两种渠道无法真正满足机制运作的资金实际需求量，此外由于机制对资金依赖性大也使得机制的工作会受到相关国家及利益集团的干预，甚至成为其操纵工具。以联合国气候合作机制为例，该机制的核心机构政府间气候变化专门委员会的经费主要来源于各国政府的自愿认捐，并由世界气象组织、联合国环境规划署和联合国气候变化框架公约提供额外支持。这一自愿认捐的方式并不能从制度上解决经费来源问题，同时还给各国政府和利益集团对机制的工作施加影响提供了可能（张丽华和赵炜，2015）。

可见，合作机制只有拓宽筹资渠道，减少对援助资金的依赖，才能从根本上摆脱相关国家政府和利益集团的控制。由此，"一带一路"防治荒漠化合作机制可以采取引进社会资本的新思路来保障项目工程的顺利实施。

2. 机制设计不完善，落地保障不足

刘明显和杨淑娟（2010）在研究金融监管国际合作机制时指出，现有的合作机制未能满足金融监管国际合作的需求。国际上许多矛盾和问题解决的重要途径是协商和沟通，应该进一步建立谈判及沟通机制，理顺各大金融监管机构之间的关系，可以考虑定期召开联席协调会议，就有关重大问题进行磋商，建立谅解备忘录，在日常工作中还可以考虑相互提供服务、联合进行检查，甚至通过互换工作人员等方式加强合作，保障信息流畅，提高监管效率，使得在意识形态、开放程度、经济体制、金融结构等方面差异较大的国家也能通过一个有效的平台进行磋商，增进相互的了解与沟通，逐步推进金融监管国际合作（刘明显和杨淑娟，2010）。

大多数国际合作机制虽然在成立初期签署了一系列合作协议，但由于机制本身设计存在缺陷，缺少有效的沟通与协调机制，使得合作机制陷入名存实亡的困境。除此之外，合作机制存在最大问题在于合作协议无法真正的落实和执行，仅仅停留在文件层面。以联合国气候合作机制为例，该机制并非建立在大国协调的基础上，没有形成诸如安理会之类的强有力中枢机构来推进各项议程。而且气候合作机制并没有对各缔约方规定具体承担的义务，也未规定相应的实施机制（张丽华和赵炜，2015）。很多国际合作机制都存在空头协议的情况。成员国虽然签订项目协议，但由于并未建立相应的实施机制来推动计划项目落地，使得合作项目无法取得实质性进展。

3. 互联互通机制未形成，资源整合效率低

作为中国开展国际环境合作中最成功的范例之一，中日环境保护合作机制目前已经发展的相当成熟了。纵观该机制二十多年间开展的活动，不论是中日双边还是中日多边合作，都建立了高层对话机制、合作综合论坛等沟通交流机制，但并没有在每届合作会议后就达成的相关合作共识出台政策性文件或项目实施规划来统筹具体项目的开展。该机制开展的东亚酸沉降监测网络项目在实施过程中是由中日中心协调两国政府部门及专家、学者完成的。虽然该网络项目目前有 12 个国家参加，但由于没有建立专门的科研工作机制，致使其余 10 个国家的技术、人才资源没有得到有效利用，这其实是资源配置低效的一种体现。

合作机制中的成员国并不缺少项目合作经验以及高素质的技术人才，但由于现有的机制内没有成立相关的平台将各国家的技术人才资源整合起来，同时未能有效地聚集相关民间组织、企业的力量来共同推进项目的实施。合作机制应试图建立一个高层会议论坛、技术人才资源整合平台和项目实施工程于一体的系统性机制，这是保障合作机制可持续发展的前提和关键。

4. 成员国之间利益冲突，中国未发挥主导作用

在以往的国际合作机制模式中，发达国家凭借自身丰富的资金、技术、人才等资源以及相关合作领域的治理经验，往往在合作机制中占据主导地位，垄断机制合作的规则制定权和话语权。从联合国环境合作机制的成员合作状况来看，碳排放交易体系已形成三个相对完善的独立机制，欧盟排放交易体系和芝加哥气候交易所前两个交易市场，完全由西方国家所主导。而清洁发展机制（Clean Development Mechanism，CDM）虽有大量发展中国家参与，并且中国还是 CDM 项目的主要东道国之一，但该项目的定价权一直被西方所掌握，发展中国家的碳排放价格远低于国际交易市场的价格。此外，南方国家在气候合作的多次博弈中因低碳技术与清洁能源援助、碳减排资金补贴等诉求长期得不到北方国家足够的关注、重视与满足，从而在互动过程中对发达国家主导的气候合作机制产生排斥、抵触等消极心理（张丽华和赵炜，2015）。

发达国家在开展合作的过程中，关注更多的是如何在保证不损害本国家利益前提下制定合作的具体项目，对发展中国家由此面临的困境或亟待解决的问题并不热心，因此中国及其其他发展中国家在国际合作中往往处于较为弱势的地位。意识到自身处于劣势的发展中国家容易对发达国家提出的合作意向抱有怀疑态度，加大了双方就相关合作协议达成一致的难度。

随着中国经济实力的不断增强，中国的国际影响力和国际责任感也在不断增大，中国主张建立公正、合理国际新秩序，并被各国学者认为应成为世界大国秩序的制定者。因此，如何改变以往成员国专注于利益分割的机制合作模式，建立"互利共赢，成果共享"的合作机制，需要中国发挥主导作用。这既是中国强国形象的彰显，更是中国主动承担国际责任的体现。

（三）中国代表企业荒漠化治理的国际合作经验

1. 亿利资源集团

亿利资源集团（ELION）创立于 1988 年，致力于"生态环保、绿色金融"。创造生态财富 5000 多亿元，被中国政府授予"中国脱贫攻坚奖""国土绿化奖"，被联合国授予"全球治沙领导者"奖。集团下亿利生态股份聚焦于生态环境修复。修复土地、修复水环境，建设美丽生态小镇；亿利洁能股份聚焦洁能环保，治理大气污染；亿利金融聚焦于生态环保，医疗健康。

亿利资源集团不仅为我国的生态恢复做出巨大贡献，更在全球荒漠化治理上起了领先示范作用，获得联合国的充分认可。亿利资源集团与联合国环境署、防治荒漠化公约组织一直保持紧密的互动与合作，并通过库布其国际沙漠论坛等国际会议，促进国际社会推进绿色发展；2016 年 7 月 25 日至 8 月 8 日，联合国环境署联合亿利公益基金会举办了以可持续发展目标为主题的 UNEP GEO 青少年环境夏令营；联合国防治荒漠化公约秘书处执行秘书莫妮卡·巴布女士在考察亿利资源集团库布其沙漠生态治理成果时表示，库布其这种"生态、民生、经济"平衡驱动发展的治沙实践对于非洲、蒙古等沙化严重的国家有非常重要的推广意义，希望中国库布其治沙能造福世界更多的荒漠化地区，为它们带来富足与和平。2016 年 12 月 9 日，第六次《全球环境展望亚太区域评估》报告中文版发布会在北京举行，发布会由联合国环境署和中国亿利公益基金会主办。王文彪表示，希望继续与联合国环境署一道，为全球更多的国家和地区，以改善人居生存环境，提高人居健康水平为目标，建设更多的"生态家园"，为更多人创造绿水青山、返璞归真、健康文明的幸福生活。

2. 河南育林有限公司

河南育林绿化工程有限公司（以下简称河南育林）成立于1998年2月，总部位于河南省郑州市航空港区，是一家市政工程和园林设计、施工、养护综合性企业，在城市绿化、绿化养护、屋顶绿化、墙体绿化、污水治理和海绵城市建设拥有先进的技术，拥有园林壹级资质、城市道路及照明三级资质、电力设施承装四级、承修四级资质。

作为农业园林生态企业，河南育林经河南省商务厅的推荐和联系，成为国内唯一一家对接到"一带一路"的中巴走廊上的企业。2016年11月，河南育林与中国海外港口控股有限公司达成合作意向，作为瓜达尔港建设项目的首期入驻企业，承担瓜达尔自由区约10平方千米市政景观绿化及专业苗圃建设等项目，同时已被国家发展和改革委员会列入国家"一带一路"走出去的民企之一。巴基斯坦总理谢里夫接见了公司负责人，并对未来港区的绿化发展给予厚望，希望将瓜达尔港打造成为一个绿色的、充满生机的世界级港口。

3. 经验和启示

（1）建立国际合作机构和合作机制，协同推进荒漠化的防治，能够有效推进全球范围的荒漠化的防治。国际合作机构和合作机制，可以统筹荒漠化防治的相关机构和资源，包括技术、资金等，推进荒漠化防治的国际合作，使荒漠化防治的合作更容易落地。

（2）积极推进荒漠化防治工程，使荒漠化防治真正有效落地。积极做好荒漠化防治的典型工程，为荒漠化防治树立示范效应，还可以帮助相关机构有效探寻防治荒漠的模式，吸引更多的相关利益主体参与到防治荒漠化中来。

（3）积极发挥政府的主导作用，促进民间合作。无论是亿利集团还是河南育林公司，在政府积极开展荒漠化治理及国际合作的倡导下，发挥了主体性作用。政府通过制定相关鼓励政策，推进民间的科研、工程等方面的合作。

四、"一带一路"防治荒漠化合作机制构建

"一带一路"沿线很多国家面临经济落后和生态脆弱的双重问题。建立合作机制是国家间解决区域性以及全球性问题的最主要方式。防治荒漠化需要进行顶层设计，建立较为完善的合作机构和合作机制。

（一）顶层设计构想

"一带一路"倡议的提出，是促进沿线各国加强合作、共克时艰、共谋发展的战略构想。为了积极推进"一带一路"倡议的罗伊，2015年2月，中央成立"一带一路"建设工作领导小组，领导小组办公室设在国家发展和改革委员会。这是中国推进"一带一路"建设

在机构上的顶层设计。那么，防治荒漠化在"一带一路"沿线各国达成合作和协同，也同样需要顶层设计。

1. 提升"一带一路"防治荒漠化合作的战略高度

共建"丝绸之路经济带"和"21世纪海上丝绸之路"的战略构想，尽管是致力于维护全球自由贸易体系和开放型经济体系，但在实际的实施过程中其面临诸多共性的问题。在中国，荒漠化问题仍然是较为严峻的环境问题，而中亚、西亚地区的荒漠化问题也十分严重。防治荒漠化的国际协作，势必也会得到这些国家和地区的积极呼应的。因此，防治荒漠化，实际也是共建"一带一路"所要面临的主要问题之一。推进"一带一路"建设工作领导小组办公室，是中国推进共建"一带一路"的顶层机构，防治荒漠化也应作为推进"一带一路"建设工作领导小组重要内容之一。

2. 建立"一带一路"防治荒漠化国际合作机构，完善合作机制

目前，治理荒漠化的合作模式通常采取国与国之间单独订立双边条约或多项多边条约，往往难以满足防治工程实施中的资金和技术需要。因此应在自愿基础上，坚持和平合作、开放包容、互学互鉴、互利共赢的原则，形成政府主导，国际组织、民间组织积极参与的国际合作机制。

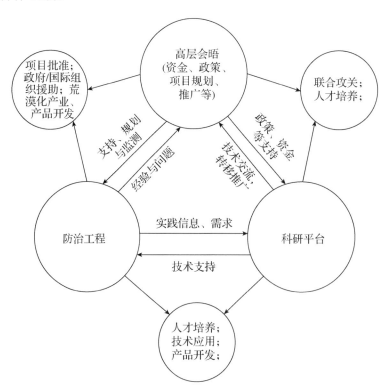

图1　"一带一路"防治荒漠化国际合作机制示意图

"一带一路"防治荒漠化国际合作机制由三大"抓手"（板块）构成，分别是高层会晤、科研平台、防治工程（图1）。高层会晤旨在通过国际会晤做好顶层设计，完善政策体系，切实提供各项保障。科研平台提供技术和人才保障，防治工程确保项目开展。利用双边、多边和民间等多元合作形式，共商、共建、共享，推动"一带一路"沿线国家携手开展荒漠化防治的国际合作，推进各国发展战略相互对接，采取共同行动，三大板块相互联通服务，促进"一带一路"荒漠化有效治理，建筑生态安全共同体，建设绿色发展丝绸之路。

（二）国际合作的三大板块

1. 建立国际合作机构

国家林业局协同国家发展和改革委员会、外交部，与荒漠化较为严重的国家和地区谋划建立防治荒漠化国际合作机构，建立各国和地区防治荒漠化的高层会晤机制。"一带一路"沿线各国及相关国际组织、民间组织通过防治荒漠化国际合作机构，实行高层会晤，建立政治保障，全面加强荒漠化治理领域的沟通协商，开展包括技术、工程、教育培训、金融、相关产业发展等方面的磋商与合作。依据高层会晤签订的合作协议或公约，积极制定荒漠化防治的特色实施项目，确保防治工程的实施。合作机构和会晤决策内容包括防治工程的整体规划和监测方案的制订和改进，区域内产业开发规划、确定合作的金融机制及政策保障、技术转移示范点的确定以及技术推广等。

1）成员组成

建立"一带一路"防治荒漠化联盟（共同体、伙伴关系）。联盟成员包括核心成员和普通成员。核心成员由创立成员组成；"一带一路"沿线国家、国际组织、民间组织均可向联盟秘书处申请成为普通成员。联盟设有秘书处，实行轮值主席制度，由核心成员国轮流担任。

2）会议机制

（1）国家林业局和国家发展和改革委员会积极筹划，将防治荒漠化作为"一带一路"国际合作高峰论坛、达沃斯论坛等国际沟通机制和论坛的分论坛，积极推进"一带一路"沿线国家建立防治荒漠化的合作协议或公约。

（2）部长级会议。由各成员国相关部门部长和联盟秘书长组成，每两年召开一次"一带一路"沿线国家部长级例会，各成员国轮流举办，必要时可召开非常会议。会议主要讨论"一带一路"防治荒漠化合作的重大事项，回顾荒漠化防治行动计划执行情况。

（3）司局长会议。每年召开例会，由轮值主席国承办，必要时可临时开会。负责筹备部长级会议，落实部长级会议的决议和决定。

（4）专家工作组会议。根据优先合作领域，组建专家工作组。在合作国家轮流召开"一带一路"荒漠化治理大会，必要时可临时开会，明确不同时期或年份的会议主题，并负责为合作项目提供建议和咨询。探索成立"荒漠化防治50论坛"，积极吸引更多专家和研究人员参与到"荒漠化防治"工作中来。

（5）政产学研会议。根据高层会晤、科技平台、工程实施需要，建立定期召开政产学研国际会议，如，固定在中国鄂尔多斯地区召开"一带一路"政产学研合作创新大会，也可作为达沃斯论坛主题之一，切实加强政产学研的共识和合作基础。

2. 实施防治工程

该板块主要负责防治项目的开展，包括实施内容和实施方式。

（1）实施内容：包括防治工程项目实施和监测项目的实施。切实落实高层会晤制定的防治工程，并在实施过程中根据实际情况修改和完善工程规划；构建"一带一路"沿线国家荒漠化/土地退化、沙尘暴监测、预警评估体系并切实贯彻实施，实时监测项目实施情况和实施效果。

（2）实施方式：充分发挥联合国防治荒漠化公约（UNCCD）、联合国环境规划署（UN-EP）、粮农组织（FAO）、联合国教科文组织（UNESCO）等国际组织的协调作用，支持与推动"一带一路"防治荒漠化合作项目顺利实施。加强双边合作，推动签署荒漠化防治合作备忘录，建设双边防治荒漠化中心，举办双边防沙治沙论坛，建立完善双边联合工作机制，协调推动合作项目实施。强化多边合作，发挥UNCCD缔约方大会、亚太经合组织（APEC）、中非合作论坛、中阿合作论坛等现有多边合作机制作用。

3. 建立科研合作平台

该板块由科技创新、人才培养以及信息共享三大平台构成。鼓励多种合作形式的结合，援建联合实验室（联合研究中心）、科技园区、重点领域先进适用技术国际转移平台、联合技术研究与示范、培养优秀科学家和工程科技与管理人才，建立区域一体化合作网络。通过双边、多边技术援助项目，增强信息技术的交流与共享，加强人才交流和培养，为"一带一路"荒漠化治理提供有力的信息和技术支持、人才培养，提升区域内各国荒漠化治理的科技与管理水平。

（三）三大板块协同

1. 建立多边合作机制，保障防治工程实施，完善工程实施和监测机制

1）建立金融合作机制

在工程实施的资金来源上，改变以往单一的由发达国家无偿援助的筹资模式，建立荒漠化治理的多资金渠道，建立全球合作机制增加资金来源渠道，充分利用多方资本。主要包括四种资金机制：一是以自愿捐赠或义务分摊的形式共同筹集资金；二是依托现有基金（中国绿化基金会、世界沙漠基金等），成立开放式专项公募基金，引导社会资本投入；三是采用政府和社会资本合作（PPP）形式，吸引企业资本投入；四是根据国际金融机构（世界银行、亚洲开发银行、亚洲基础设施投资银行等）和国际组织（GEF、GM等）的资金使用模式，联合申请项目，支持"一带一路"防治荒漠化的国际合作。本报告主要介绍两种融资方式。

（1）政府或国际机构专项贷款。沿线国家政府可以借鉴我国国家开发银行的提供专项贷款原则向"荒漠化治理"的"一带一路"沿线国家提供专项贷款。

①与东道国政府部门以及社会各方建立密切的联系，便于做好政策对接。

②规划先行，推动与东道国的规划合作，为合作国经济社会发展提供融智支持。

③以国家信用为依托，能够筹集到长期、稳定的资金，匹配"一带一路"荒漠化治理项目的大额长期资金需求。

④以市场化方式运作，遵循国际惯例和市场规则，注重风险可控和财务可持续。

⑤保本微利，不追求利润最大化，便于降低项目融资成本。

⑥通过先期搭建完善的市场制度环境和信用结构，引导商业资金和各类社会资金持续进入。

以我国政府为例，习近平在"一带一路"国际合作高峰论坛上宣布中国国家开发银行、中国进出口银行将分别提供2500亿元和1300亿元等值人民币专项贷款，用于支持"一带一路"基础设施建设、产能、金融合作。

中国进出口银行以市场化运作方式支持"一带一路"项目建设，侧重长期投资，注重控制风险，以实现保本微利和可持续发展。国开行将与国际多边开发性金融机构、国内外政策性金融机构、商业性金融机构等加强合作，引导各类社会资本，相互补充，形成荒漠化防治的合力，共同推动"一带一路"荒漠化防治的建设。

鼓励亚洲基础设施投资银行增加对荒漠化治理的专项贷款资金，争取将荒漠化治理纳入到亚洲基础设施投资银行（简称亚投行）可投资范围内。

在丝路基金的框架里，设立荒漠化防治专项基金，积极争取设立"荒漠化防治基金"。

（2）社会资本参与。利用金融和市场手段，吸引企业家投资沙漠绿色生态项目，并通过国家政策手段给予支持和激励。我国亿利资源集团募资300亿元，发起绿色丝绸之路私募股权基金，主要投向清洁能源、生态修复与生态农业等；世界华人精英联合会"一带一路投资投智考察团"响应政府号召联合美国蓝天资本和甘肃夏瑞沙产业有限公司，举办"一带一路"沙产业和新能源投资高峰会，吸引美国蓝天资本进入，投资沙漠农业甘草种植和深加工，同时利用沙漠充分的太阳能，投资新能源——光伏光热发电项目。

2）实施防治工程

目前"一带一路"沿线国家交通、电力、通信等基础设施互联互通建设工程主要由我国国务院国有资产监督管理委员会实际控制的十大中国海外基建公司完成。荒漠化防治工程的具体实施也可由企业在政府的大规划下负责执行。一方面沿线国家及地区可以就防治工程合作达成协议，合资成立荒漠化治理公司。合资公司由各国的相关企业共同出资，各占一定比例，明确各方责任与义务，统一管理各国的防治工程项目实施。另一方面，鼓励和支持各国的社会组织通过"市场化产业化"机制创新，走出一条实现荒漠化防治公益事业可持续发展之路。例如亿利资源企业在各级政府的大力支持和国家政策的正确引导下，将"公益治沙与产业发展"齐头并进，找到了"科技治沙、生态好转、产业发展、民生改善"的平衡点。企业在防治荒漠化中形成的有效模式可以通过高层会晤在更多的国家进行推广，通过政策创新撬动社会资本长期从事荒漠化防治的公益事业，而非完全由政府负责。

3）产业开发

政府机构应引导国际组织与国内外企业加强合作。借鉴"库布其模式"，形成"以产业带动治沙，以治沙促进产业"良性互动的发展机制。在防治荒漠化的基础上，促进沿线国家生态修复产学研结合与科技成果产业化，研究促进东道国发展的绿色富民产业。鼓励发展沙区绿色经济，倡导土地综合管理，协调体现生态、经济功能，利用光能、风能等清洁能源，保护沙漠景观免受破坏。保护和合理利用沙区资源，将改善生态与发展沙产业相结合，是实现沿线国家推动沙区绿色经济发展和修复土地，可持续发展的有效途径。

（1）旅游产业：沿线国家与联合国防治荒漠化公约秘书处、世界自然保护联盟、联合国教科文组织以及世界沙漠基金合作，共同编制《"一带一路"沿线重要沙漠及自然遗产名录》。加强沿线国家世界自然和文化遗址周边地区的生态维护和修复，保护自然和文化遗产。把沙漠旅游业打造成沿线国家特色产业，调整沿线国家经济产业结构，对荒漠化治理可持续起到非常重要作用。与此同时，还可同步开发相关旅游产品，例如区域特色文化产品、沙漠深度体验户外产品、观光植被深加工产品等。对于区域内旅游业的发展，政府间可通过高层会晤联合出台《"一带一路"旅游业发展总体规划》《"一带一路"自然遗产和文化遗产保护条例》等，对整个区域内的旅游业开发、旅游文化和旅游环境的保护、旅游产业的开发进行整体规划。在具有特色旅游资源的国家地区建立"沙漠世界地质公园"，整合当地自然资源和人文旅游资源，大力发展地方特色旅游业。

构建"互联网＋沙漠文化＋沙产业＋旅游"的综合旅游发展模式，建立区域内的旅游网络系统，通过生态旅游信息化管理的模式进行旅游资源的宣传、信息共享和保护。同时结合沙漠特色文化打造特色旅游品牌，突出地域性和文化性差异，实现差异化的发展。并且将沙产业融入到旅游产业中，开发特色旅游沙产品，比如将地区内独有的植被进行深加工，支撑可以代表地区品牌的纪念品等。

（2）相关沙产业：钱学森认为，沙产业就要充分利用沙漠戈壁上的日照和温差等有利条件，推广使用节水生产技术，搞知识密集型的现代化农业。沙产业有四条标准，一要看太阳能的转化效益，二要看知识密集程度，三要看是否与市场接轨，四要看是否保护环境、坚持可持续发展（刘恕，2003）。"一带一路"的荒漠化治理可以充分利用沙漠的热资源种植农作物产品及树木，大力发展种植业，积极培育灌木资源及中草药，如在沙漠中生存的甘草是一种有广泛用途的医药原料；在荒漠中大规模发展太阳能、风能等清洁能源；沙区矿业开发、沙区新能源开发，如用沙漠中广泛种植的沙柳枝条发展生物能源；发展沙漠草木深加工业，如沙棘、葡萄、枸杞等生产加工业，我国新疆伊犁地区的薰衣草精加工。

同时，政府出台相关政策或措施支持和鼓励产业发展，例如，从"一带一路"区域规划五个"区域沙产业示范基地"，通过高层会晤为示范基地制定《荒漠化治理和沙产业总体规划》，围绕五大示范基地，布局多个产业园区，根据每个示范基地的特色产品建设特色沙产业基地，比如沙地葡萄沙产业基地等。打造沙产业投融资平台、沙产业科技创新平台、沙产业人才引培平台、沙产业产权保护平台等多个创新平台。围绕"一带一路"线路图打造四条以沙产业为核心的绿色走廊，分别是中国－中亚绿色走廊、西亚绿色走廊、东非绿色走廊和环地中海绿色走廊。每年举办"阿拉善"全国沙产业创新创业大赛，邀请大学、企业和科研机构共同参与和合作，并给予成果转化的资金和技术支持。

4）完善工程规划与监测

（1）工程规划与政策保障：沿线国家通过高层会晤制定"一带一路"荒漠化防治工程规划。同时开展政策对话，完善相关政策和法规，制定防治荒漠化、逆转土地退化、减少干旱灾害等评价指标和生态治理标准，鼓励和支持改善生态和促进发展的荒漠化防治项目以保障工程顺利实施，减少因指标不统一、地方不配合等造成的工程实施障碍。

（2）建立监测机制：建立和完善"一带一路"沿线国家荒漠化、土地退化、沙尘暴监测、预警评估体系，包括建立土地资源图集、评估土地修复成效和影响的科学框架，编制"一带一路"荒漠化防治及修复退化土地的共同行动方案，为工程实施进程和效果评估的评估提供依据。采取综合生态系统管理措施，维护和加强沿线荒漠、草原和绿洲生态系统稳定性和生物多样性，提高生态系统适应气候变化能力；开展沿线国家交通干线、城镇（绿洲）综合生态防护体系建设，推动内陆河湖流域的可持续土地及水资源管理；推动沙尘暴源区和路径区的旱灾与沙源控制，提高灾害预警预报和应急能力。

（3）成立工程监测中间机构：对于工程实施进程和效果，区域内可以通过建立一个高效的工程监理中间机构，监控工程的实施效果并及时向各国政府反映实施中存在的问题，区域内政府定时召开国家间的工程会议，讨论各国在荒漠化防治工程中的经验及出现的问题，成功的经验可以组织政府间进一步学习交流，推广实施；对于问题，各国可以在会晤中集体讨论解决方案，改进防治工程规划和工程监测规划，在更大范围内、更大程度上提升防治工程的适用性和有效性。

2. 建立科技合作协议，致力于联合技术攻关、人才培养

1）政策支持

政府必须在国际科技合作中发挥重要作用，必须在政府指导下深化科技体制改革和对外合作交流改革、调整合作模式等（曾永光和傅建球，2005）。我国科学技术部、国家发展和改革委员会、外交部、商务部联合出台《推进"一带一路"建设科技创新合作专项规划》，为此，我国政府需要与沿线各国政府紧密合作，开展广泛的沟通与谈判，签署有利于促进国际科技合作平台建立的双边与多边协议，共同消除法律法规等方面障碍、出台大力支持平台建立的政策措施、简化建立平台的审批程序、普遍赋予合作平台以合法身份，并建立保障平台参与者依法获得应有权利的制度环境，等等（甄树宁，2016）。

库布其国际沙漠论坛，是中国政府会同有关国际组织在荒漠化防治领域组织的重要活动之一。论坛宗旨是以科学发展观为指导，秉承"国家、地方、企业相结合，产、学、研相结合，生态效益、经济效益、社会效益相结合"的理念，分享中外政府、国际性组织、企业及科研单位等在防治荒漠化技术创新及产业发展中的先进经验，展示我国加快生态建设，促进绿色发展，改善民生环境的努力和成效，引导政府、企业、科研单位等创新思维，推进政产学研用相结合，探索荒漠化治理产业化与市场化的新路径。我国科技部表示将充分利用该论坛的平台，推进政府间、民间多种形式的科技交流与合作，实现沿线荒漠化防治"优势互补、互利共赢"。

国内外政府需要高度重视专家智库的作用，推进国内和国际智库之间、智库与政府部门之间、智库与企业之间、智库与民间NGO之间的环境合作机制，发挥智库参与并影响环境政策过程的功能（王洛忠和张艺君，2016）。

中国可联合"一带一路"沿线国家政府联合出台《推动"一带一路"科技创新平台建设总体规划》《"一带一路"产权保护条例》《推动"一带一路"科技成果转化意见》等相关政策，从科技创新的投入、保护、成果转化等多角度支持区域内的科技创新合作。同时加强各国的专家智库作用，出台《推动"一带一路"智库建设总体规划》《"一带一路"高科技人才培养与引进的支持政策》以加强区域内各大智库的合作，为人才在区域内的流动提供政策保护，平衡区域内各国的智库差距。此外，除了继续加强库布其国际沙漠论坛目前的科技交流和合作等的作用，还可以将上述建议的沙产业示范基地建设成果纳入论坛的交流总结内容中，结合示范基地的创新平台建设和园区建设，总结可在整个区域内或部分国家和地区内的可复制推广经验和科技创新成果，让示范基地的作用辐射整个区域。

2）科技合作

充分发挥政府及国际组织在科研平台建设、专家资源、培训能力建设等方面的优势。政府要积极制订战略并参与国际科技合作以外，科研机构和高校也要积极支持并参与各种形式的科技合作和科学研究（孔晓莎等，2017）。我国与大多数沿线国家建立了较为稳定的政府间科技创新合作关系，共建了一批科研合作、技术转移与资源共享平台，广泛举办各类技术培训班，接收大批沿线国家杰出青年科学家来华工作。2014年10月26号，以色列犹太人全国基金会专家来到中国苏海图示范区考察中国目前荒漠化防治现状，访华期间，中国友好和平发展基金会拟与以色列犹太人全国基金会签署两基金会合作备忘录，确定双方共同发起成立中以绿色基金，用于两国绿化、治沙方面的科研合作和人才培养。

大量国际科技合作具体工作的落地，需要充分发挥直接从事科学研究、技术开发的相关组织和个人的主体作用。具体到国际科技合作工作的担负者，主要包括了从事科技工作的各种组织与个人：一是各类企业，既包括独立从事新技术与新产品的研究开发、甚至涉足科学研究的企业，也包括仅仅将科技成果应用于自身生产经营活动过程中的企业；二是把从事科学研究与技术开发作为主要工作或者主要工作之一的广大科研机构与高等院校，以及部分非营利性质的社会团体；三是在企业、高等院校与科研机构，以及整个社会中从事科技工作的各类人员（甄树宁，2016）。Li et al.（2011）等认为高校开展国际科技合作有多种模式可以采用，包括国际学术会议、合作研究、联合开发、联合研究机构、联合培训、学者访问和交流、信息共享、联合实验室、共享网络资源和政府合作项目等，其中国际学术会议、合作研究、联合开发、联合培训、学者访问和交流是被广泛运用的五种模式。

3）人才培养

荒漠化的防治是一个巨型工程，需要大量的金融、技术、管理、工程人才，需要"一带一路"国家加强相关专业人才的培养。如建立"一带一路"国家访问学者、专业研究人员、管理决策人员及学生交流计划，学历学位教育与短期培训计划；以教育合作促进科技合作，推动政府间创办研究型联合大学，培养高水平学生培养具备高情商合作、高效能沟通、跨领域合作和富于创新精神的人才（高建新，2016），加强技术、知识、措施等方面的交流与利用。2017年4月，我国第一所中俄合作大学——深圳北理莫斯科大学，首次启动本科招生计划。中俄合作大学的目标是培养既具备俄语能力，又懂专业技术的高端复合型人才。

3. 建立资源、信息共享平台和技术交流平台，实现技术在区域内的转移示范

"一带一路"战略下的区域荒漠化治理是一个整体，在科研平台的建设中需要各政府的人才、政策和资金的支持，而一个统一的科研平台建设可以减少由于各国科研水平参差不齐造成的阻碍。高层会晤做好顶层设计，对防治工程实施过程中的技术难题组织联合攻关，达成国际科技合作协议，搭建科研平台，整合科技资源，而科研平台通过建立共享平台促进区域内资源交流，推动政府间科技合作战略的实施和完善。

1）平台建设

将区域内所有研究荒漠化防治技术的科研机构和技术人员都纳入到统一的网络化管理中，建立基于互联网技术的可持续土地管理、生态恢复技术名录和信息交流共享平台；固沙、抗旱、耐盐碱经济和生态植物种质资源信息共享平台；建立国家技术清单和技术需求清单，促进技术交流与共享。一方面以先进技术国带动科研相对薄弱的国家或地区，实现整个区域内的荒漠化治理的协同发展；另一方面，通过强化各国高层的定期会晤机制，充分发挥各国科技合作对区域内国家的协作伙伴关系的强化作用，研究制定和实施各国全面科技合作战略。充分结合"一带一路"国家科学技术资源的特色与优势实现荒漠化防治技术创新，如发挥我国在云计算、大数据、互联网金融等方面的技术优势，以色列、印度、新加坡等国家的高新技术优势。借鉴国内外治理荒漠化的经验，中国荒漠化土地由20世纪90年代末年均扩展10400平方千米，减缓到目前年均扩展2424平方千米，联合国环境规划署2014年将鄂尔多斯市境内的库布其沙漠生态区评为全球沙漠"生态经济示范区"。

此外，科研平台需要通过多种途径开展能力建设，如建设荒漠化防治技术经验交流和培训示范项目；开展专题技术培训，提高区域国家以及地方防治荒漠化能力和修复技术等。同时推进沙漠经济与科技创新对接机制，注重将科学技术转化为产品，开展产品产业化。亿利集团经过与国内外科研机构的合作，掌握了在沙漠里大规模种植并科学收获甘草的技术，将该技术发展为制药业务。

2）平台专业人才和技术支持

相关的国际组织与机构、各国政府部门与防治荒漠化研发机构，都应注重对荒漠化防治先进实用技术的研发、技术推广与成果转让，为防治工程提供技术支持。鼓励科技园、技术创新园、联合实验室的先进科技成果转化，有效输出到防治工程的实践中来。推动科技企业在"一带一路"沿线国家建立技术孵化器、产业基地，开展技术与投资贸易合作，实现技术及产能输出（尹邦奇，2016）。交流和推广绿洲、铁路公路等交通干线生态防护体系构建技术、流沙固定、退化土地植被恢复、防风固沙林建设、矿区复垦、干旱区节水和集水植被恢复等技术；推广和应用土壤改良、盐碱地治理、可持续农业、牧业和节水、集水灌溉等实用技术。

企业作为创新的主体，也是荒漠化防治的科技成果转化和应用的主力军。各国应鼓励企业成为荒漠化防治科技投入、科技研发、科技成果转化的主体，使科技成果快速转化为现实生产力，增强科技进步对于荒漠化防治的贡献度。亿利资源集团通过开展大学科研、多领域、全过程的技术协作攻关、技术引进、自主研发，与10多个国内外的科研机构合作，建立沙漠研究所，整合沙漠专家库，引进了多个技术合作项目（如比利时的保水肥料），开发多个治沙技术专利，研发出了水冲植树新技术、甘草平移技术、梭梭红柳嫁接苁蓉技术、白刺嫁接锁阳技术等专利技术。

3）技术共享，转移示范

将各国与荒漠化有关的科研数据、信息资料、技术资源收集在一起进行分析和交换，共同协商决定在经过检验的先进的治理技术国或地区建立荒漠化防治技术的转移示范点，再通过技术示范与推广、技术培训、技术服务、联合研发、政策研究、科研捐赠等形式，向技术薄弱的国家推广行之有效的治理技术和模式，促进区域内科技与工程更紧密结合。

2017年6月24日，联合国环境规划署与亿利公益基金共同启动了"一带一路"沙漠绿色经济创新中心。该中心下设3个业务平台，分别是"一带一路"青年环境教育基地、生态技术研发平台、技术成果转移与应用平台。中心主要工作领域为：搜集"一带一路"乃至全球生态建设信息，促进沿线国家与地区的信息共享；推动沿线生态修复基础研究与科技创新；进行生态修复与环境治理专业人才培养；举办增强青少年生态环保意识的培训、拓展活动；支持沿线国家生态修复与绿色发展多边与双边合作；促进沿线国家生态修复产学研结合与科技成果产业化；向国际组织和各国政府提供生态建设咨询服务与合理化建议；搭建经验交流平台，推动"一带一路"荒漠化地区生态产业发展，让全球荒漠化国家和地区分享中国经验，促进"一带一路"沿线各国生态治理与防治荒漠化国际合作。

4）经验总结，技术创新

荒漠化的防治需要综合考虑自然、生物、政治、社会、文化、经济等各种因素，因此荒漠化防治与荒漠化其他相关科学研究紧密相关，同时又是荒漠化研究中一个具有一定独立性的体系（方峨天等，2008）。但荒漠化研究的最终目的在于荒漠化的防治，因此荒漠化的技术研究不能脱离荒漠化防治的实践基础。

在"一带一路"的区域荒漠化治理模式中，应注重理论联系实际，科研平台的研究应力求解决防治工程中的实际问题，形成理论技术指导工程实践，工程实践又促进技术创新的良性循环模式。科研机构为工程实践提供各种技术支持和人才支持，同时又从实践中获得第一手资料与信息，了解工程实际中的当务之急，选择或调整研究方向和内容，帮助防治工程解决技术、设施等方面难题。并且防治工程人员在获得技术信息的同时也可以参与研究机构的试验及观测，相互之间不断渗透和交流，促进技术和工程的共同发展。以色列的技术研究部门与防治工程就是这样的一种发展模式。

除此之外，结合区域内的荒漠化防治工程，建立一批防治荒漠化综合样板，为不同类型区治理工程提供示范。例如针对风蚀、水蚀、草场退化及盐渍化等不同荒漠化类型，分别在不同类型干旱区的荒漠化防治工程内设立多个科学研究与技术推广试验示范区，这些示范区将成为荒漠化防治技术的推广辐射源。

（四）国际合作机制构建路径

1. 启动阶段

各国共同召开启动仪式，签订《"一带一路"防治荒漠化合作协议》，明确共识、目标，确定合作方式、合作方、机制框架等相关内容。明确各方责任，利益共享，风险共担。启动阶段主要包括以下步骤：

（1）倡议设立合作机构。基于防治荒漠化协作的共同意愿，国家林业局发挥在人财物及技术上防治荒漠化治理方面的特殊优势，协同国家发展和改革委员会、外交部等国家部委，联合荒漠化较为严重的国家和地区倡议签署《"一带一路"防治荒漠化多边战略合作备忘录》，就荒漠化防治中的金融问题、工程建设问题、工程监测问题、产业研究与开发、科技研发、人才培育等方面成立国际专项合作小组。讨论制定《"一带一路"防治荒漠化总体规划》《"一带一路"防治荒漠化金融支持条例》《"一带一路"旅游业发展总体规划》《荒漠化治理和沙产业总体规划》《推动"一带一路"科技创新平台建设总体规划》《"一带一路"高科技人才培养与引进的支持政策》等相关规划和政策。国家林业局并适时联合国家发展和改革委员会、外交部等国家部委，协同荒漠化较为严重的国家和地区倡议，共同设立"防治荒漠化国际合作机构"。通过建立防治荒漠化的实体组织，奠定落实国际合作共同防治荒漠化的组织基础，为深入开展荒漠化防治工程和国际性合作做好保障。

（2）推进高层会晤机制建立。除了签订《"一带一路"防治荒漠化合作协议》，积极推动"一带一路"国际合作高峰论坛和达沃斯论坛设立防治荒漠化分论坛，倡议设立防治荒漠化国际大会，并积极将防治荒漠化列入世界粮农组织关注的议题之一。通过这些论坛和议题，使更多国家和地区认识到防治荒漠化的重要性，并参与到防治荒漠化的行动中来。

（3）资金筹措。可以综合上述融资方式，多渠道筹集建设资金。官方正式机构可多采取政府出资的方式，根据各国出资额承担相应责任。同时探索创新 PPP 模式，鼓励社会资本积极参与。

（4）鼓励成立荒漠化治理公司和工程监测中间机构。鼓励各国成立荒漠化治理公司或合资公司。由政府资助成立考察小组赴各国做详细调研，形成荒漠化数据库。针对各国情况研究防治方案，经专家论证后付诸实施。初期由政府统一进行人员、资金等的资源调配，成熟后可逐渐引入民间资本。同时共同成立工程监理中间机构，对工程实施过程进行实时监督，对实施效果进行科学评估。

（5）成立科技创新战略联盟。各国的政府、核心科研机构、企业、大学等共同签署《"一带一路"科技创新战略联盟协议》，成立科技联盟，形成荒漠化防治的政产学研协同创新模式。就各国的科研资源分配，人才合作，科技投入、研发与转化，技术信息共享，技术推广等各方面达成一致的合作意见。是荒漠化相关科技创新问题的官方决策与执行机构，也是各国联合开发、优势互补、利益共享、风险共担的技术创新合作组织。

2. 实施阶段

（1）平台建设：重点搭建三个平台，科技创新平台、人才培育平台和信息共享平台。科技创新平台包括沙漠化防治模式研究中心、沙产业研究中心、沙漠文化保护与开发中心、科技成果转化中心、产权保护中心等；人才培育平台主要包括院士工作站、人才培训平台、高层次人才流动站、人才激励平台等；信息共享平台包括科研信息共享平台、人才信息共享平台、各国荒漠化信息共享平台等。同时加大各类孵化器和科技园等的建设。

（2）工程建设：一方面，可根据"一带一路"荒漠化治理公司研究成果为各地区制定工程建设规划并为资源有限的国家提供资源支持。另一方面，各国可自行探索适合本地的有效的防治工程模式，向总公司提交规划审核，通过专家论证等方式确定方案的可行性，并为该国提供协助。工程监理中间机构要定期监督工程实施进度，评估其效果，并及时反馈到相关工程负责人和总公司，根据实际情况调整规划。初期各国的工程建设可由政府主导，在建设和实施过程中逐步探索适合本国的市场化方式。

（3）产业开发：荒漠化的工程建设也伴随着产业开发，旅游产业、沙产业、文化产业是沙漠地区产业发展的重点方向。结合本地的资源、环境和工程整体规划，探索合适的产业发展方式。加大政府引导，通过政策、补助等方式提供产业发展的政策和制度保障，优化沙漠地区的营商环境，鼓励社会资本在允许的范围内开发沙漠资源，发展沙漠经济。

3. 经验总结和推广阶段

（1）经验总结与动态优化：所有的阶段都要注重总结经验。成立国际荒漠化治理案例研究中心，研究成功的可复制推广的治理经验和模式。一方面为本地区的沙漠治理提供成功案例；另一方面，部分经验经专家论证后可形成整个区域内可复制推广的经验，提高区域荒漠化治理的效率。但同时，要根据环境的变化和地区的特殊性对经验进行动态优化，忌盲目学习、全程照搬。

（2）建立示范区：在区域荒漠化治理一段时间后，在某些具备特殊资源或者荒漠化防治走在前列的地区可通过高层会晤布局相关示范区和示范基地，如沙产业示范基地、生态经济示范区、科技创新示范园区、成果推广试验示范区等。通过示范区和示范基地的建设提升区域创新活力，加快相关成果的复制推广。

4. 市场化机制的形成

在"一带一路"防治荒漠化合作机制的构建中，一方面注重与其他国际组织的合作，如金融合作、产业创新联盟等；另一方面注重探索创新 PPP 模式，引入多方合作，建立可持续循环机制由政府主导逐渐向市场主导转化，以激发整个沙漠化防治领域的市场活力。形成一种由市场主导的可持续循环发展模式时，整个机制就成熟了。

调 研 单 位：国家林业局经济发展研究中心
　　　　　　　北京林业大学经济管理学院
调研组成员：李　想　余吉安　陈雅如　赵金成　周　菲　徐宇沛

生态扶贫路径机制研究报告

【摘　要】大力推进深度贫困地区脱贫攻坚，是落实中央"五个一批"重大部署的有效途径，是林业帮助实现生态脱贫的重大机遇。我国地域辽阔，生态脆弱区分布广、所占比重高，生态环境退化严重，是世界上生态环境较为脆弱的国家之一。同时，我国人口多，分布广，生存环境差异巨大，贫困人口多集中在山区、林区、沙区等生态脆弱的地区。如何实现减贫脱贫和生态文明建设的"双赢"，是生态扶贫主要的落脚点。在此背景下，调研组通过在各市县调研，同时研读相关政策文件、讲话及各省上报材料，阐明了生态扶贫的发展历程、基本定义，总结了实施方法及取得成效，结合调研实况，分析存在问题并提出相对应的政策建议。

一、生态扶贫基本情况

(一)生态扶贫的历史沿革

生态扶贫的概念贯穿于国家扶贫相关重要文件。1994 年 3 月，《中国 21 世纪议程》提出，在贫困地区从青少年开始普及生态环保知识，培养其节约资源、清洁生产、绿色消费的意识。同年在《国家八七扶贫攻坚计划》提出贫困县的普遍特征是生态失调，在扶贫任务中加入了改善生态环境的内容，为生态扶贫打下基础。2001 年 6 月，《中国农村扶贫开发纲要(2001～2010 年)》提出扶贫开发必须与资源保护、生态建设相结合，实现资源、人口和环境的良性循环，提高贫困地区可持续发展能力。11 月，《中国农村扶贫开发的新进展》白皮书开始将扶贫与可持续发展战略结合，扶贫开发与水土保持、环境保护、生态建设相结合。2011 年 12 月，《中国农村扶贫开发纲要(2011～2020 年)》强调在贫困地区继续实施重点生态修复工程，建立生态补偿机制，并重点向贫困地区倾斜，加大生态功能区生态补偿力度，重视贫困地区的生物多样性保护。2013 年 11 月，十八届三中全会提出完善对重点生态功能区的生态补偿机制，推动地区间建立横向生态补偿制度。

2015年3月，习进平主席在哈萨克斯坦纳扎尔巴耶夫大学演讲提出"两山论"，强调我们"既要绿水青山，也要金山银山""宁要绿水青山，不要金山银山""绿水青山就是金山银山"，不仅阐明了绿水青山与金山银山不是对立的关系，更表述了要努力建造好（或修复好）绿水青山这个优良的生态环境，又要接着努力安排好、经营好、管理好绿水青山这个自然综合体，使它发挥最强功能，取得最大效益，进而得到真正的金山银山。2015年12月，习近平总书记在中央扶贫开发工作会议上发表讲话，提出"5个一批"扶贫开发战略，明确"生态补偿脱贫一批"的工作思路，要求加大贫困地区生态保护修复力度，增加重点生态功能区转移支付，扩大政策实施范围，让有劳动能力的贫困人口就地转成护林员等生态保护人员。2017年10月，十九大报告提出要坚决打好精准扶贫攻坚战，坚定实施乡村振兴战略，深入实施东西部扶贫协作，重点攻克深度贫困地区脱贫任务，确保到2020年我国现行标准下农村贫困人口实现脱贫，贫困县全部摘帽，解决区域性整体贫困，做到脱真贫、真脱贫。2018年1月，国家发展和改革委员会、国家林业局、财政部、水利部、农业部、国务院扶贫开发领导小组办公室共同制定《生态扶贫工作方案》，部署发挥生态保护在精准扶贫、精准脱贫中的作用，实现脱贫攻坚与生态文明建设"双赢"，力争到2020年，组建1.2万个生态建设扶贫专业合作社，吸纳10万贫困人口参与生态工程建设，新增生态管护员岗位40万个，通过大力发展生态产业，带动约1500万贫困人口增收。

扶贫是国家一直以来的重要战略部署，经过多年努力，扶贫路径和机制不断调整进步，脱贫攻坚战取得决定性进展，六千多万贫困人口稳定脱贫。针对现有贫困人口集中分布在生态环境恶劣地区的现状，将保护发展生态与确保贫困人口稳定脱贫相结合，是党和国家探索的一条绿色脱贫之路，发展生态扶贫是新时代背景下打赢脱贫攻坚战的高效选择。

（二）生态扶贫的定义

从扶贫的形式和目的上来说，生态扶贫要使生态恢复与脱贫相协调，就要从基础设施建设出发，发挥政府、社会组织的作用，以市场为导向，以政策与工程开发为手段，实现扶贫效益最大化与生态系统最优化。

从生态扶贫的理论与政策的发展源流来看，生态扶贫是基于绿色发展理念，从生态产品价值的角度出发，将贫困地区的生态产品价值转变为农户的生计资本与发展资本，搭建合理的生态资源利用保护体系，形成生态环境保护与贫困地区人口可持续生计能力发展相协调的扶贫方式。

有关专家提出，生态扶贫是以科学发展观和绿色发展为指导，把精准扶贫、精准脱贫作为基本方略，以"消除贫困，生态修复，保护环境，产业致富，改善民生，人地和谐"为生态扶贫的出发点，以集中连片特殊困难地区生态环境综合防治为重点，构建具有区域特色的土—水—气—生—人一体化的生态修复技术体系，建立适合国情的融自然—经济—社会复合系统的生态产业体系；通过全面实施生态扶贫战略，维系中华民族繁荣与文明发展的环境根基，坚决打赢脱贫攻坚战，保障区域协同发展、生态环境安全和国民健康，促进全面建成小康社会，巩固生态文明建设。

目前对于生态扶贫没有统一的定义，但各观点的思想基础和目标是统一的，在保护和恢复生态的过程中创造就业岗位，因地制宜发展依托生态的农业、工业、服务业等绿色产业，就地将贫困人口转化为劳动力，既能保护生态环境，又能实现贫困人口的创收，因此如何实现生态良好与人民富裕"双赢"，是生态扶贫路径机制研究的重点。

二、生态扶贫取得成效

(1)国土增绿，贫困地区生态环境改善。深度贫困地区与林业施业区、生态重要或脆弱区高度重合，只有开展大规模国土绿化行动，实施重大生态修复工程，才能统筹治山治水与增绿增收。以三北、长江、珠江、太行山等防护林工程、防沙治沙工程、石漠化治理工程为依托，吸纳更多贫困人口参与生态工程建设，获得劳务收入。中央加大贫困地区造林任务和资金安排，如"十二五"期间，滇桂黔石漠化片区累计投入中央林业资金 190 亿元，森林覆盖率平均提高近 4 个百分点。2016 年，片区共安排中央林业资金 41.5 亿元，比"十二五"年均增长 9.2%，全面保护了 9240 万亩天然林，造林 562 万亩、抚育 313 万亩，森林覆盖率提高到 57.6%。

(2)新轮退耕，合理种植贫困户得到实惠。新一轮退耕还林任务和资金优先向深度贫困地区倾斜，积极指导退耕贫困户发展适宜种植的经济林。2016 年，1335 万亩退耕还林任务的 80% 重点安排到可退面积大、建档立卡贫困人口多的贵州、甘肃、云南、新疆、重庆、山西等省份，安排 72.9 万贫困户退耕还林任务 414 万亩，县级财政第一年将每亩 800 元的补助直接打入贫困户一卡通，第三年、第五年验收合格后再分别打入 300元、400 元，每亩可得到国家补助 1500 元。2017 年继续加大扶持力度，全年安排贫困地区退耕还林还草任务 930 万亩。两年共落实贫困地区补助资金 21.5 亿元。2014 ~ 2016年，贵州省安排贫困县退耕任务占全省总任务的 80% 以上，惠及 78.2 万贫困户，户均增收 3000 多元。

(3)造林合作，打开脱贫增绿新途径。"十三五"期间，山西省创新造林合作社扶贫机制，在 58 个贫困县成立 2257 个合作社。每年安排 400 万亩造林任务，重点向 58 个贫困县倾斜，省政府在国家投资 500 元/亩的基础上，提高到 800 元/亩，每年用于贫困县的造林投资达 20 多亿元，成功带动 28.8 万人稳定脱贫。山西 58 个贫困县完成造林任务 260 万亩，占全省总任务的 70%，2017 年通过参与造林获得劳务收入 7.4 亿元，其中 5.4 万名贫困社员获得劳务收入 4.7 亿元，人均增收 8700 余元。

(4)转化劳力，护林与脱贫齐头并进。全面停止天然林商业性采伐，完善天然林保护政策，提高补助标准，国有林管护补助提高到 10 元/亩，集体和个人所有天然林停伐补助范围扩大到 16 个省，天然林保护工程管护面积增加到 17.32 亿亩。集体和个人所有公益林生态效益补偿提高到 15 元/亩。2016 年，国家林业局与财政部、国务院扶贫开发领导小组办公室共同部署，利用中央财政补助资金 20 亿元，以具有一定劳动能力但又无业可扶、无力脱贫的贫困人口为对象，采取村民推荐、集中公示、县乡审核等选聘程序，在中西部 21 个省（自治区、直辖市）的建档立卡贫困人口中，选聘了 28.8 万名生态护林员，精准带动 108 万人稳定增收脱贫，新增森林管护面积 3 亿亩。重庆、四川、云南、西藏、青海等省份统筹省级资金，扩大了生态护林员选聘规模。云南省怒江傈僳族自治州通过实施天然林保护等重点生态工程，贫困农民劳务收入增加超过 2.5 亿元。贡山独龙族怒族自治县森林覆盖率高达 80.5%，人均收入只有 1300 元左右，贫困人口 1.09 万，贫困发生率 31.4%。2016 年选聘 2000 名生态护林员后，人均年收入增加 9600 元，覆盖全县 54.4% 的贫困户。既保护了地处贫困地区的大江大河源头和深山远山的天然林、公益林，降低了森林火险发生率，也实现了贫困人口山上就业、家门口脱贫。

（5）统筹资金，木本粮油促进稳定脱贫。2015 年年底，国家林业局在福建省宁德市霞浦县召开木本油料产业开发会议，与财政部、扶贫办、国家开发银行共同出台《关于整合和统筹资金支持贫困地区油茶核桃等木本油料产业发展的指导意见》（林规发〔2015〕150 号）。2016 年 6 月印发《国家林业局关于加强贫困地区生态保护和产业发展促进精准扶贫精准脱贫的通知》（林规发〔2016〕78 号），进一步对特色产业精准扶贫进行部署。近几年，企业、社会资本进入林业特色产业势头良好，市场发育加快，全国木本油料加工企业达 3000 多家。如湖南省油茶产业覆盖 37.2 万贫困户，带动 119 万人贫困人口就业脱贫。2016 年，江西省结合精准扶贫新造油茶林 23.1 万亩，覆盖 11.6 万贫困户，将油茶造林补贴从 300 元/亩提高到 500 元/亩，信丰县拿出 1000 元/亩的油茶造林补贴，让林场建设标准化高产油茶林，分给贫困户管护，使贫困人口获得收益。广西壮族自治区罗城仫佬族自治县里乐村建立的油茶专业合作社，国家通过林业重点工程给予补助，农民以土地入股经营，建设油茶基地 8000 多亩，涉及 260 个贫困户，每年每户除入股分红外仅劳务收入就达到 2.6 万 ~ 3 万元。

（6）生态旅游，土地转型利用带脱贫。习近平总书记强调"要把扶贫开发与富在农家、学在农家、乐在农家、美在农家的美丽乡村建设结合起来"。将贫困劳动力转移到二、三产业，扶持建设乡村旅游是实现脱贫致富的有效途径。1982 年，我国建立了第一个国家森林公园——张家界国家森林公园，目前，全国各类森林旅游地接近 9000 处。2015 年，全国森林旅游客流量达到 10.5 亿人次，创造社会综合产值达 7800 亿元。以湖南张家界、浙江千岛湖、四川九寨沟、福建武夷山、湖北神农架等为代表的一大批森林旅游地已经成为享誉海内外的旅游胜地，并成为带动区域经济发展的龙头产业。截至2015 年，全国 832 个贫困县中，仅国家森林公园、国家湿地公园等国家级森林旅游地就达到 537 处，分布在 415 个贫困县，约占贫困县总数的 50%。2016 年，全国依托森林旅游实现增收的建档立卡贫困人口约35万户110万人，每户年均增收3500元。

三、生态扶贫的路径机制

（一）生态建设扶贫路径机制及典型案例

1. 退耕还林工程扶贫

2015年，八部委发布《关于扩大新一轮退耕还林还草规模的通知》，明确了扩大新一轮退耕还林还草规模的主要政策。第一，将确需退耕还林还草的陡坡耕地基本农田调整为非基本农田，研究拟定区域内扩大退耕还林还草的范围。第二，加快贫困地区新一轮退耕还林还草进度。2016年，国家发展改革委、财政部将新增退耕还林任务的80%安排到贫困县，增量任务优先用于扶持建档立卡贫困户退耕还林，各级林业主管部门按程序会同国土资源部门落实退耕任务、退耕地块，和贫困户签订任务合同，建立贫困户退耕还林任务档案。第三，及时拨付新一轮退耕还林还草补助资金。国家退耕还林补助1500元/亩(中央财政专项资金安排现金补助1200元、国家发展改革委安排种苗造林费300元)、退耕还草补助1000元/亩(中央财政专项资金安排现金补助850元、国家发展改革委安排种苗种草费150元)。中央退耕还林补助资金分三次下达给省级人民政府，第一年800元/亩(其中种苗造林费300元)、第三年300元、第五年400元；退耕还草补助资金分两次下达，第一年600元/亩(其中种苗种草费150元)、第三年400元。第四，在尊重农民意愿的前提下按照要求认真研究、报送陡坡耕地梯田、重要水源地15°～25°坡耕地以及严重污染耕地退耕还林还草的需求。各有关省可根据国务院批准的全国重要江河湖泊一级水功能区划中规定的保护区、保留区迎水面的15°～25°非基本农田坡耕地情况，提出退耕还林还草的需求。对于严重污染耕地确需退耕还林还草的，各有关省可按照国家有关土壤污染防治要求，在充分调查认定的基础上提出退耕还林还草的需求。多省市积极配合新一轮退耕任务，编制省级《新一轮退耕还林还草工程总体方案》，通过退耕还林工程，提高国土绿化水平，有效控制水土流失，明显改善区域生态环境，野生动物种类和数量明显增加。既改善生态环境，又促进产业发展、农民增收。

2017年，四川省将2014～2016年国家下达的任务重点安排在四大片区(秦巴山区、乌蒙山区、大小凉山彝区及高原藏区)67个贫困县，共139.7万亩，占总任务的84.7%。工程区贫困户累计实施新一轮退耕还林51.92万亩，涉及贫困户14.48万户46.41万人，贫困户均3.58亩、人均1.12亩。目前，退耕脱贫人口19.98万人，占退耕贫困人口的43.1%。各县也取得了较好的成果，如射洪县1999年启动实施退耕还林工程以来，累计实施退耕地还林6.22万亩，配套荒山荒地造林13万多亩。退耕还林涉及27个乡镇372个村，农户6.66万，共24.8万人。全县净增森林面积13万多亩，森林覆盖率提高6.2个百分点，以退耕还林为依托扶持发展林业专业大户187户，发展林业产业化种植业龙头企业5个，现已建成优质水果、香桂、速丰林等林业特色基地十多万亩。2015年，甘肃省编制《新一轮退耕还林还草工程总体方案》，明确要求将新一轮退耕还林任务优先向58个精准扶贫的片区县和17个插花县建档立卡的6220个贫困村129万贫困户552万贫困人口倾斜。如阳山梁曾是当地生态植被最为脆弱、立地条件最差的流域，干旱少雨的气候让周边7个村近600户群众常年"盼绿无望"。但2016年，通渭县积极争取新一轮退耕还林任务，在阳山梁退耕还林6500亩，栽植侧柏、刺槐、山毛桃等耐旱树种，为昔日的荒山披上了绿装。通渭县平襄镇瓦石村有170户村民，平均每户有20多亩耕地。因干旱少雨、土地贫瘠等原因，村民大多外出打工，村里撂荒地越来越多。新一轮退耕还林后，村里25°以上的坡耕地全部退耕，对退耕还林后栽植的树苗采取"村委会＋护林员＋农户"的管理模式。村委会在监督管理的基础上，聘请村民为护林员进行专门管护，和村民签订了长期管护合同，村民既负责栽种树苗也负责树苗的成活率，成活率低于百分之八十五的退耕地要进行补种，既保证了退耕还林质量又增加了村民收入。

2. 天然林保护工程扶贫

生态脆弱是贫困的根源，实现贫困地区脱贫，必须把加强生态保护修复摆在优先位置。主要通过生态补偿的方式，任务重点安排在具备建设条件的贫困村，在同等条件下优先雇用有劳动能力的建档立卡贫困户参与营造林建设，让贫困户从天保工程公益林建设中增加收入。国家在长江上游、黄河上中游地区，以及东北、内蒙古等重点国有林区实施天然林保护工程，严格管护划入生态公益林的森林，坚决停止采伐，对划入一般生态公益林的森林，大幅度调减森林采伐量；同时把区位重要、生态脆弱的深度贫困地区纳入国家重点生态功能区和林业重点工程区，对森林、湿地、荒漠植被等自然生态资源进行严格保护，中央财政安排森林生态效益补偿基金，用于国家级公益林的保护和管理，增加贫困人口生态补偿收益。集体和个人所有天然林停伐补助范围扩大到16个省，天然林保护工程管护面积增加到17.32亿亩。其中国家级公益林补助每年每亩15元，其中直补到集体和个人12.75元/亩，集中统一管护费2元/亩，公共管护支出0.25元/亩。省级国有公益林补助5元/亩，其中管护补助支出4.75元/亩（直补到国有单位），公共管护支出0.25元/亩。集体和个人所有省级公益林补助每年每亩10元，其中直补个人7.75元/亩，统一管护补助支出2元/亩，公共管护支出0.25元/亩。

2016年，中央和四川省委共向四大片区88个贫困县安排天保工程二期建设资金21.84亿元，占全省总投入的62%。2017年全省60%以上的中央和省级林业财政资金，以及80%以上的退耕还林任务投向88个贫困县。生态项目扶贫方面，依托国家重点生态功能区转移支付资金建设项目，发挥生态保护与建设劳动密集型的优势，促进贫困地区农户就近就地就业，增加劳务收入。例如：雷波县实施溪洛渡电站水库周边植被恢复项目，带动周边农户投工参与，惠及贫困人口2.5万人次。湖南省张家界永定区实施天然商品林禁伐试点面积达58.7069万亩，包含国有天然商品林0.1969万亩、集体天然商品林 9.52 万亩、个人天然商品林 48.99 万亩。在分户工作中，该局充分发挥行业优势，大力实施产业扶贫，在分户操作中，重点向建档立卡户倾斜，让建档立卡户增加林业收益。据统计，2017 年该区实施的天然商品林禁伐试点补助涉及该区 19 个乡镇（街道）111 个行政村，天保工程集体和个人补助 11 元/亩，国有部分 7.75 元/亩。共补助 645.14 万元，使该区 2.2 万个农户直接受益。

3. 山西造林合作社扶贫

造林合作社带动人民脱贫：出台一系列政策措施，加大造林投入，组建合作社必须吸纳 60%～80% 的建档立卡贫困人口参加。

山西省 58 个贫困县主要分布在生态环境脆弱、发展条件恶劣的贫困山区，宜林荒山面积 3800 多万亩，其中 2350 万亩位于贫困地区。这些区域山高沟深坡陡，生态治理不适宜机械化作业，主要依靠人工完成。为了引导广大贫困群众在造林绿化中实现脱贫，山西省委将林业建设与脱贫攻坚有力结合，探索造林合作社的精准扶贫模式。在国家补助 500 元/亩的基础上，省财政再补助 300 元。并出台政策明确规定，造林任务的招标变为议标，必须全部安排给合作社。社员稳定在 20 人以上的合作社，建档立卡贫困人口比例要达到 60% 以上，合作社造林劳务支出的 45%～60% 用于保障贫困人口收入，并雇用后期管护人员，保证长期收入。一名技术人员至少服务一个合作社，使贫困人口至少掌握一项栽培技术。

"十三五"期间，山西省将每年安排全省贫困县造林 260 万亩，全部交由造林合作社承揽实施，预计每年可为贫困户增加劳务收入 5 亿元左右。山西省最大的贫困县——临县，依托生态扶贫组建了 291 家造林合作社，今年将完成 33.11 万亩造林任务，带动贫困户人均年收入达到 7000 多元。李家湾村的贫困户杜桂香和老伴均 60 多岁，去年加入了造林合作社，6 个月收入三万多元，顺利实现脱贫。据统计，像杜桂香这样参与造林合作社的贫困人口仅在临县就有 1.14 万人。同时，山西省积极探索建立集体林地所有权、承包权、经营权分置运行机制，鼓励和支持农户以林地经营权、林木所有权、财政补助资金投入相关产业形成的资产等量化入股造林合作社，实现贫困社员由领办人带动脱贫向入股参与经营增收转变。还鼓励有条件的造林合作社发展林业产业，承担经济林管理、生态林管护等涉林工程，拓宽生产经营范围，实现造林合作社由单一造林向造林、管护、经营一体化方向发展；鼓励造林合作社全面推行"林药菌禽蜂"的林业循环经济模式，以增加贫困群众经营性、资产性收益。

（二）生态保护管护扶贫路径机制及典型案例

【生态护林员扶贫】

2016～2017 年，国家林业局制定《生态护林员选聘办法》，编制生态护林员选聘实施方案，利用中央财政补助资金 45 亿元，在中西部 21 个省选聘身体健康、遵纪守法、责任心强、能胜任野外巡护工作的 20 万建档立卡贫困人口为生态护林员。新增管护面积

2188.64 万公顷，管护总面积达到 9494.18 万公顷，人均管护面积 3800 多亩。护林员岗位使贫困地区所处的大江大河上游和深山远山等地的天然林、公益林资源得到妥善保护，森林火灾等隐患大大减少，盗伐、盗猎现象得到有效抑制。也增加了无法外出、无业可扶、无力脱贫、固守边疆——尤其是因交通不便、语言不通、自身无增收技能、贫困程度深的贫困人口的就业和脱贫机会。2016 年聘用的 28.8 万名生态护林员中，聘用前的人均年收入在 2300 元以下的占将近一半，聘用后人均增收 6944.4 元，精准带动 108 万人增收脱贫。其中打工返乡人员约 7 万人，40～60 岁的占 3/4。选聘为生态护林员的贫困人口全部通过培训上岗，不少地方在岗位培训的同时，还培训生态护林员掌握一门产业技术，使生态护林员成为脱贫的带头人。既增加了贫困人口的获得感，又提高了脱贫的内生动力。

宁夏林业厅把天保工程助推贫困人口脱贫摆上突出位置，成立脱贫工作领导小组，林业厅、财政厅、扶贫办联合下发《关于开展建档立卡贫困人口生态护林员选聘工作的通知》《建档立卡贫困人口生态护林员选聘工作实施方案》，编制《建档立卡贫困人口生态护林员选聘办法》，规范指导生态护林员选聘工作。2017 年，宁夏林业厅争取到生态林业扶贫资金达到 11709.2 万元。护林员选聘重点向贫困县倾斜，对 9 个国定贫困县（区）护林员的家庭情况、收入情况、自身情况进行逐个排查摸底、登记造册、建立台账，按照现行标准同扶贫部门和县乡对接，确定扶贫对象。按照公告、申报、审核、考察、评定、公示、聘用程序，严格选聘了 6600 名生态护林员，2017 年年底前全部落实工资，确保护林员年收入不低于 1 万元。对护林员队伍的调出与调入实行动态管理，对自身条件好、创收门路广、以护林收入为辅的护林员，协商本人同意终止护林合同，腾出护林岗位安排贫困人口上岗，2017 年全区共调整天保工程护林员 600 人。通过动态管理，最大限度运用天保工程资源做好扶贫帮困工作。内蒙古自治区在 13 个贫困旗县安排天保工程管护人员 6500 名，人均年收入 1.5 万元。2016 年，在 31 个国贫旗县开展了生态护林员选聘工作，共选聘生态护林员 5000 人，每人每年可获得管护收入 1 万元，基本实现了稳定快速脱贫。2017 年国家在内蒙古深度贫困旗县增加生态护林员 3000 人，内蒙古建档立卡贫困人口生态护林员达到 8000 人。另外，通过积极引导和支持贫困人口参与营造林生产、森林管护等活动，进一步扩大增收渠道。

（三）绿色产业扶贫路径机制及典型案例

1. 木本粮油产业扶贫

我国目前集中连片特困地区主要位于"老""少""边""穷"的林区沙区，而木本油料是丘陵山区重要的特色产业，具有良好的经济效益和广阔的产业化发展前景。2014 年，国务院办公厅出台《关于加快木本油料产业发展的意见》，对木本油料产业发展作出全面部署。2015 年，按照《国家林业局 财政部 国务院扶贫办 国家开发银行关于整合和统筹资金支持贫困地区油茶核桃等木本油料产业发展的指导意见》（林规发〔2015〕150 号），统筹利用国家林业重点工程、科技推广项目、农发林业示范项目等资金，协调金融部门安排长期优惠贷款，支持贫困地区发展建设油茶、核桃等木本油料基地。当年全国油茶、核桃种植面积已分别达到 6000 万亩、8100 万亩，木本油料产业产值达 2000 亿元。通过建立不同形式的利益联结机制，保障建档立卡贫困户种植木本油料得到收益：将林业补助资金作为贫困户的股份，投向龙头企业、合作社，贫困户参与劳务，按股分红、按劳取酬；以专业合作社为平台，对贫困户土地实行统一规划、统一整地、统一购苗、统一栽植，栽植后分户管理，自行收益；鼓励国有林场将适合种植油茶、核桃的林地，按照一定标准，委托贫困人口种植，采取自主经营或委托林场统一经营，分不同经营模式，按比例分红。

2017 年 9 月 27 日，首届木本油料产业化高峰论坛在江苏南京举行。与会专家提出，我国主要木本油料生产潜力在 1000 万吨以上。全国油茶产业发展规划提出，到 2020 年全国油茶种植面积要达到 7000 万亩，达产后年产茶油 250 万吨以上，占 2016 年国产食用植物油总产量的 1/4。木本油料盛果期产值都在 3000 元/亩以上。种植木本油料是山区、沙区农户最熟悉的就业方式，每户种植 10 亩木本油料就可收入 3 万元以上。江西省赣州市瑞金县农民刘德基，一家七口，2008 年以来种植油茶 50 亩，2014 年茶籽收入 3 万多元，直接摘掉了贫困帽子，油茶进入盛产期后，每年收入将稳定在 10 万元以上。随着木本油料产业的集约化、规模化发展，产业链将会进一步拉长，附加值还会继续提升，推动山区农民脱贫致富的作用将更加显著。云南省怒江兰坪白族普米族自治县金顶镇通过"企业 + 合作社 + 贫困户 + 基地"的发展模式，动员贫困户以土地流转或专项扶贫资金入股的方式加入合作社，并与兰坪汇集牧业发展有限公司签订合同在官坪、箐门、七联三个村委会连片示范种植了 300 亩油用牡丹油用牡丹示范种植基地。油用牡丹籽可榨油，新鲜花瓣可制成精油、花露水，根可入药。第三年进入丰产期后，新鲜花瓣年收入能达到 1500 元/亩、花籽 6500 元/亩、丹皮 1200 ~ 12000 元/亩，去除各项费用后预计每年每亩可收入纯利润 6200 元，收入是普通农作物的 5 ~ 10 倍。官坪村村民胡进朋把一亩多土地流转给兰坪汇集牧业发展有限公司，公司每年给他支付 800 元/亩。他平时在基地务工，每天收入 80 元，油用牡丹产生效益后，还有一部分分红。下一步，村里计划在牡丹地里套种梅兰菜，建加工厂，生产梅兰菜腌菜罐头，让油用牡丹基地年年见效益、月月有收入，加快贫困群众脱贫致富奔小康的步伐。

2. 森林旅游项目扶贫

2017 年 10 月，国家旅游局、国务院扶贫开发领导小组办公室、国家林业局联合印发了《关于开展旅游精准扶贫示范项目申报工作的通知》，共同开展旅游精准扶贫示范项目建设工作。十八大以来，我国森林旅游治理体系初步形成，供给能力显著增强，全国森林旅游客流量累计达到 46 亿人次，年均增长 15.5%，创造社会综合产值 3.34 万亿元。2017 年，全国森林旅游客流量预计达到 14 亿人次，创造社会综合产值约 1.15 万亿元。

国务院印发的《"十三五"扶贫攻坚规划》将"森林旅游扶贫工程"列入脱贫攻坚重要工程范围。目前，贫困人口依托森林旅游实现增收的途径主要有四种，分别是通过就业、开展个体经营、发展种植养殖和通过资源出租以及入股经营等实现增收。森林旅游发展还推动了当地基础设施的建设，促进了交通、物流、通信、能源、商贸、制造、文化、餐饮、住宿等相关条件的全面改善，显示出森林旅游在助推精准扶贫、精准脱贫中强劲的综合带动功能。力争到2020年，通过发展乡村旅游带动全国17%（约1200万）的贫困人口脱贫。

武陵源曾被湖南省确立为省级贫困县（区），生活水平落后，农民人均年收入不足200元。张家界市武陵源区建区后，把保护森林与旅游扶贫紧密结合，集中精力建设一批美丽乡村示范村（居）、培育一批森林旅游扶贫产业、实施一批森林旅游扶贫项目、培养一批森林旅游扶贫人才、建立一套森林旅游扶贫工作机制等"五个一"示范工程，加快森林旅游产业快速健康发展。树立"全域旅游"理念，积极发展乡村休闲旅游产业，大力发展旅游特色农业，重点打造中湖鱼泉贡米、天子山辣椒、索溪峪西兰卡普土家织锦等旅游产业品牌，实现了旅游特色农业的乡（街道）、村（居）贫困农户全覆盖。2015年农民人均年收入达1万元，比1989年建区时相比增长了50倍。24个村摘掉了贫困村帽子，贫困人口降至3516人，贫困发生率降到7%。成为湖南省首批整区脱贫的区县，也将率先成为全国因森林旅游带动整体脱贫的区县之一。广西壮族自治区龙胜各族自治县范围内有70个贫困村，2003年全村人均收入不足700元，"半边铁锅半边屋，半边床板半边窝"是当地极端贫困的生动写照。龙脊大寨村作为龙胜典型的贫困片区之一，2006年9月23日正式对外开放发展旅游业。全村各项基础设施从无到有，村民收入连年翻番，全村293户、1204人绝大部分过上了小康生活。2017年1月15日，村里举行2016年旅游扶贫成果分红仪式，整个龙脊景区内的群众从门票、索道、演出收入中的分红超过1000万元。全村共分红473万元，最多一户领到4.35万元。村里原有贫困户47户196人全部因此脱贫摘帽，全村人均纯收入7800元。四川省万源市围绕贫困地区生态旅游基础设施建设、生态旅游要素配套、生态旅游景区景点开发，实施"林业+旅游"发展战略。目前已建立国家级地质公园1处、国家级自然保护区1处、省级森林公园2处、7个乡村旅游示范乡（镇）、6个乡村旅游示范村、18家星级农家乐（乡村酒店）。"十二五"期间，森林生态旅游累计接待游客430万多人次，森林旅游收入达到18.27亿元。沐川县以生态旅游为契机，推出沐川草龙、沐川竹编等文旅产品，带动贫困人口2000余户，8000余人年均增收1000余元。

四、生态扶贫存在的主要问题

经过长期努力，我国生态扶贫取得了显著成效，但"行百里者半九十"，在可喜可贺的成绩背后，还有很多问题和不足，这些问题的解决对于能否长期有效的巩固扶贫成果，防止积贫返贫现象发生至关重要。总结来讲有以下几点：

第一，贫困地区多属于生态脆弱区，绿水青山与金山银山的矛盾还没有得到很好的解决。国家大力推行生态护林员政策，帮助贫困人口实现家门口就业，但与目前所有的森林资源相比，登记在册的护林员数量较少，人均管护面积大且装备不足，巡山靠走是基本常态。所聘护林员大多文化程度较低，不能很好地完成巡护日记，缺乏相关护林知识的培训及专业指导。没有建立人员流动机制，生态护林员综合管理体系有待完善。

第二，大规模生态工程的实施推进存在难度。以退耕还林为例，相对上一轮，新一轮退耕补助年限短、金额少，农户参与退耕积极性不高，且退耕地块较为分散，不利于集中管理。同时，由于缺乏对退耕林地的防灾及灾害损失、后续管护和改造、抚育、采伐利用配套政策，目前存在的最大问题就是如何调动农民积极性、巩固已有的退耕成果。

第三，资金方面，当前农民主要的收入来自森林生态效益补偿，而补偿的主要方式是资金补偿，且资金来源单一，全靠中央和地方财政资金，少有其他资金来源。多渠道融资机制不成熟。一些旨在惠民的林业贷款项目门槛高，风险性较高，缺乏有关政策资金保障，林农往往望而却步。我国现行的森林生态效益补偿采用一刀切的形式，没有根据不同省（市）地区的经济发展程度不同制定不同的标准，如经济发达地区丧失的机会成本比欠发达地区要大得多，难以调动所有者和经营者保护森林资源的积极性。

第四，产业发展滞后，虽然木本粮油产业在贫困地区有巨大的发展潜力，但产业链条短，存在主观和客观上的不足。从内生动力的角度出发，发展产业是贫困地区发展绿色经济、创收脱贫的重要途径，但存在前期投入大、回报周期长的特点；客观条件来看，目前种植技术不到位、管护水平不高、科技创新应用率低，能够进行深加工的大中型企业较少。种植管理体系不完善往往造成原料不足，生态产品产量低、收益低；产业链条短，生产设备、技术更新慢，原料转化为产品速度慢，回报低，林农总体积极性不高。难以支撑长期稳定脱贫。

第五，生态旅游发展滞后，依托当地资源优势，发展绿色旅游是实现农村产业转型的重要契机之一，尤其在生态环境较为脆弱、其他产业基础较差的情况下，发展旅游既能利用当地生态，又能帮助农民创收。但国内生态旅游起步较晚，发展尚未成熟，基础设施建设不到位，大部分旅游由村镇一级政府开发，规模较小，缺乏科学的生态旅游规划及合理开发。没有具有法律约束力的管理规章和制度及专业管理人员，加上部分企业以赚钱为目的，忽视生态承载力，可能造成不可逆的后果。

五、完善生态扶贫路径机制的有关建议

生态扶贫是生态脆弱贫困地区探索出的一条兼顾生态和发展的绿色脱贫道路，在牢固树立绿水青山就是金山银山的理念下，坚守生态和发展两条底线，在保护恢复生态的

同时，加强顶层设计，因地制宜施策，增加融资渠道，调整产业结构，支持新兴产业，在筑成生态屏障的同时，提供更多更好的生态产品，让贫困人口在保护生态中获益，让生态保护领航经济发展，具体建议如下：

第一，加强顶层设计和统一管理，建立监督考核评价体系。做好实地摸底调查，因地施策，合理划定退耕、生态公益林范围。从现实社会经济发展水平出发，参照已有标准和各地实际，本着实事求是的原则，分区施政、提高补助标准，鼓励地方政府配套经费、延长补助期限。在县级政府成立专门的组织机构负责监督检查实施方案和计划的制定执行。逐级建立扶贫考核制度，奖惩分明，促进扶贫工作的落实。

第二，依托重点生态工程，切实巩固林业脱贫成果。深入实施天然林保护、防护林体系建设、湿地保护与恢复等重点生态工程，吸纳更多的贫困人口参与国土绿化和林业重点工程建设，提供更加稳定的就业岗位。同时加强建设国家森林公园、国家湿地公园和国家级自然保护区基础设施，实施以工代赈，吸纳贫困人口参与森林管护、防火和接待服务，增加劳务收入。

第三，多渠道融资，创新林业金融扶贫途径。合理有效利用政策性银行及国际金融资金，创新服务模式和信贷产品，适当降低绿色行业贷款门槛，鼓励各地探索创新融资新模式。加强银行、农信担保公司等金融机构合作，开发为林业产业发展量身定做的中长期金融产品，拓宽融资渠道，完善贷款机制，引导民营资本投入贫困地区林业产业。

第四，调整林业产业结构，加强科技创新，发展林下经济，扩大增收途径。延长产业链，特别支持建设大中型企业，形成产业网。加强科技支撑，推动产学研结合，提高绿色产品生产力，发展绿色产业。建设科研示范基地，带动林业产业标准化建设。利用好当地森林资源，走靠山养山、养山兴山、兴山致富的林业扶贫开发之路。因地制宜发展林药、林菌、林粮、林果、林草、林茶、林菜、林花、林禽、林畜、林蜂、林蛙、松脂等林下经济，指导贫困户在多环节、多途径获得收益，改善贫困地区产业结构，培育新型经营主体，优化贫困户与经营主体之间的利益联结机制，调动贫困人口发展的内生动力。

第五，加强基础设施建设，推进生态旅游扶贫。加快森林旅游基础研究，如研究不同类型森林旅游的发展路径，区别有大企业支持的大景区、完全依靠自身经营的景区和小镇、林家乐、森林人家等的发展模式。整合资金，统一规划，加快完善基础设施建设。制定切实有效的管理机制，一方面严格保护生态、一方面积极创收，打造乡村生态旅游扶贫示范村，就近解决贫困劳动力务工问题。探索乡村生态旅游扶贫专业合作社，借助"互联网＋"行动，提高乡村生态旅游扶贫发展的信息化水平，鼓励和支持扶贫乡村生态旅游点的农民创新项目扶贫开发方式，实现生态旅游扶贫可持续发展。

调 研 单 位：国家林业局经济发展研究中心　四川农业大学
调研组成员：曾以禹　衣旭彤　吴　琼　漆雁彬